Vladimir Hubka   W. Ernst Eder

Einführung in die Konstruktionswissenschaft

Übersicht, Modell, Anleitungen

Springer-Verlag
Berlin Heidelberg New York
London Paris Tokyo
Hong Kong Barcelona Budapest

Dr.-Ing. Vladimir Hubka, Prof. (visit.)
Institut für Konstruktion und Bauweisen,
ETH Zürich, ETH Zentrum,
CH-8092 Zürich, Switzerland

Prof. W. Ernst Eder, MSc, Ing., PEng.
Department of Mechanical Engineering,
Royal Military College of Canada,
Kingston, Ontario K7K 5L0, Canada

CIP-Titelaufnahme der Deutschen Bibliothek
Hubka, Vladimir:
Einführung in die Konstruktionswissenschaft: Übersicht, Modell,
Ableitungen / Vladimir Hubka; W. Ernst Eder. - 1. Aufl. - Berlin,
Heidelberg, New York, London, Paris, Tokyo,
Hong Kong, Barcelona, Budapest: Springer, 1992
ISBN-13: 978-3-642-95674-4   e-ISBN-13: 978-3-642-95673-7
DOI: 10.1007/978-3-642-95673-7
NE: Eder, W. Ernst

Satz: Danny Lee Lewis Buchproduktion Berlin with TEX; Druck: Mercedes Druck, Berlin;

62/3020 5 4 3 2 1 0   Gedruckt auf säurefreiem Papier

Vorwort

JedesWissensgebiet braucht eine gewisse Ordnung, um die notwendige Übersicht zu schaffen und Wege zu zielstrebigen Verbesserungen zu eröffnen – es braucht eine Wissenschaft.

Das Konstituieren der Konstruktionswissenschaft ist die Absicht der Verfasser dieses Buches. Obwohl die Konstruktionswissenschaft gerade als Werkzeug für die Praxis bestimmt ist, kann sie die heutige Konstruktionsarbeit kaum revolutionieren. In der Praxis sind nur einige wenige Konstrukteure an einer grundsätzlichen Erarbeitung des Konstruktionswissens beteiligt und lassen sich von einem solchen Unternehmen inspirieren und befriedigen. Der Gegenstand dieses Buches ist besonders auf die Zukunft gerichtet, denn es müssen erst Konstrukteure für die durch die Konstruktionswissenschaft angedeutete Denkweise ausgebildet werden. Die Fortbildung nützt hier nur wenig, sie kann aber die Voraussetzung dafür sein, daß einige Konstrukteure in der Praxis die bestehenden Ansätze der Konstruktionswissenschaft für sich aus der Literatur „finden" und ihre Anwendung in der Praxis einleiten.

Das vorliegende Werk ist das Ergebnis 35jähriger Arbeit. Es konnte nur in enger Zusammenarbeit der Autoren sowie unter Mitwirkung von vielen ihrer Kollegen verwirklicht werden. Viele bereits existierende Richtungen und Forschungen wurden untersucht und wesentliche Gedanken in das zu entwickelnde Schema eingebaut, um eine möglichst vollständige Übersicht zu erhalten. Dazu haben besonders die WDK-Veranstaltungen, vor allem die Kongresse „International Conference on Engineering Design" – ICED 81 bis ICED 91 –, wie auch die von den Autoren und ihren Kollegen durchgeführten Seminare und Lehrgänge beigetragen. Für die daraus resultierenden Anregungen sind wir allen Beteiligten sehr dankbar. Besonders aber war es die freundliche Atmosphäre der Veranstaltungen, die zu der „positiven Katalyse" wesentlich beigetragen hat.

Eine weitere Zielsetzung für dieses Buch war für uns eine möglichst große Verständlichkeit und Klarheit. Die folgenden Anmerkungen zum Text, zu den Bildern und zur Inhaltsstruktur sollen unsere Konzeption verdeutlichen.

Zum Text: Die allgemeine Erfahrung lehrt, daß es für einen Leser schwierig ist, eine längere theoretische Abhandlung zu verstehen. Deshalb haben wir den Text in kleinere Abschnitte gegliedert, die nicht nur durch die Überschriften, sondern auch durch Fragestellungen zum Inhalt des Abschnittes charakterisiert sind. Die Fragen am Anfang eines Abschnittes sollen helfen, das Verstehen zu erleichtern und den Text in kleinere Portionen für das Studium zugänglich zu machen.

Das Buch enthält einige historische Abstecher, die dem allgemeinen Verständnis der heutigen Situation dienen sollen. Jedoch handelt es sich hier nicht um eine historische Studie, die nach den Maßstäben der Geschichtswissenschaft zu beurteilen wäre.

In diesem Zusammenhang haben auch die *Bilder* eine neue Auffassung erfahren. Jedes Bild, das oft umfangreiche Textpartien enthält, soll eine geschlossene Problematik möglichst vollständig behandeln. So wird ein Bild zu einer Wissenseinheit. Die formale Anordnung sollte jedoch nicht zur Schematisierung der Wissensinhalte führen. Daher sind oft Hinweise zu anderer Bildern und vor allem zu Literaturquellen angegeben.

Zur Struktur des Inhalts: Das Buch ist in drei Teile gegliedert. Teil I mit den Kapiteln 1 bis 3 beschreibt allgemeine Konstruktionsprozesse, ihre Problematik, die Situation in einigen geographischen Gebieten ebenso wie die Verbesserungstendenzen. Ein Orientierungsbild zu Teil I soll die heute mangelhafte „Ordnung" im Wissen über das Konstruieren, aber auch dessen Kompliziertheit veranschaulichen. Dies soll dem Leser helfen, das Modell der allgemeinen Konstruktionswissenschaft besser zu verstehen, das auf den Mängeln der heutigen Situation basiert.

Teil II umfaßt die Kapitel 4 bis 7. Ein Orientierungsbild in Kapitel 4 soll den Weg von einer losen Wissensanhäufung hin zu Ordnung, Klarheit und Übersicht – also den Weg zur Konstruktionswissenschaft – illustrieren.

Die Diskussion über Inhalt, Grenzen, Struktur und Quellen der Konstruktionswissenschaft soll die Möglichkeiten für den Aufbau eines solchen Wissenssystems erkennen lassen. In Kapitel 7 werden die Teilgebiete der Konstruktionswissenschaft samt ihrer Fragestellung vorgestellt.

Der III. Teil mit den Kapiteln 8 bis 11 beschäftigt sich mit den Ableitungen aus der Konstruktionswissenschaft für spezielle Wissenssysteme, sei es unter dem Aspekt der Komplexität der technischen Systeme, sei es unter anderen Aspekten, wie z.B. Funktionen der technischen Systeme. Kapitel 9 zeigt die Formen der Konstruktionswissenschaft für verschiedene Empfänger. Die abschließenden Kapitel befassen sich mit der Qualitätsbeurteilung des existierenden Wissens wie auch mit den Wegen zur Verbesserung des Wissensstandes.

Eine Wissenschaft ist ein lebendiges Gebilde, darum kann sie nie vollständig sein, sie wird immer wieder durch neue Impulse schneller oder langsamer weiterentwickelt. Deshalb ist auch jeder Vorschlag zur Erweiterung oder Verbesserung unserer hier dargestellten Auffassung willkommen.

Zu Dank sind wir allen Kollegen und den zahlreichen Teilnehmern der Konferenzen, Seminare und Kurse verpflichtet, die mit Hinweisen, Kommentaren und Impulsen zur Meinungsbildung beigetragen haben. Die Unterstützung aus dem Academic Research Programme, Department of National Defence, Canada, soll anerkannt werden. Eine sprachliche Überarbeitung hat Dr. L. Badoux vorgenommen, weitere wertvolle Anregungen zu Verbesserungen haben wir vom Verlag erhalten. Einen besonderen Dank schulden wir Frau Dr. Dagmar Hnik, die mit besonderem Engagement unsere Texte verarbeitet hat. Deshalb widmen wir ihr unser Buch.

Dem Springer-Verlag danken wir für die traditionell gute Zusammenarbeit und die vorbildliche Ausführung des Buches.

Februar 1992
V. Hubka, Greifensee, Schweiz
W.E. Eder, Kingston, Ontario, Canada

Inhaltsverzeichnis

Teil III. Die Ableitung der Konstruktionswissenschaft in weitere Disziplinen – spezielle Konstruktionswissenschaften

Teil I
Übersicht

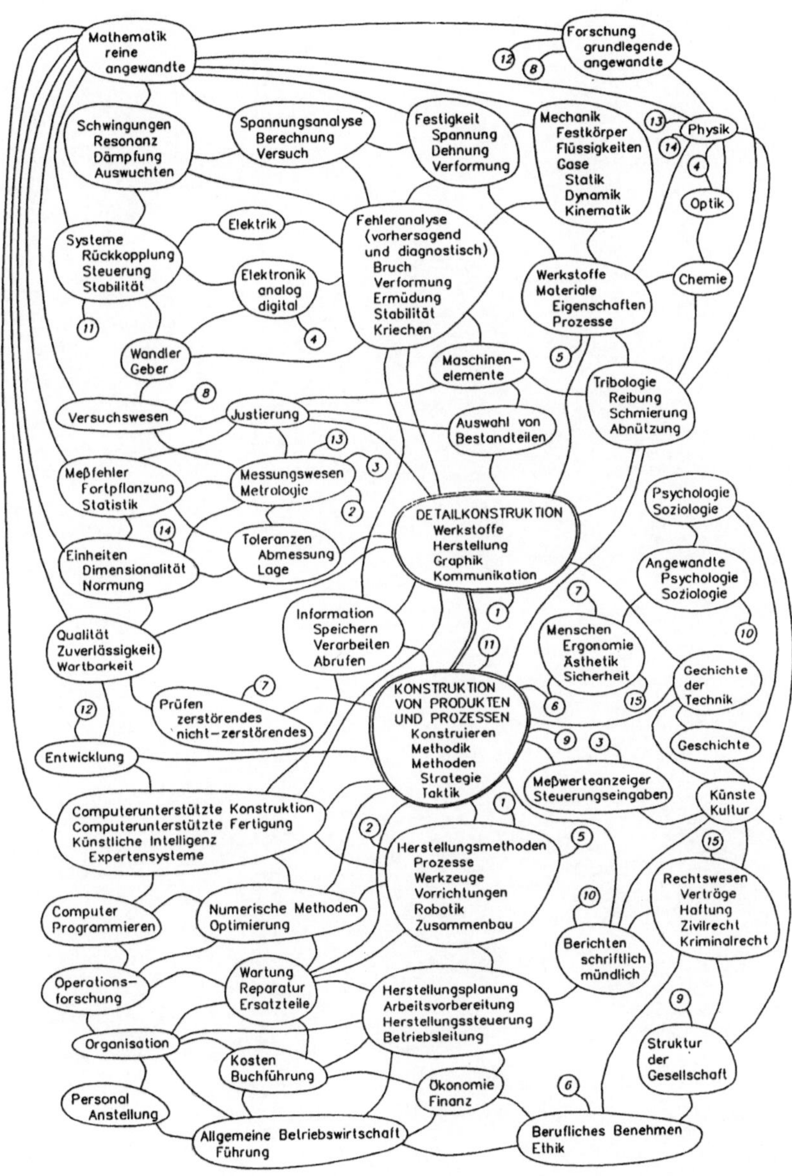

1 Einleitung

Fragen:
Was ist eine Wissenschaft?
Woraus besteht sie?
Wie erkennt man sie?
Welche Zwecke verfolgt sie?

Gegenstand unseres Buches soll eine neue *Wissenschaft* sein, nämlich die Konstruktionswissenschaft. Warum soll diese Wissenschaft als „neu" bezeichnet werden, wenn doch der Mensch das Konstruieren, wie man es heute versteht, seit langem ausübt? Jemand mußte schon immer für den Bau eines Hauses, einer Kathedrale, einer Mühle zuerst eine Vorstellung haben, die dann verwirklicht wurde. Ob Künstler oder Handwerker – man löste schon damals die Probleme und schuf auch mit Erfolg hervorragende Werke. In der erzeugenden Industrie wird das Konstruieren formal seit mindestens 150 Jahren als separate Tätigkeit anerkannt. Dies geschah im Zuge der industriellen Revolution, als Arbeitsteilung im Betrieb eintrat.

Mit Einführung der Konstruktionswissenschaft können weder spektakuläre, schnelle Erfolge noch zweistellige Einsparungsprozente erzielt werden. Mit Sicherheit kann man aber sagen, daß die Konstruktionswissenschaft ein entscheidender Schritt in Richtung Fortschritt ist und eine langfristige Verbesserung der Konstruktionsarbeit bringt, sowohl im Vorgehen der Konstrukteure als auch in bezug auf die Qualität der hergestellten Erzeugnisse. Allerdings ist, wie bei jeder Wissenschaft oder Theorie, nicht zu erwarten, daß sie direkt auf die eigentlichen Probleme der konstruierenden Ingenieure anwendbar ist. Verbesserungen müssen einerseits aus der Wissenschaft abgeleitet und der Praxis angepaßt werden und dort wo die Verbesserungen aus der Praxis stammen, müssen sie anderseits in die Wissenschaft eingefügt werden. Das Fachwissen in neuer Ordnung, Vollständigkeit und Form wird dann zum schlagkräftigen, leistungsfähigen Werkzeug der Konstrukteure. Wesentliche positive Effekte sind relativ kurzfristig in der Ingenieurausbildung zu erwarten, ebenfalls durch eine geeignete Ableitung und Anpassung dieser Wissenschaft.

1.1 Wissen und Wissenschaft – Allgemein

In allen Lebensbereichen der Menschen, nicht nur in der Technik, bedeutet Wissen auch Macht. Deshalb sammelt und ordnet man einschlägige Erkenntnisse und Erfahrungen aus den einzelnen Gebieten, bildet dadurch einzelne Wissenschaften und abstrahiert das Wissen zu allgemeinen Regeln, Modellen und Gesetzen.

Leider existiert bis heute noch kein einheitliches, logisch zusammengefaßtes System der Wissenschaften. Vielmehr gibt es heute eine Vielzahl von Wissenschaften, deren Grenzen nur mangelhaft definiert sind und oft fließend bleiben, mit Überlappungen zu anderen Wissensgebieten. Durch Erschließung neuer Gegenstandsbereiche entstanden und entstehen immer noch neue Diszipline. Die heutige Einteilung der Wissenschaften wird meist durch die Tradition bestimmt. Das System offenbart eher die historische Entwicklung des Wissens als ein homogenes, nach einem Prinzip aufgebautes Ganzes. Den Teilen, die in früheren Perioden „logisch" zusammengehörten, werden weitere, neu entstehende Diszipline „hinzugefügt". Ähnlich wie sich in einer Stadt neue Viertel mehr oder weniger organisch an alte Teile anschlossen, so wuchs, vereinfacht dargestellt, das Wissenschaftssystem um den alten Kern von Philosophie, Mathematik, Theologie und anderen Wissensbereichen. Solche „Anbauten" sind nicht unbedingt minderwertig; davon zeugt zum Beispiel im Stadtbau die neue Planung von Paris unter Napoleon I. durch dessen Architekten. Ähnliche Ausnahmen findet man auch in der Wissenschaft, in Gebieten, in denen sich logische Strukturen durch wissenschaftliche Methoden erkennen ließen, wie zum Beispiel in der Biologie.

Neue Erkenntnisse bringen oft auch eine Wandlung in den erkannten Einteilungen (Taxonomien), Strukturen und Elementen. Die Biologie als Wissenschaft, die sich mit Erscheinungsformen lebender Systeme (= Objekte dieser Wissenschaft) beschäftigt, trat als übergeordneter Begriff erst um 1800 bei Burdach und anderen Wissenschaftlern auf. Sie verband die damals existierenden Gebiete der Anthropologie (Objekt: Mensch), Zoologie (Objekt: Tier), Botanik (Objekt: Pflanze) und Paläontologie (Objekt: Fossilie) zu einer Einheit. Es war ein folgerichtiger Schritt, in dem bekannte Objekte der Welt (Mensch, Tiere und Pflanzen) zu einem „lebendigen" Reich zusammengefügt wurden. Der damit verbundene Übergang von der singulären zur generalisierten Aussage (der Gültigkeitsbereich breitet sich aus) kennzeichnet diesen Entwicklungsweg der Wissenschaft. Die Wissensstruktur wird vereinfacht und dadurch übersichtlicher gemacht.

1.2 Technisches Wissen

Das technische Wissen ist Wissen über künstliche Objekte, welche Menschen zur Erreichung bestimmter Ziele geschaffen haben. Die heutigen Menschen finden in der Welt viele solche Objekte, die ihnen zu Diensten stehen – besonders in Hinsicht auf die Verbesserung ihrer Lebensbedingungen. Sie verdanken ihren Wohlstand einer unübersehbaren Menge von Apparaten, Maschinen, Werkzeugen, welche den umfassenden Einfluß der Technik zeigen. Die ständig wachsende Menge technischer Produkte drängt von der Industrie in die persönliche Umwelt der heutigen Menschen ein – alle möglichen Haushaltsmaschinen, Fitneßgeräte, Kraftfahrzeuge, Telephon, Telefax, Fernsehen, und so weiter. Diese Objekte prägen die Welt der heutigen Menschen mindestens so intensiv, wie Pflanzen und Tiere die Welt der ehemaligen Menschen prägten. Ob dieser Zustand richtig und wünschenswert ist, wollen wir in diesem Zusammenhang nicht diskutieren – für uns ist er einfach die vorgegebene Wirklichkeit.

Es liegt eine Fülle von Wissen über die technischen Objekte („Hardware") vor, vieles davon in schriftlicher Form. Wie wird nun das geschriebene und gedruckte Wissen über technische Objekte organisiert? Die einzelnen Objekte oder Objektfamilien (wie zum Beispiel Kraftfahrzeuge, Brücken oder Fernsehgeräte) werden allgemein oder detailliert behandelt, je nachdem, für wen das Wissen bestimmt ist – ob für Konstrukteure (beispielsweise die Anschlußmaße) oder für Käufer (Leistungsangaben) oder für Verbraucher (Anweisungen zum Gebrauch) oder für Schüler (Arbeitsprinzip, Ausführungsbeispiele, theoretischer Unterbau). Je nach dem Adressat werden also unterschiedliche Aspekte hervorgehoben.

Das geschriebene Wissen bildet bekanntlich nur einen Teil des gesamten Reichtums an Wissen. Menschen verfügen noch über Erfahrungswissen – das „Knowhow" –, das ihr Können in der Anwendung oder in der Neuerstellung von technischen Objekten beträchtlich beeinflußt. Zudem sind auch ihre Fähigkeiten und Fertigkeiten bedeutend am Gesamtergebnis beteiligt. Dies zeugt vom langen Weg des Menschen von Lehrling zu Meister.

Das präsentierte Wissen bezieht sich auf eine unterschiedliche Breite von Objekten, je nach der Art der Aussage (singulär/allgemein): Es wird entweder nur ein bestimmtes Objekt behandelt (oder eine kleine Typengruppe wie im Falle einer Gebrauchsanweisung), oder das Wissen gilt für eine kleinere oder größere Objektfamilie. Man kann sich mit Brücken oder mit Kolbenmaschinen als breitere Gebiete befassen (Bild 1–1), nur Betonbrücken oder Eisenbahnbrücken behandeln (offensichtlich zwei überlappende Kategorien) oder nur Otto-Motoren bzw. Kolbenpumpen.

Das Bild der Wissensstrukturierung wäre nicht vollständig, wenn eine separate Behandlung gemeinsamer Eigenschaften der technischen Objekte unerwähnt bliebe. Sollte das Wissen über ein technisches Objekt, wie oben beschrieben, vollständig sein, müßte man für jede Familie noch gewisse spezielle Erkenntnisse wiederholen, wie zum Beispiel diejenigen über Festigkeit, Werkstoff, Energieübertragung oder Fertigungstechnik. Um dies zu vermeiden wurden solche Gebiete zu speziellen Disziplinen gesammelt, nicht systematisch, sondern nach Gebrauch. Sucht man hier eine Analogie mit der Biologie, dann kann man Morphologie, Anatomie, Histologie oder Zytologie als überbrückende Disziplin zum gemeinsamen Thema Mensch, Tier und Pflanze anführen.

Die Gründe für eine solche Strukturierung als zwei- oder mehrdimensionale Matrix liegen auf der Hand. Vergleichen wir nur: Welches Niveau von Wissen, (z. B. über die Festigkeit oder andere Bereiche) hätte man erreicht, wenn die zugehörigen Überlegungen nur über einzelne Produktfamilien und nicht im Bereich einer eigenständigen Wissenschaft verliefen? Die übergeordnete Leistung einer spezialisierten Wissenschaft

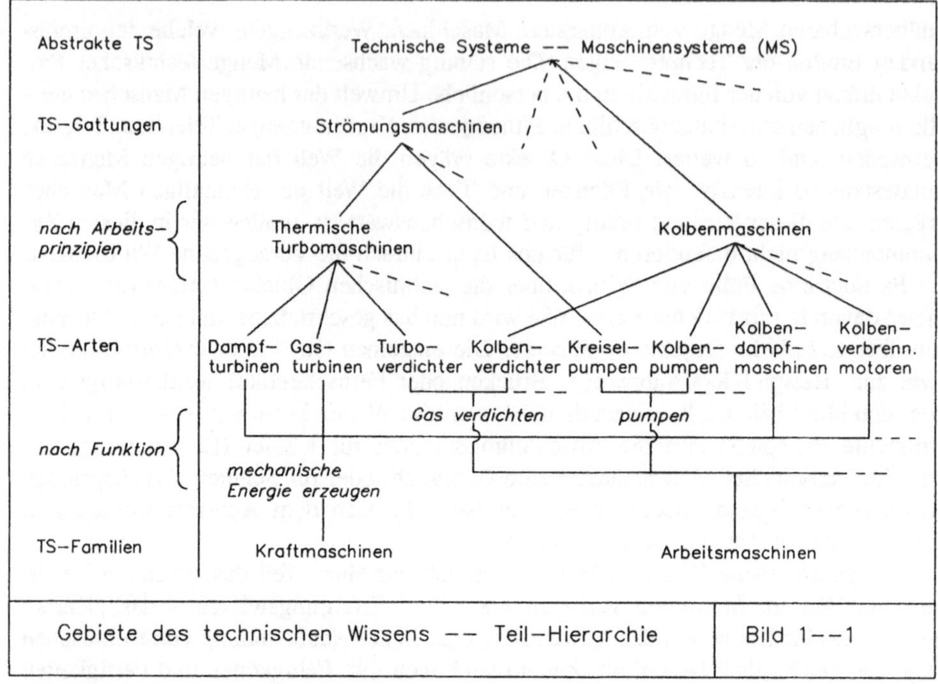

mit allgemeinen Aussagen für einen breiten Gültigkeitsbereich ist offensichtlich (Spezialisierungseffekt).

Die Loslösung der gemeinsamen Problematik aus mehreren Wissensbereichen und die Bildung einer neuen Disziplin ist nicht so leicht, wie es auf den ersten Blick erscheinen mag. Ganz besonders nicht, wenn die in Frage kommenden Wissensbereiche auf der gleichen Ebene oder in einem schmalen hierarchischen Bereich liegen (Objektfamilie–Objekt). Nur eine übergeordnete Stellung in der Hierarchie erlaubt die Herstellung einer Übersicht und das Erkennen gemeinsamer Probleme. Deshalb bildet man hierarchische Strukturen nicht nur in der Wissenschaft, sondern überall dort, wo Übersicht und Ordnung herrschen sollen. Man führt sie insbesondere in der Organisation (Management) und Systemtechnik im allgemeinen ein. Auch die Biologie entstand im Geiste dieses Prinzips, als sie lebendige „Objekte" als übergeordnete Kategorien von Menschen, Tieren und Pflanzen erkannt und definiert hat.

Dazu wollen wir noch hinzufügen, daß die hierarchischen Strukturen einer Wissenschaft auch mit den Begriffen der Mengentheorie (Klassentheorie) beschrieben werden können (Menge–Untermenge–Elemente).

1.3 Objekthierarchie in der Technikwissenschaft

Um Übersicht und Ordnung zu gewinnen, sollte man eine klare und vollständige Hierarchie von technischen Objekten aufbauen. Auf der untersten Ebene befinden sich die uns bekannten wirklichen technischen Objekte. Die höheren Ebenen werden von Objektgruppen und Objektfamilien hierarchisch besetzt. Jeder der benutzten Oberbegriffe beinhaltet eine Untergruppe von Objekten in der untergeordneten Ebene. Viele dieser Oberbegriffe sind bereits bekannt und werden geläufig gebraucht. Z. B. der Oberbegriff „Drehmaschine" umfaßt alle Maschinen, welche Rotationsteile spanabhebend zu bearbeiten geeignet sind. Umgekehrt ist eine Drehmaschine ein Element (der Menge) von Werkzeugmaschinen; zu diesem Oberbegriff gehören auch die Fräs-, Bohr-, Schleif- und viele andere Maschinen. Nicht für alle Arten technischer Objekte kann eine solche klare *Taxonomie* entstehen, oder sie bleibt unvollständig.

Welche Objekte bzw. Oberbegriffe stehen nun auf den obersten Ebenen dieser Pyramide? Wir wissen, daß für die höchste Stufe bisher kein einheitlicher und genau definierter Terminus angenommen worden ist. Möchte man alle technischen Objekte mit einem Terminus umfassen, müßte man einen oder mehrere der folgenden Oberbegriffe benutzen: technisches Objekt, technisches Gebilde, technisches Produkt, Artefakt, technisches Werk, und so weiter.

Der Begriff (Terminus) „Artefakt" ist für unsere Anwendung zu breit angelegt, denn er schließt auch falsch gedeutete Beobachtungen ein (z. B. im Mikroskop oder in chemischen Analysen), und archäologische Funde, die Anzeichen menschlicher Intervention aufweisen. „Produkt" beinhaltet alles, was von einem natürlichen, künstlichen oder gedanklichen Prozeß als Output abgegeben wird: Material, Energie und Information. Ein konstruiertes Produkt hat fast immer einen von Menschen bestimmten Zweck. Das konstruierte Produkt soll Verwendung finden als Mittel (Werkzeug) in einer erwünschten Transformation, welche vorhandene Materiale, Energien und/oder Informationen aus einer Quelle in andere Formen verwandelt, die für den Menschen (als Teil der Menschheit) besser geeignet sind. Diese Mittel, als Produkte des Ingenieurwesens (Gedanken und Anweisungen) und der technischen Herstellung, nennen wir technische Systeme.

Für den Konstruktionsbereich wurde der Begriff *technisches System* (TS) eingeführt, um die wichtigste Eigenschaft der technischen Objekte, nämlich die Systemzugehörigkeit, zu betonen. Sonst wären die Begriffe „technisches Gebilde" oder „technisches Werk" auch brauchbar. Man kann also „technische Systeme" als künstliche (vom Menschen hergestellte) materielle Objekte und Prozesse definieren. Das technische System ist *das Objekt der Technikwissenschaften.*

Bei der Suche nach der nächsten Unterstufe können wir die heutige Gliederung der Technik untersuchen. Sie wird je nach dem Zweck, den dafür angewandten Mitteln oder der historischen Entwicklung eingeteilt in Bergbau- und Hüttentechnik, Maschinenbau (Kraft- und Arbeitsmaschinen), Elektrotechnik (Starkstrom-, Fernmeldetechnik, und Elektronik), Feinwerktechnik, Verkehrstechnik (Land-, Wasser- und Luftverkehr), Bautechnik (Hoch-, Tief- und Wasserbau), mechanische Technologie (Metall-, Holz-, Kunststoff- und Textiltechnik), chemische Technologie (Kunststoffe und andere

Materiale) usw. Es ist offensichtlich, daß diese Einteilung keine eindeutige Klassifizierung liefert und daß auch andere Schemata möglich sind.

Wir können auf den ersten Blick erkennen, daß diese Auffassung heterogen ist, einerseits bezüglich der hierarchischen Stufung, anderseits bezüglich des Inhaltes; einige Gebiete sind nach gegenständlichen, andere nach prozessualen Systemen (Vorgehen, Verfahren) orientiert. Man kommt ebenfalls in Schwierigkeiten, wenn man die untergeordneten Objektfamilien eindeutig eingeordnet sehen möchte. Gehören die bereits erwähnten Werkzeugmaschinen zu den Arbeitsmaschinen und dadurch zum Maschinenbau, oder gehören sie zur mechanischen Technologie? Sollte der Eimerkettenbagger für die Braunkohlenförderung im Bereich der Bergbautechnik oder im Maschinenbau behandelt werden? Er wird eindeutig im Maschinenbau konstruiert und hergestellt. Und wohin gehören die von Rechnern gesteuerten Elektro-Erosionsmaschinen?

Für pragmatische Zwecke, wie zum Beispiel für die Klassifizierung der Industriezweige, kann eine solche Einteilung brauchbar sein; für die wissenschaftliche Überlegung aber nicht.

Auch ein weiterer bekannter Vorschlag, nämlich technische Objekte (Systeme) einzuordnen, je nachdem ob sie Material (Werkstoff), Energie oder Information (Signale) verarbeiten, scheint attraktiv. Diese Einteilung ist auch nicht eindeutig, denn einige Teile existierender Maschinen verarbeiten vorwiegend eine dieser drei Komponenten, andere Teile derselben Maschine verarbeiten vorwiegend eine andere, und allgemein müssen alle drei immer vorhanden sein. Wir werden in den folgenden Kapiteln weitere mögliche Gliederungen technischer Systeme vorstellen. Vorläufig verlassen wir die Objektgliederung und beschäftigen uns mit den Technikwissenschaften.

1.4 Technikwissenschaften

1.4.1 Aufgabe und Gegenstand

Die Technikwissenschaften sollen das technische Wissen möglichst zweckmäßig ordnen und vollständige und geeignete Form anstreben.

Am häufigsten wird die Technik als Gegenstand (Objekt) der Technikwissenschaften bezeichnet. Jedoch werden diesem Begriff unterschiedliche Inhalte zugeordnet. Allgemein müssen in Technikwissenschaften drei Grundelemente behandelt werden:

1. Ding (Objekt, inklusive System von Dingen);
2. Verfahren (Prozeß); und
3. Material (Stoff).

Sie können unabhängig voneinander untersucht werden; aber in Wirklichkeit bilden sie eine untrennbare Einheit.

1.4.2 Bedeutung und Position

Der hohe Stellenwert der Technikwissenschaften für die Menschen liegt in ihrer sozialen Dimension. Sie bereiten den Menschen bessere Lebensbedingungen und helfen ihnen, ihre Bedürfnisse zu befriedigen. Die Gesellschaft bestimmt die Ziele und Mittel, und die Technik vermittelt die Erkenntnisse aus den anderen Wissensbereichen, um die Ziele zu erreichen. Diese Tatsache führt dazu, daß die Selbständigkeit der Technikwissenschaften bezweifelt wird und diese lediglich als Anwendungsgebiete der Naturwissenschaften betrachtet werden.

Auch wenn diese Polemik für uns sekundärer Natur ist, entspricht eine solche Position der Wahrheit. Es ist richtig, daß die Menschen auf Grund der Naturgesetze die Natur verändern und ihr Formen und Eigenschaften geben, welche ihren Zielen entsprechen. Diese technisch-natürliche Seite (das bedeutet das Funktionieren) ist jedoch mit der sozialen Art technischer Objekte untrennbar verbunden. Eine weitere Reihe von Eigenschaften muß das technische System erfüllen, um die sozialen Forderungen zu befriedigen, so unter anderem ökonomische, ästhetische, psychologische, wirtschaftspolitische und ökologische Forderungen, welchen die Technik gerecht werden muß.

Eine andere Tatsache zeugt von der Bedeutung und Position der Technikwissenschaften: Mit der steigenden Anzahl wissenschaftlicher Fachgebiete nimmt der Anteil technischer Disziplinen stetig zu. Am Beispiel der Sowjetunion ist im Bild 1–2 diese Aussage qualifiziert durch Anzahl der Mitarbeiter in einzelnen Wissenschaftszweigen. Im Jahr 1972 war die Anzahl der wissenschaftlichen Disziplinen 514, davon 232 Technikwissenschaften.

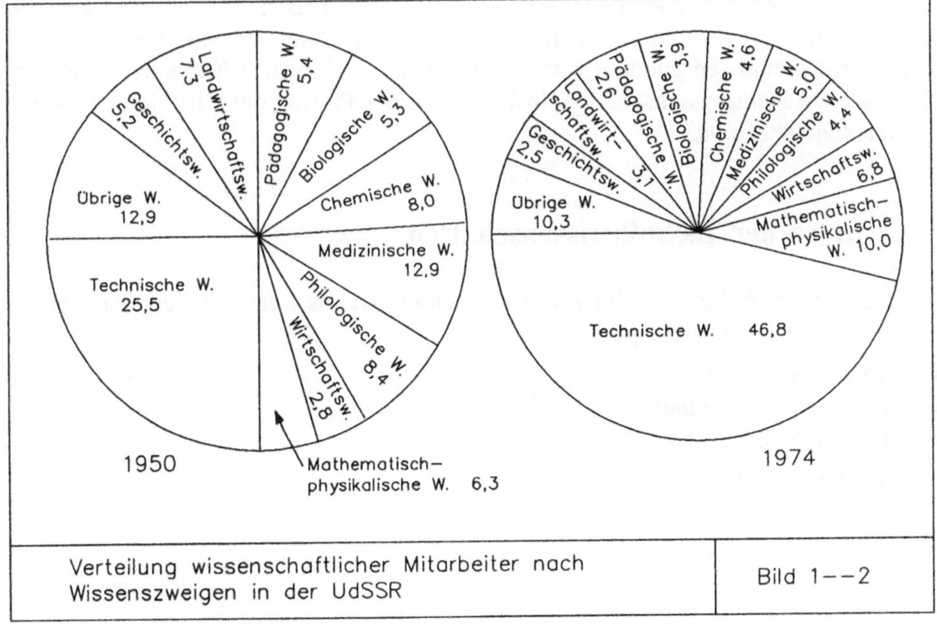

Verteilung wissenschaftlicher Mitarbeiter nach Wissenszweigen in der UdSSR	Bild 1––2

1.4.3 Die zu behandelnde Problematik von Technikwissenschaften

Das technische Wissen muß hinreichend gewährleisten, daß das Ding (und seine Komplexe), Verfahren und Material, was die Gesellschaft braucht, auch geplant, realisiert, gebraucht und beseitigt werden kann, und zwar in einer zweckmäßigen Qualität (einschließlich Zweckmäßigkeit bezüglich Umgebung, Störungen, Outputs u.a.).

Auf dem Gebiet der Sachobjekte (Gegenstände – wir knüpfen hier an den Fachausdruck für reale Objekte nach Ropohl [250]) und Prozeßobjekte (Verfahren, Prozesse) muß primär die gewünschte Funktion erreicht werden.

Somit bilden die Beziehungen zwischen Funktion (Verhalten) und Struktur die eigentliche Problematik der technischen Wissenschaften. Das technische Wissen beschreibt die Wechselbeziehungen zwischen drei Bereiche:

- den technischen Eigenschaften des Objektes (Sach- oder Verfahrens-),
- der Struktur des Objektes und
- den Prozessen, die im Rahmen der Naturgesetze im Objekt ablaufen.

Die naturwissenschaftlichen Kenntnisse werden von den technischen Wissenschaften zur Lösung ihrer eigenen Aufgaben genutzt. Technische Wissenschaften erhalten also von den Naturwissenschaften Informationen über Prozesse, Materialien, Strukturen u.a. Dies kann als Objektwissen oder Sachwissen bezeichnet werden.

Die Transformationen, die durch die verschiedenen Verfahren verwirklicht werden, verlangen eine andere Art des Wissens (Verfahrenswissen), insbesondere das technologische Wissen über die Bedingungen, unter welchen das Verfahren realisiert werden kann. Dies beinhaltet das Wissen darüber, welche Transformationen existieren, was erreichbar ist und mit welchen Randbedingungen usw.

Abgesehen von der eben geschilderten Problematik müssen die in der Technik tätigen Menschen mit Methoden, Techniken und Geräten ausgestattet sein, die ihnen die Arbeit ermöglichen und erleichtern. Im Gang der technischen Arbeit muß gerechnet, modelliert, dargestellt, simuliert, Versuche durchgeführt werden. Von den oben erwähnten Kenntnissen gehören zum Ingenieurwissen also auch Kenntnisse, die aus den gesamten Naturwissenschaften, insbesondere der Physik, der Chemie und vielen anderen abgeleitet sind.

1.4.4 Arten der Technikwissenschaften

Die Analyse der Problematik im vorigen Abschnitt hat uns sinnvolle Hauptkategorien von Technikwissenschaften geliefert:

- Sachwissenschaften,
- Verfahrenswissenschaften,
- Materialwissenschaften und
- Ingenieurwissenschaften.

1.4.4.1 Technische Sachwissenschaften

Das Wissen über Dinge (Sachobjekte als erstes Grundelement) gehört zum wichtigsten Wissen der Technik. In diese Kategorie gehören einzelne technische Systeme sowie ihre Familien, wie wir sie in der Objekthierarchie (Abschnitt 1.3) diskutiert haben. Als grundlegende, die Probleme und Struktur bestimmende Disziplin sollte die *Theorie technischer Systeme* [150,153] wirken, von welcher alle hierarchisch tiefer stehenden Objekttheorien abgeleitet werden können, die ihrerseits die allgemeine Theorie konkretisieren. Mehr über den Inhalt der Sachwissenschaften folgt in Kapitel 7.

1.4.4.2 Technische Verfahrenswissenschaften

Diese Kategorie vermittelt technisches Wissen über einzelne Verfahren und Verfahrensarten. Die Grundlage kann das Modell der Transformationssysteme bieten (siehe Bild 7–2), von dem alle Problemkreise abgeleitet werden können. Dieses Modell bindet auch das technische System in das Transformationssystem ein. Die Einheit zwischen Verfahren und Sachobjekt ist bereits in Abschnitt 1.4.1 erwähnt worden.

1.4.4.3 Technische Materialwissenschaften

Das technische Wissen über den Bereich „Material" bekommt mit den vorhandenen und neu entwickelten Materialen und Technologien eine immer größere Bedeutung. Wenn das Material als Ausgangsstück für ein Einzelteil definiert ist (also nicht nur gewalzter Stahl, sondern auch Halbzeug wie Gußstück oder Schmiedestück), dann bieten sich große Möglichkeiten für eine rationale Herstellung der Einzelteile. Man muß nämlich auch das Material konstruieren. Zum Beispiel eröffnet die Fasertechnik neue und sehr progressive Möglichkeiten, die Eigenschaften des „Materials" an die Anforderungen jedes einzelnen Falles anzupassen. Die bestehende Ordnung auf diesem Gebiet nach Materialarten ist für den Konstrukteur ohne weiteres anwendbar.

1.4.4.4 Ingenieurwissenschaften

Die Bezeichnung dieser Kategorie als Ingenieurwissenschaften überschreitet vielleicht das durchschnittliche Verständnis dieses Begriffes, das sich normalerweise auf technische Mathematik, Mechanik, Elektrik und ähnliches beschränkt.

Wie bereits definiert, geht es hier um Wissen, das die Behandlung der technischen Objekte und Verfahren in allen ihrer Phasen (Planen, Konstruieren, Herstellen, Distribuieren, Gebrauchen, Beseitigen) ermöglicht und damit die Arbeit erleichtert.

Die wesentlichen Berufsgruppen, die mit technischen Objekten arbeiten und spezielle Fachinformationen gebrauchen, sind an die einzelnen Lebensphasen des technischen Systems gebunden. Bild 1–3 zeigt die Lebensphasen und die ihnen zugeordneten Berufsgruppen.

Jede Gruppe von Fachleuten (Konstrukteure, Arbeitsvorbereiter, Fertigungs- und Betriebsingenieure) welche mit einem gewissen technischen Sachsystem oder Verfahren arbeitet, benötigt eine unterschiedliche Art von Fachwissen (Fachinformation). Dieses Fachwissen besteht aus zwei Teilen. Der erste Teil ist das Fachwissen, das

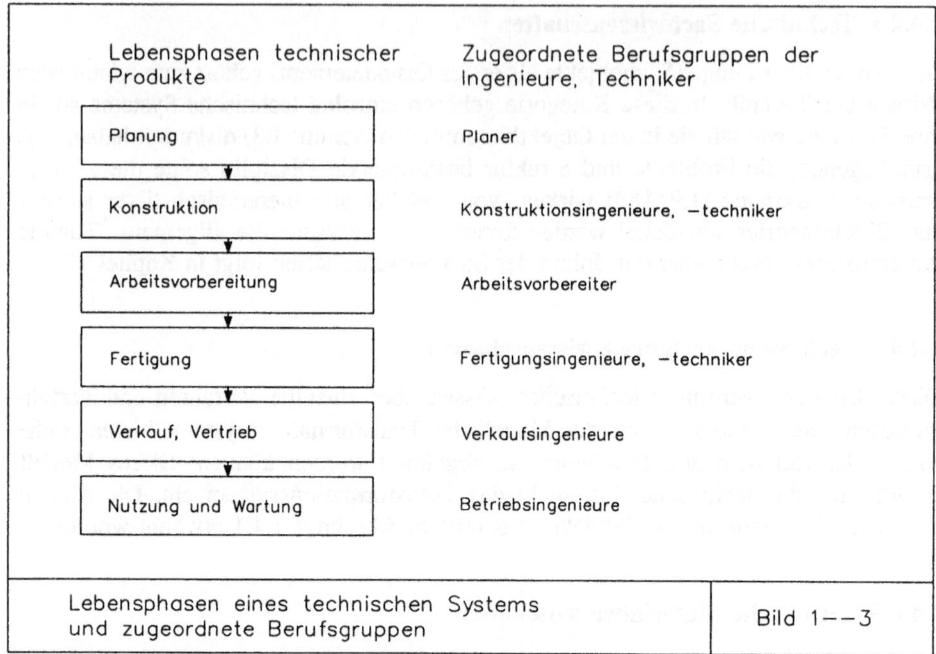

Lebensphasen eines technischen Systems und zugeordnete Berufsgruppen

Bild 1−−3

mit der Facharbeit verbunden ist, nämlich das Wissen über Konstruieren oder Planen, Fertigen, Montieren, Verkaufen, Kalkulieren, Verpacken, Bedienen, Warten, und so weiter; der zweite bezieht sich auf das Wissen über das entsprechende Sachsystem, das technische System, an dem gearbeitet wird. Im Gesamtwissen einzelner Fachleute überwiegt meist das fachliche Berufswissen. Ein Dreher dreht eine Welle, gleich ob sie für einen Elektromotor oder eine Pumpe bestimmt ist. Konstrukteure können dagegen die Produktfamilie nicht so einfach wechseln. Falls sie an Stelle eines Elektromotors nun eine Pumpe zu konstruieren haben, würde die Einarbeitung doch eine längere Zeit in Anspruch nehmen. Auch der Inhalt und die Form des Sachwissens müssen für einzelne Berufe unterschiedlich gebildet sein. Die Aussagen bewegen sich von einer einfachen „Fachkunde" für Dreher bis zu einer Theorie mit komplizierten Gesetzen für Konstrukteure.

Das Wissen für jede Berufsgruppe soll theoretisch den Inhalt einer selbständigen Wissenschaft bilden, samt einer weiteren Ausrichtung auf ein bestimmtes Objekt (Sachsystem oder Verfahren) bzw. eine Objektgruppe. Dadurch könnte eine Anzahl von Berufswissenschaften auf jeder Ebene der Hierarchie (siehe Bild 1–4) entstehen.

In den nächsten Kapiteln und Abschnitten widmen wir uns der Konstruktionswissenschaft, wobei die größte Aufmerksamkeit auf die höchste Stufe der Hierarchie gerichtet ist, nämlich die der technischen Systeme (TS).

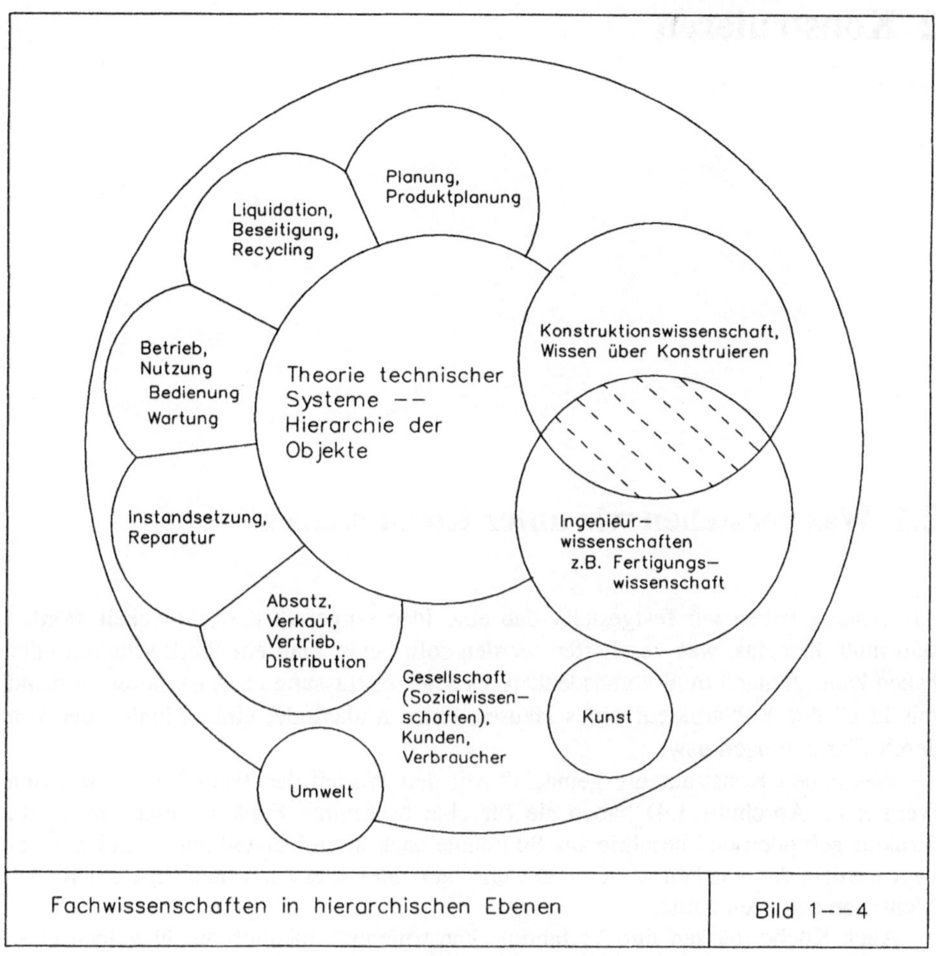

Fachwissenschaften in hierarchischen Ebenen | Bild 1—4

2 Konstruieren

2.1 Was verstehen wir unter Konstruieren?

Am Anfang haben wir festgestellt, daß eine Idee vorgefaßt und entwickelt worden sein muß über das, was geschaffen werden soll, bevor man ein Werk schaffen oder bauen kann. Jemand muß vorausdenken. Unserer Auffassung nach ist dieser „Jemand mit Idee" der Konstrukteur eines Hauses, einer Kathedrale, einer Mühle oder von deren Einrichtungen usw.

Was haben Konstrukteure gemacht? Mit den Worten der Technikwissenschaften (vergleiche Abschnitt 1.4) haben sie für eine bestimmte Funktion eine bestimmte Struktur gefunden und beschrieben. So konnte nach ihren Darstellungen ein Haus gebaut werden, das – neben weiteren gewünschten oder unerwünschten Eigenschaften – Menschen schützen sollte.

Auch Köche müssen ihre Verfahren „konstruieren", nämlich aus einzelnen Operationen die Struktur ableiten, bevor sie zu kochen beginnen, insbesondere wenn ein neues Gericht vorbereitet wird. Das Verfahren wird dann in einem Rezept beschrieben.

Man kann sich fragen, warum wir hier relativ triviale Beispiele anführen, wenn man bereits großartige Mondraketen konstruiert. Es sind aber gerade einfache und übersehbare Beispiele, die zum Verständnis beitragen, während kompliziertere Fälle mit vielen zusätzlichen Informationen belastet sind, die das Substantielle verschleiern.

Fassen wir also zusammen: Die Aufgabe des Konstruierens besteht im Vorausdenken und Beschreiben einer Struktur, welche als Träger der gewünschten Eigenschaften (vor allem der Funktionen) auftritt. Man kann diese Aussage auch prozessual ausdrücken: Konstruieren wird definiert als die Transformation (Umwandlung) einer Information vom Zustand der Anforderungen (einschließlich der geforderten Funktionen) in die Beschreibung einer Struktur, welche diese Anforderungen erfüllt.

Die Black-box-Darstellung dieser Definition sieht man in Bild 2–1. Der Konstruktionsprozeß besteht aus mehreren Tätigkeiten.

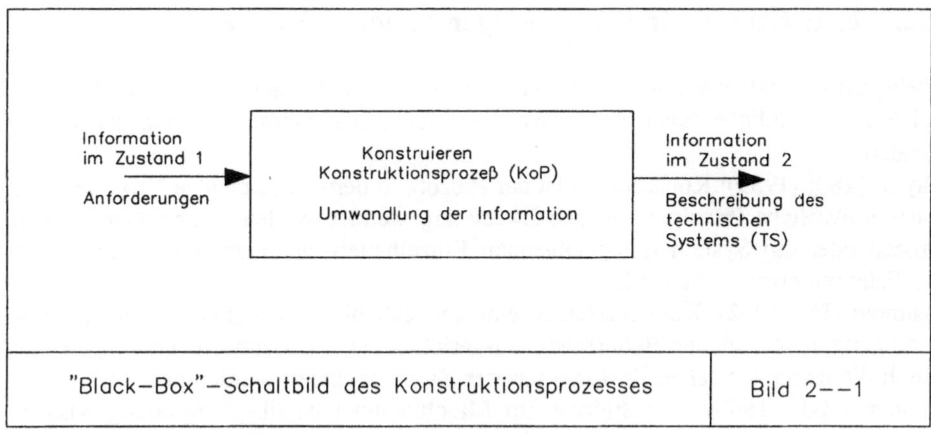

2.2 Zum Begriff „Konstruieren"

2.2.1 Terminus technicus „Konstruieren"

Mit dem Begriff „Konstruieren" bezeichnen wir die Gesamtheit aller Konstruktionstätigkeiten. Aber „Konstruieren" als Oberbegriff kann umstritten sein. Schon in unserem Beispiel des Kochens stoßen wir auf eine nicht übliche Aussage: Köche „konstruieren" ein Kochverfahren, wenn sie ein neues Gericht planen und zur versuchsweisen Ausführung vorbereiten. Ähnlichen heterogenen Anwendungen des Begriffs „Konstruieren" begegnen wir gewiß auch auf anderen Gebieten, wo bereits eingebürgerte Begriffe wie Projektieren, Planen oder Organisieren mit diesem Oberbegriff abgedeckt werden.

Besonders schwer kann man diesen Begriff in einem Unternehmen akzeptieren, in welchem die Abteilung „Konstruktion" nur die letzte Phase des Konstruierens durchführt und an die Arbeit der Abteilung „Entwicklung" anknüpft. Dies bleibt jedoch Gewohnheitssache und eine Frage der Zeit.

Dieses Problem taucht immer wieder auf, wenn die Wissenschaft ihre eigene Sprache und ihre eigenen Termini zu formulieren beginnt und einem Terminus einen anderen Inhalt geben muß, als es in der Umgangssprache üblich ist. Selbstverständlich entstünden die gleichen oder noch größere Schwierigkeiten, wenn ein anderer Oberbegriff als „Konstruieren" für diesen Tätigkeitskomplex gewählt würde.

Der Vorteil des Wortes „Konstruieren" liegt in der allgemeinen Verständlichkeit, auch wenn es ungewöhnlich klingt, zum Beispiel als Metapher. Dazu ist dieses Wort international sehr verbreitet, also in germanischen wie auch in romanischen und slawischen Sprachen für den definierten Inhalt allgemein faßbar.

Nachdem (1) „Konstruieren" eigentlich ein Verb (Zeitwort) ist, das hier als Substantiv (Hauptwort) gebraucht ist – wir wollen diesen Komplex untersuchen und beschreiben, (2) diese Tätigkeiten (Vorgänge) in der Praxis keineswegs einheitlich ablaufen, werden wir in diesem Buch von hier an „Konstruieren" als generische Bezeichnung betrachten und meist ohne Artikel (Geschlechtswort) schreiben.

2.2.2 Konstruieren in den Aussagen anderer Autoren

Viele Autoren haben versucht, den Terminus *Konstruieren* zu definieren. Einige Beispiele folgen (etliche davon in eigener Übersetzung der Autoren aus englischen Originalen):

Taylor [280] (1959): Konstruieren ist der Prozeß, in dem verschiedene Verfahren und wissenschaftliche Prinzipien für den Zweck angewendet werden, um ein Gerät, einen Prozeß oder ein System mit genügenden Einzelheiten zu definieren, damit dessen Realisierung ermöglicht wird.

Asimow [56] (1962): Konstruieren ist eine zweckdienliche Tätigkeit, die auf die Befriedigung menschlicher Bedürfnisse ausgerichtet ist, insbesondere derjenigen, die durch die technologischen Faktoren unserer Kultur realisiert werden können.

Feilden [100] (1963): Konstruieren im Maschinenbau ist die Anwendung wissenschaftlicher Prinzipien, technischer Information und von Vorstellungsvermögen in der Bestimmung einer mechanischen Struktur, einer Maschine oder eines Systems, um vorgeschriebene Funktionen mit größter Ökonomie und bestem Wirkungsgrad auszuführen. Die Verantwortung der Konstrukteure deckt den ganzen Prozeß von der Konzipierung bis zur Freigabe der vollständigen Anweisungen für die Herstellung, und ihr Interesse dauert während der gesamten geplanten Lebensdauer des Produktes.

Alexander [33] (1963): Die richtigen materiellen Bestandteile einer physikalischen Baustruktur aufzufinden.

Kesselring [169] (1964): Konstruieren heißt, für eine gestellte Aufgabe eine technisch vollkommene, wirtschaftlich günstige und ästhetisch befriedigende Lösung zu finden.

Booker [63] (1964): Simulieren, was wir zu machen (oder zu tun) beabsichtigen, bevor wir es machen (oder tun), so oft es notwendig sein könnte, um Vertrauen in das endgültige Resultat zu bekommen.

Hansen [131] (1966): Entwickeln ist bestimmt durch das bildhafte Vorausdenken eines technischen Gebildes.

Archer [45] (1964): Eine zielgerichtete, problemlösende Tätigkeit.

Reswick [243] (1965): Eine schöpferische Tätigkeit – Aufrufen in die Wirklichkeit von Neuem und Nützlichem, das früher nicht existiert hat.

Jones [163] (1966): Ausführen einer sehr komplizierten, auf Glauben beruhenden Tat.

Page [227] (1966): Der schöpferische Sprung von bestehender Tatsache zu zukünftiger Möglichkeit.

Farr [98] (1966): Der bedingende Faktor für jene Teile eines Produktes, die mit Menschen in Berührung kommen.

Gregory [124] (1966): Produkt mit Umständen in Verbindung bringen, um Befriedigung zu erreichen.

Matchett [195] (1966): Die optimale Lösung zur Summe der wahren Bedürfnisse einer bestimmten Menge von Umständen.

Nadler [216] (1967): Planen und Konstruieren ist ein Prozeß, der eine umstandsspezifische Lösung erschafft oder umstrukturiert. Das Resultat kann ein Haus, ein Gesetz, ein Informationssystem, ein Betriebsplan, eine zutreffende Übertragung einer Technologie, ein Stadtteilplan, die Bestimmung eines Produkts, ein Lehrgangsplan, ein Lageplan für Betriebseinrichtungen sein – fast ein beliebiges Gebilde.

VDI 2223 [20] (1973): Konstruieren ist das vorwiegend schöpferische, auf Wissen und Erfahrung gegründete und optimale Lösungen anstrebende Vorausdenken technischer Erzeugnisse, Ermitteln ihres funktionellen und strukturellen Aufbaus und Schaffung fertigungsreifer Unterlagen. Als Teil des Entwickelns umfaßt es das gedankliche und darstellende Gestalten, die Wahl der Werkstoffe und Fertigungsverfahren und ermöglicht eine technisch und wirtschaftlich vertretbare stoffliche Verwirklichung. Konstruieren vollzieht sich in den zwei wohl zu kennzeichnenden, aber nicht streng zu trennenden Phasen Entwerfen und Ausarbeiten.

Alexander [34] (1979): Konstruieren ist der Prozeß, physikalische Dinge zu erfinden, welche als Antwort auf verlangte Funktionen neue physikalische Ordnung, Organisation, Form aufweisen.

Jones [164] (1980): ... die Kette der Ereignisse, welche mit dem Wunsch des Auftraggebers anfangen, und fortschreiten durch die Tätigkeiten der Konstrukteure, Hersteller, Verteiler und Verbraucher, bis zu den endgültigen Auswirkungen des neu-konstruierten Dinges auf die Welt. Alles, was man mit Sicherheit sagen kann, ist, daß die Gesellschaft oder die Welt nicht mehr dieselbe ist, die sie vor Erscheinen des neuen Gebildes war.

Katz [166] (1984): ... wir betrachten normalerweise *Konstruieren* als die Tätigkeit, die mit dem tatsächlichen Aufbau des Systems verbunden ist; d. h., ausgehend von einer gegebenen Vorschrift (Anforderungsliste) für das System, bringen wir diese Vorschrift in Bezug zu dessen physikalischer Realisierung (zum Beispiel ein integrierter Schalt-chip, ein Rechnerprogramm, eine Anlage oder ein Flugzeug). Die Konstruktionsaufgabe aber erstreckt sich durch den ganzen *Lebenslauf* des Systems, von der ursprünglichen Verpflichtung, das neue System zu erbauen, bis zur schließlichen vollwertigen Herstellung.

Suh [274] (1989): ... die Erschaffung einer Synthese in Form von Produkten, Prozessen oder Systemen, welche erkannte Bedürfnisse erfüllen, durch Abbildung zwischen den funktionalen Anforderungen (FRs – „functional requirement") im funktionalen Bereich und den Konstruktionsparametern (DPs – „design parameters") im physikalischen Bereich, durch geeignete Auswahl der DPs, welche die FRs befriedigen. (Anmerkung: Abkürzungen vom Autor übernommen.)

Die Natur des Konstruierens spiegelt sich auch in anderen Aussagen wider, welche im besten Falle nur Teilwahrheiten darstellen. Typisch für solche Aussagen (mit der persönlichen Überzeugung des Autors, mit einem Satz den vollen Umfang erklärt zu haben) sind, daß „Konstruieren ist ... ":

- Probleme lösen,
- Entscheidungen treffen,
- Wissenschaft anwenden,
- Kreativität und Vorstellungsvermögen,
- heuristische Suche,
- lernen,
- Evolution,
- geeignete Muster auswählen und anpassen,
- Menschen behandeln,
- Verhandeln zwecks Erzielung befriedigender Lösungen,

- Daten sammeln und verarbeiten,
- optimieren und Annahme genügender Lösungen,
- zeichnen und berechnen,
- leiten, führen, organisieren,
- die Bilanz der Kosten und des Profits beachten,
- Bedürfnisse befriedigen,
- ethisches und professionelles Benehmen,
- Voraussicht auf Erzeugung, Zusammenbau, Prüfung und andere Prozesse,
- usw.

Diese Definitionen zeigen einige der notwendigen Elemente des Konstruktionsprozesses, aber keines davon ist genügend ohne die anderen.

Viele der zitierten Aussagen sind aus dem Kontext herausgenommen worden, so daß eine Interpretation dieser Aussagen die Meinung des Autors eventuell verzerrt widerspiegelt. Die Zitate sollen jedoch mehr die Art und Weise andeuten, wie die Literatur mit dem Begriff „Konstruieren" umgeht, als daß sie eine semantische Studie vorlegen. Darüber hinaus zeigen die Beispiele, wie schwierig es für einen Leser ist, Verständnis und Klarheit aus der Fülle von Aussagen zu gewinnen. Anderseits kann bei tieferem Studium festgestellt werden, daß viele dieser Definitionen auch die Meinungen decken, die wir in Bild 2–1 zeigen.

2.2.3 Die „Breite" des Konstruierens

In den Definitionen kommt auch die soziale Dimension des Konstruierens vor, insbesondere die Erfüllung menschlicher Bedürfnisse. Man sollte sich also in bezug auf die Konstrukteure eines Backofens die Frage stellen, ob das für sie zu lösende Problem der Hunger war. Ohne Zweifel ist dies nicht der Fall, denn ihre eindeutige Aufgabe bestand darin, einen Backofen mit bestimmten Eigenschaften zu konstruieren. Das fundamentale Problem ereignete sich aber viel früher, und der erste Backofen wurde damals als Mittel zur Befriedigung eines menschlichen Bedürfnisses gebaut.

Wir werden auch anderen Fällen begegnen, wo Konstrukteure vor einer weniger klaren Ausgangssituation stehen und von Anfang an bereits den Transformationsprozeß lösen müssen.

Der Klarheit halber wollen wir unterscheiden zwischen:

- dem „eigentlichen" (engeren) Konstruktionsprozeß, in welchem man von den Anforderungen an das technische System ausgeht und mit der Beschreibung des technischen Systems endet, und
- dem Konstruktionsprozeß im weiteren Sinne, in welchem vor (und eventuell auch nach) dem eigentlichen Konstruktionsprozeß je nach der gegebenen Situation noch zusätzliche Lösungsoperationen vorgenommen werden.

Das graphische Modell in Bild 2–2 (verglichen mit Bild 2–1) bietet eine gute Orientierung über diese Konstruktionsbreite.

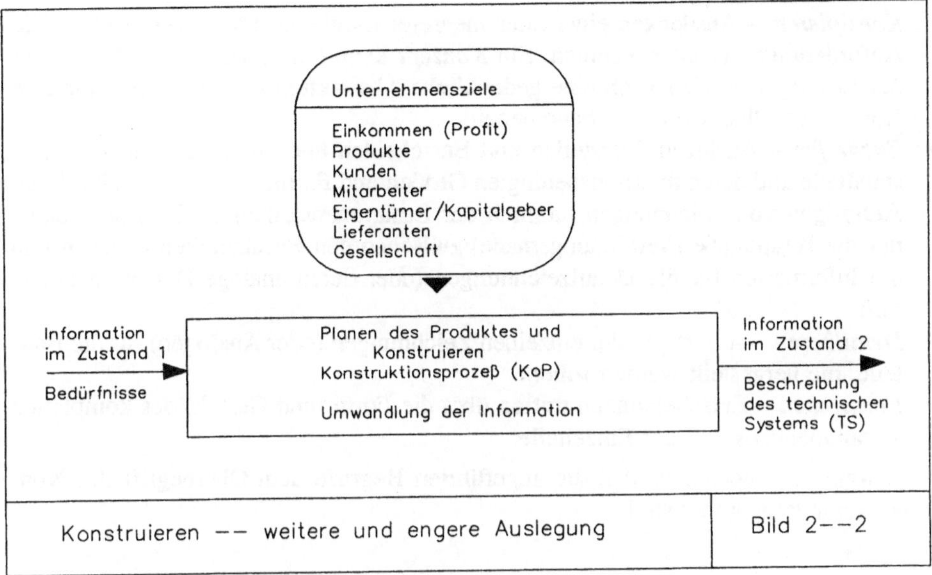

In den folgenden Kapiteln dieses Buchs beziehen sich unsere Ausführungen, ohne daß dies besonders betont wird, auf den eigentlichen Konstruktionsprozeß. Spezielle Bemerkungen können dem Konstruktionsprozeß im weiteren Sinne gewidmet werden.

Der Konstruktionsprozeß wird in seiner Breite je nach dem Konstruktionsobjekt oder nach der Konstruktionsphase modifiziert. Für die Bezeichnung solcher Fälle haben sich besondere Begriffe eingebürgert. Einige Beispiele dazu sind:

- *Planen* – betont die (meist längere) zeitliche Dimension der Probleme und den (meist größeren) Maßstab der Lösungsvorschläge, welche eine größere Zahl der kleineren Probleme an andere Spezialgebiete abliefern; dieser Ausdruck wird besonders im Zusammenhang mit der Planung von Regionen, Städten usw. und der Gesamtkonstruktion von großen Anlagen gebraucht. „Konstruieren" wird oft als „Teil des Planungsprozesses" beschrieben, die Relation ist reziprok.
- *Projektieren* – das zu konstruierende Objekt ist eine große bis mittlere Industrieanlage, wo viele der Bestandteile als selbständige Maschinen aus geeigneten Herstellerkatalogen ausgewählt oder von Herstellern auf besondere Bestellung erzeugt werden.
- *Entwickeln* – das Objekt soll ein neues, zur Zeit unbekanntes System sein – Vorsicht ist geboten in diesem Zusammenhang, dasselbe Wort wird auch gebraucht für den Prozeß der Prüfung und Abänderung eines bestehenden, neu gebauten (realisierten) Systems, zum Erzielen befriedigender Laufparameter.
- *Organisieren* – das Objekt ist meist der Mensch (und technische Mittel zur Unterstützung der menschlichen Tätigkeiten), die Aufgabe besteht aus Zielen und Anleitungen (Richtlinien), die geeignet sein sollen, diese Ziele zu erreichen.

Andere Tätigkeitsworte beziehen sich auf Teilgebiete des Konstruierens, können aber unter Umständen als gleichbedeutend mit Konstruieren betrachtet werden:

- *Konzipieren* – Ausdenken einer oder mehrerer möglicher Strukturen, welche die Anforderungen erfüllen könnten. Ein *Konzept* kann eine skizzenhafte Auslegung der Lösung sein, aber auch eine gedankliche Abstraktion mit Relationen für eine Klasse von Objekten oder Phänomenen.
- *Entwerfen* – Auslegen, Darstellen und Entscheiden über die Anordnung der Bestandteile und deren funktionsbedingten Größen und Formen, normalerweise durch Anfertigen von Zeichnungen (ähnlich der Zusammenstellungszeichnung) welche nur die Hauptmaße (Verbindungsmaße) zwischen den Bestandteilen angeben und die Information für die Detailzeichnungen (oder deren analoge Datenträger) liefern.
- *Detaillieren* – Anfertigen der einzelnen Zeichnungen (oder Analogen) für die Bauteile, die hergestellt werden sollen.
- *Formgeben* – Entscheidungen treffen über die Form (und Gestalt) des kompletten Zusammenbaus und der Einzelteile.

Betonen wir nochmals, daß die angeführten Begriffe dem Oberbegriff des Konstruierens untergeordnet sind.

2.3 Technisches Wissen über Konstruieren heute

Konstruieren ist ein Prozeß. Das technische Wissen über Konstruieren in seiner höchsten Form, also in der Theorie des Konstruierens, ist im Sinne der Technikwissenschaften ein Verfahrenswissen (vgl. Abschnitt 1.4.4.2).

Das Studium der Literatur läßt sehr bald erkennen, wie wenig von diesem Wissen sogar in speziellen Veröffentlichungen über Konstruieren enthalten ist. Wie sich ein bestimmter Konstruktionsprozeß vollzog, und warum gerade dieses und nicht ein anderes Ergebnis erreicht wurde, darüber konnte man kaum berichten. Auch erfolgreiche Konstrukteure konnten kaum sagen, weshalb sie eine Arbeit gerade auf diese Weise und nicht auf eine andere ausgeführt hatten. Fast vergeblich hat Reuleaux [244] schon 1856 kritisch geschrieben: „Die Kenntnis der der Mechanik entlehnten Prinzipien genügt indessen nicht, um den Entwurf einer auszuführenden Maschine zustandezubringen ... ".

Nur einige Teilgebiete, beispielsweise im Bereich des Maschinenbaus, sind im Zusammenhang mit dem Konstruktionswissen tiefer entwickelt worden. So wurden zum Beispiel Festigkeitsberechnungen – anfänglich ein sehr problematischer Zweig – zu einer zuverlässigen Operation im Rahmen des Konstruktionsprozesses entwickelt, ebenso wie die Konstruktion und Berechnung der Maschinenelemente und einiger spezieller Fachgebiete, wie zum Beispiel Hebezeuge, Dampfturbinen. Auch das Darstellen ist im Rahmen des technischen Zeichnens zu hohem Fachniveau gelangt.

Es erstaunt, wie sehr diese Situation auch die Vorstellung vom Konstruieren geprägt hat. Einige Fachleute haben es (besonders in der Ausbildung) eher als Berechnungstätigkeit betrachtet; für andere, besonders für Außenstehende, war es das Zeichnen, welches Konstruieren gekennzeichnet hat. Den Rest – und gerade den Kern –

der Konstruktionsarbeit, das Vorausdenken der technischen Objekte und Verfahren, hat man schnell als eine bloße Idee oder einen bloßen Einfall, sei er gut oder schlecht, abgetan. Man glaubte (nach diesen Ansichten), diese Ideen, wie auch sonstige Entscheidungen, mit einer Portion Intuition, Kreativität bekommen zu können. Auf jeden Fall müsse man Talent haben. Stillschweigend, öfter aber doch deutlich, wurde Konstruieren eher für „Kunsttreiben" als für eine wissenschaftliche Tätigkeit gehalten.

Erst mit der Bewegung zur Rationalisierung in den fünfziger und sechziger Jahren wurde als erste These die Tätigkeit des Konstrukteurs für wissenschaftlich-technisch erklärt (dies vielleicht unbewußt). Dazu gehörte nun das technische Wissen, welches zu finden, zu erforschen und zu einer Theorie zu verarbeiten war. Die unter dem Begriff „methodisches oder systematisches Konstruieren" bekannte Disziplin hat während dreißig Jahren viel Material zusammengetragen und eine beträchtliche Vorarbeit geleistet.

Wurde das Konstruktionswissen dadurch vervollständigt? Kann es als Bestandteil der Konstruktionswissenschaft seine schwerwiegende Aufgabe erfüllen? Diese Fragen müssen leider großteils negativ beantwortet werden. Erst ein Modell der Konstruktionswissenschaft (wie es in Kapitel 7 vorgestellt wird) vermittelt eine Vorstellung der vollständigeren Problematik dieses Gebiets und bietet einen Vergleich.

Überraschend in diesem Zusammenhang wirkt das geringe Interesse der Praxis an der Lösung dieser Problematik. Es scheint fast, als sei man mit dem heutigen Handwerk der Konstrukteure zufrieden und betrachte die Qualität der konstruktiven Lösung als befriedigend oder als könne man alle Fehler und Vernachlässigungen aus dem Konstruieren während der Entwicklung und Erzeugung des Produktes beseitigen oder ausgleichen. Konstrukteure in der Praxis finden meist nicht die Zeit und Motivation, innerhalb ihrer Tätigkeit auch die Forschungsarbeiten über Konstruieren aufzusuchen, zu verstehen und mit ihrer eigenen Arbeit in Verbindung zu bringen. Zum Teil führen sie nach Müller [213] gegen diesen neueren Ergebnissen eine Notwehr. Eine andere Erklärung für das schwache Echo der Praxis auf die Forschungsergebnisse des methodischen Konstruierens findet man kaum.

In Kapitel 7 werden wir uns mit dem Konstruktionswissen bezüglich der Ergebnisse beschäftigen, darum gehen wir hier auf keine weiteren Einzelheiten ein. Wir betrachten es jedoch als zweckmäßig, uns näher mit einigen Begriffen auseinanderzusetzen, welche eng mit dem Verständnis des Konstruierens zusammenhängen.

Es sind dies die Begriffe Kreativität, Intuition, Innovation usw. Gleich aber möchten wir betonen, daß diese Begriffe dem methodischen Konstruieren gegenüber keinesfalls als Konkurrenz auftreten wollen. Nur ihre falsche Anwendung könnte einen solchen Eindruck erwecken.

2.4 Verhältnis zwischen Konstruieren und einigen anderen Begriffen

Erstaunlicherweise bleiben einige Worte oder Begriffe mit anderen lange eng verbunden. Im Laufe der Zeit werden solche Konglomerate grundsätzlich mit anderen Inhalten belegt, als ursprünglich beabsichtigt. Daß dadurch das Verständnis stark beeinträchtigt wird, ist bekannt.

Wir wollen einige dieser Verbindungen hier untersuchen und die entsprechende Deutung des Inhalts geben. Für diejenigen, welche diese Problematik tiefer studieren wollen, werden einige Passagen aus der einschlägigen Literatur zitiert und weitere Literaturhinweise hinzugefügt.

2.4.1 Konstruieren und Intuition (Inspiration)

Für viele Konstrukteure und Konstruktionsforscher hat das Wort Intuition die Bedeutung eines Schlüsselwortes. Darum befassen wir uns ausführlich mit diesem Begriff.

2.4.1.1 Was ist Intuition?

Intuition wird unterschiedlich definiert. Beispiele sind:

- Spontanes geistiges Erfassen, auf Wissen und Erfahrung beruhende Erkenntnis. In irrationalen Erkenntnistheorien: Eine nicht auf Erfahrung beruhende Erkenntnis sondern wird gefühlsmäßig durch ‚innere' Eingebung erzeugt [10];
- Ursprüngliche Anschauung, Betrachtung, später geistige Schau, eingebungsartig, nicht durch Erfahrung oder Überlegung, sondern auf mystische Weise durch unmittelbares Erfassen des Wesens einer Wirklichkeit gewonnene, der Offenbarung ähnliche Einsicht; gefühlsmäßiges Entdecken letzter Wahrheiten, die unbeweisbar und nicht beweisbedürftig sind. In anderem Sinne wird unter Intuition auch ein Erfahrungsdenken verstanden, dessen einzelne Stationen nicht mehr voll bewußt werden, wie dies zum Beispiel bei der Diagnose erfahrener Ärzte der Fall ist [84].

Goethe kannte den Begriff der „scientia intuitiva" von Spinoza. Er selbst bezeichnete die Intuition als „exakte Phantasie". Kant beschreibt sie in der „Kritik der Urteilskraft" als „die ungesuchte, freie Übereinstimmung der Einbildungskraft mit den Gesetzen des Verstandes". Demnach ist es erstrebenswert, nicht nur über richtige Gedanken, sondern auch über deutliche Eindrücke zu verfügen. Beide, die Empfindungen der Wirklichkeit und die richtigen Vorstellungen von der Wirklichkeit, sind wichtige Informationsquellen für die Intuition. Wer deutlich empfindet und klar denkt, hat die Chance, daß beide Fähigkeiten zusammentreffen und daß, wie bei zwei elektrischen Polen, der Funke zündet. [192]

2.4.1.2 Bedingungen für Intuition – Inspiration

Wenn man nach den Bedingungen des Zustandes forscht, in denen die Erkenntnis mittels Intuition (in anderen Worten in einer Inspirationssituation) auftaucht, entdeckt man drei typische Merkmale, nach Hubka [139]:

- Der Empfänger der Idee hat sich bewußt oder unbewußt mit dem Problem beschäftigt (Auseinandersetzung, Verfolgung des Gedankens, unaufhörliches Suchen); hat mehrmals bewußt das Problem zu lösen gesucht; hat großes Wissen und Erfahrung auf dem Problemgebiet; hat großes Interesse, das Problem zu lösen (ist stark motiviert); hat persönliche Disposition zur intuitiven Arbeit.

  Dazu sei bemerkt, im Einklang mit dem Wesen der intuitiven Erkenntnis, daß man über den durchgemachten Prozeß schwerlich berichten kann. Es heißt meistens: „und nach einiger Zeit fiel mir ein … ", was vielleicht nur das unausgesetzte Suchen und fortwährendes Verfolgen des Gedankens zeigt. Newton antwortete auf die Frage, wie er zum Gesetz der Gravitation geführt worden sei: „Indem ich fortwährend darüber nachdachte." Goethe trifft den Nagel auf den Kopf mit den Worten: „Was ist Erfinden? Es ist Abschluß des Gesuchten."

- Der Einfall kommt meist in einer Entspannungsperiode, wenn sich das Problem nicht im Bewußtsein befindet. Nicht selten sind die räumlichen (Badewanne, Bett, Musikhören) und die zeitlichen Bedingungen (beim Einschlafen oder Erwachen) bei verschiedenen Personen die gleichen. Beim Erforschen dieses Phänomens hat man festgestellt, daß nur ein Drittel der Personen willkürliche und unwichtige Bedingungen angegeben haben.

- Das intuitive Erfassen wird durch starke Gefühle überwältigender Deutlichkeit begleitet, was als Kontrast zu der vorher herrschendengeistigen Spannung und Unsicherheit äußerst effektvoll wirkt.

2.4.1.3 Resultate der Intuition

Die Bewertung der Resultate des intuitiven Denkens zeigt, daß oft glänzende Ideen schnell gewonnen wurden. Aber auf der anderen Seite zeigt sich Intuition als außerordentlich unzuverlässig. Man sollte demütig auf den fruchtbaren Moment warten – was ist in dem Fall zu tun, wenn die Intuition nicht eintritt?

Immer muß eine über Intuition gewonnene Idee auf die Möglichkeit ihrer Realisierung überprüft werden, und wenn die Funktionstüchtigkeit in Ordnung ist, muß man sie quantifizieren. Nicht selten sind Einfälle wegzuwerfen. Es ist keine Untersuchung bekannt, die uns zum Beispiel die Anzahl oder das Verhältnis der brauchbaren zu den unbrauchbaren Fällen aufzeigt. Einige Analysen definitiver Ergebnisse von Lösungen, die angeblich intuitiv entstanden sind, zeigen, daß von den ursprünglichen Ideen fast nichts übriggeblieben ist, da man viele Verbesserungen und Korrekturen vornehmen mußte. Die Erfahrung zeigt allgemein, daß harte Arbeit den größten Anteil am Lösungsaufwand hat.

2.4.1.4 Arten der Intuition

Es gibt nach Lüscher [192] verschiedene Arten von Intuition. Diejenige des Schachmeisters ist anders als die des Komponisten, die des Managers anders als die des Erfinders. Jeder besitzt ein anders geartetes *Archiv an bewußten Erfahrungen* und verfügt über ein Denken, das sich aus verschiedenartigen Vorstellungs-Gestalten zusammenfügt.

Der in Begriffen Denkende kann *theoretische Intuitionen* haben. Wenn sich Vorstellungs-Gestalten intuitiv zu einem ganzheitlichen Bezugssystem zusammenfügen, entsteht eine theoretische Erkenntnis, wie zum Beispiel das Gravitationsgesetz von Newton.

Wer sich beim Vollziehen einer Tätigkeit durch Veranschaulichung Gedanken macht, kann *praktische Intuitionen* haben. Die *technischen Erfindungen* – vom Hammer bis zum Computer – entspringen dem Wunsch, den Vollzug einer Tätigkeit oder eines Geschehens zu vereinfachen oder wirksamer zu machen. Weil solche Innovationen Gewinn abwerfen, werden die Methoden zur Förderung intuitiver Einfälle von „Brainstorming" bis zu „Synectics" besonders im Bereich der Technik und des Marketings eingesetzt.

Wer sich einfühlende Gedanken macht, kann *psychologische Intuitionen* haben. Menschenkenntnis, die Beurteilung und das Verstehen anderer setzen ein differenziertes Verständnis der eigenen Person voraus.

Wer zu imaginativem Denken fähig ist und eine Phantasie bildnerisch oder musikalisch ausdrücken kann, hat *künstlerische Intuitionen*. Alle künstlerisch Gestaltenden, ob Maler, Komponisten, Architekten oder Schriftsteller, schöpfen ihre Werke aus einem Reichtum an Erlebnis-Gestalten.

2.4.1.5 Wie kann man Intuition herbeiführen und vervollkommnen?

Es ist Tatsache, daß Ingenieure intuitiv denken und so zu denken geneigt sind (Hubka [139]). Wie kann man die Vorteile der Intuition ausnutzen und die Nachteile ausscheiden, anstatt die Intuition allgemein entweder zu verdammen oder als Wundermittel anzupreisen? Zwei Voraussetzungen müssen erfüllt sein, nämlich:

- Die ersten Arbeitserfahrungen des Konstruktionsingenieurs werden auch mit systematischer Arbeitsweise zu tun haben (Stereotyp der systematischen Arbeitsweise);
- Die intuitiven und systematischen Arbeitsweisen ergänzen sich immer, zum Beispiel bei der Lösungssuche und bei der nachfolgenden Kontrolle.

Es geht darum, die richtige Intuition und ihren vertretbaren Anteil in der Arbeit zu erreichen. Im Sinne der Erklärung des Intuitionsmechanismus können dazu weitere Bedingungen für das erfolgreiche Ergebnis behilflich sein. Dadurch ist eine gewisse Steuerung erreichbar. Zur Förderung guter Ergebnisse mit Intuition lassen sich folgende Hinweise empfehlen:

- Wahrnehmungen und Kenntnisse, die von fachlicher Bedeutung sein können, sollen immer mit ordnungswichtigen Vorstellungen verknüpft werden. Sehen wir zum Beispiel eine Maschine, dann verbinden wir sie über die abstrakte Funktion mit anderen Gliedern der Maschinenfamilie;

- Systematische Vorbereitungsarbeiten sollen durchgeführt werden mit einer Reihe bewußter Versuche, um Lösungen zu finden;
- Vorbereitungen sollen in genügendem Vorsprung durchgeführt werden, damit sich eine empfehlenswerte Zeitspanne (Inkubationsperiode) bilden kann;
- Die gründliche Arbeit soll mit Entspannungsperioden wechseln, nicht nur, um gute Resultate zu erzielen, sondern auch aus Gründen der psychischen Hygiene;
- Günstige Arbeitsbedingungen müssen vorhanden sein, insbesondere eine freie Atmosphäre.

Goldberg [120] berichtet, wie man die eigene Intuition fördern kann.

Die Psychologie bringt mehrere Erkenntnisse über Intuition, die jedoch nicht auf erforschten Vorgängen im Gehirn beruhen. Man betrachtet den Menschen als Black Box. Bild 2–3 zeigt ein solches Resultat, das die Beteiligung des Denkens im Bewußtsein, im Unbewußtsein und im Unterbewußtsein bei verschiedenen Formen des Denkens qualitativ andeutet.

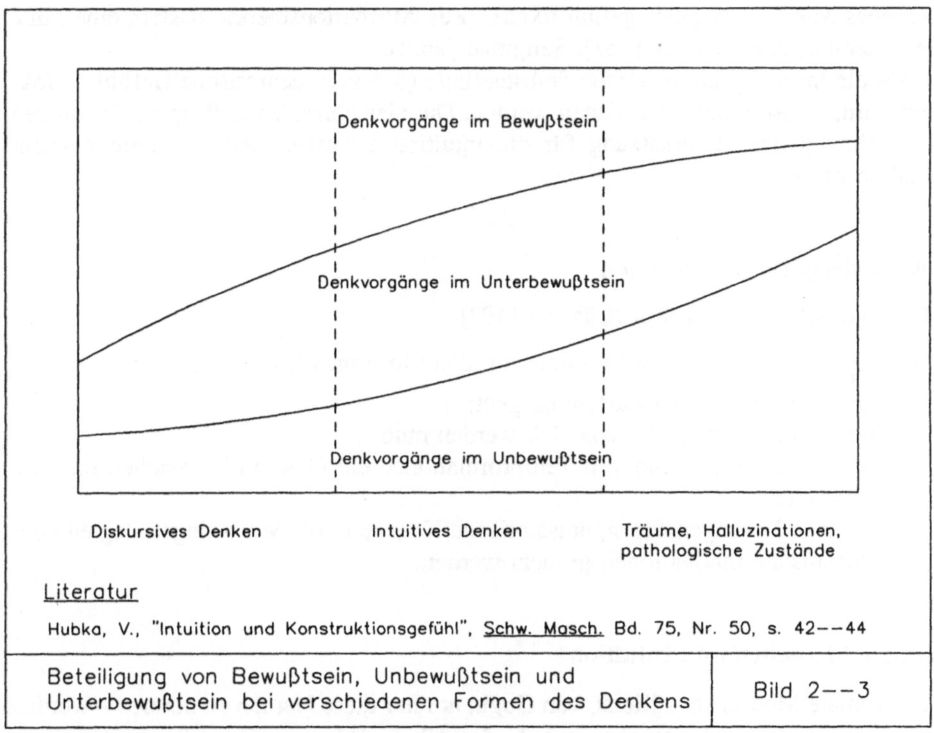

Literatur

Hubka, V., "Intuition und Konstruktionsgefühl", Schw. Masch. Bd. 75, Nr. 50, s. 42––44

Beteiligung von Bewußtsein, Unbewußtsein und Unterbewußtsein bei verschiedenen Formen des Denkens   Bild 2––3

Intuition setzt *Aufmerksamkeit und Aufgeschlossenheit* voraus (Lüscher [193]). Um dazu fähig zu sein, müssen wir unbelastet und selbstsicher sein. Doch wie kann ein kreativer Mensch, ein Kunstschaffender, ein Politiker, ein Manager oder auch eine kreative Hausfrau und Mutter unbelastet und selbstsicher sein?

Trotz aller Aufgaben, die zu erfüllen sind, wird man sich unbelastet fühlen, solange man vom Gefühl der inneren Freiheit und Zufriedenheit erfüllt ist. Trotz aller

Unsicherheit, die in der Umwelt herrscht, wird man sich selbstsicher fühlen, wenn man sich Selbstvertrauen erworben hat und sich die Selbstachtung erhält.

Intuition ist lernbar, wenn man lernt, sich der *kreativen* Aufgabe völlig hinzugeben und alle Selbstüberbewertung (Selbstbewunderung oder Arroganz) und alle Selbstabwertung (Selbstzweifel und Minderwertigkeitsgefühle) auszuschalten. Die vier normalen Selbstgefühle

- Selbstachtung;
- Selbstvertrauen;
- Zufriedenheit;
- innere Freiheit

sind kein dauerhafter Besitz. Sie sind unbewußte Erfahrungen, die aus dem adäquaten Umgang mit den Umweltbeziehungen resultieren. Die normalen Selbstgefühle stehen in einem ständigen dynamischen Prozeß. Sie verändern sich in negative Zuschreibungen („Attribuierungen"), wenn statt des Selbstvertrauens eine „angelernte Hilflosigkeit" und Depression entsteht oder wenn sich statt der Selbstachtung ein erworbenes Minderwertigkeitsgefühl fixiert. (Zur Attributionstheorie besteht eine Fülle von Literatur, z. B.: Kelley [167], Seligman [262]).

Da die Intuition durch falsche Selbstgefühle (wie z. B. neurotische Gefühle) blokkiert wird, müssen diese vermieden werden. Die vier normalen Selbstgefühle müssen als unabdingbare Voraussetzung für die Intuition erworben und im Gleichgewicht gehalten werden.

2.4.1.6 Beispiele der Intuition

Management und Intuition (Lüscher [192])

Führungskräfte benützen die Intuition vor allem in folgenden Situationen:

- wenn es um Menschenbeurteilung geht;
- wenn ein Problem rasch behandelt werden muß;
- wenn sie sich auf Grund von Teilinformationen ein Gesamtbild machen müssen; und vor allem
- wenn neue Lösungen für organisatorische Konzepte, für Marketingstrategien oder für technische Innovationen gesucht werden.

Geniale Menschen und Intuition

Viele geniale Menschen – Kleist, van Gogh, um nur diese Namen zu nennen – werden zu außerordentlichen Leistungen gerade deshalb getrieben, weil sie ihren unerträglichen Selbstgefühlen (z. B. Selbstzweifel) entfliehen müssen und in der Welt der Intuition und Harmonie Zuflucht suchen. Während des kreativen Gestaltens bleiben die neurotischen Selbstgefühle nämlich weitgehend ausgeschaltet. Darum fühlen sich alle – nicht nur die Genies – wohl, wenn sie „ganz bei der Sache" sind.

Reiche Erfahrungen gehören zu den Voraussetzungen jeder Intuition. Mangel an Erfahrung und somit eine geringe Vergleichsbasis können nur zu einem riskanten Ratespiel, niemals aber zu einer gefühlssicheren Intuition führen. Genies wie Mozart verfügen über einen außerordentlichen Vorrat an differenzierten Erlebnis-Gestalten. Albert Einstein besaß besonders klare Vorstellungs-Gestalten. Er hat sie in einem privaten Gespräch selbst einmal als „ästhetische Bilder" bezeichnet. Ein guter Schachspieler der Klasse A verfügt – nach Simon (Carnegie Institute of Technology) – über etwa 2000 Muster (Vorstellungs-Gestalten) von Schachsituationen mitsamt den nachfolgenden Zügen. Ein Schachmeister jedoch hat etwa 50 000 Schachmuster im Kopf.

Erfahrene Ärzte stellen eine Diagnose viel häufiger, als ihnen selbst bewußt ist, auf intuitivem Weg. Die medizinischen Tests, die ja auch interpretiert werden müssen, sind oft nur noch eine rational begründete Bestätigung der Intuition. Eine ähnliche Erfahrung machen nicht selten Psychotherapeuten, die den Patienten Fragen stellen, die ihnen anscheinend grundlos aus dem Moment heraus einfallen. Immer wieder zeigt sich, daß mit solchen Einfällen der Kern des Problems getroffen wird.

2.4.2 Konstruieren und „Konstruktionsgefühl"

Wenn man erfahrene Konstrukteure bei der Arbeit beobachtet, läßt sich (nach Hubka [139]) bald eine Tatsache feststellen. Ein Fachmann ist imstande, vorerst ohne Berechnung über eine Wanddicke, Schraubengröße oder Form eines Kanals zu entscheiden. Die nachfolgende Berechnung, in Größenordnungen und mit verfeinerten Verfahren, bestätigt dann meist die Richtigkeit. Man nennt diese Fähigkeit Konstruktionsgefühl, und sie wird oft als eine Begabung angesehen. Es ist ersichtlich, wenn man die folgende Überlegung anstellt, daß in diesem Fall eher eine Erfahrung als etwas Angeborenes zugrundeliegt.

Im Gegensatz zu einer verhältnismäßig abstrakten Vorstellung als Resultat einer Intuition sind die Produkte des Konstruktionsgefühls quantifizierte Aussagen über verschiedene Abmessungen von Formteilen oder genauere Angaben über Form. Beide Arten dieser konkreteren Daten sind abhängige Größen, meistens sogar von mehreren Veränderlichen.

Menschen können übrigens nur jene Kenntnisse verwerten (anwenden), die sie gespeichert und verarbeitet haben. Begabung beeinflußt gewiß die Prozesse und die Wiedergabe in einigen Aspekten, besonders bezüglich Dauer und Wirkungskraft. Ein weiterer und bedeutender Faktor ist die Arbeitsmethode. Ein solcher Gefühlsentscheid muß drei Operationen beinhalten:

- Ermitteln der Abhängigkeiten;
- Festlegen der Einflußgrößen; und letztlich
- Ermitteln der Größe x auf Grund dieser Einflußgrößen und Abhängigkeiten, $x = f(Einflußfaktoren)$.

Nicht immer sind die Abhängigkeiten quantitativ vorhanden, sei es in Form einer genau oder approximativ abgeleiteten Formel oder eines quantifizierten Erfahrungswertes (heuristische Faustregel). Oft geht es um qualitative Aussagen: größer oder kleiner, schärfer oder stumpfer.

Im Laufe der Zeit entstehen beim erfahrenen Konstrukteur proportionale Beziehungen zwischen Abmessungen, wie zum Beispiel zwischen Durchmesser einer Schraube und Dicke der zu verbindenden Teile, Durchmesser und Länge einer Führung, Dicke einer Kastenwand und Maße der Anschlußstellen. Konstrukteure projizieren dann diese Werte in die neuen Entwürfe, ob sie nun falsch oder richtig sind. Die Notwendigkeit eines Überprüfens dieser Entscheidungen bei äußeren Bedingungen ist einleuchtend, denn gedeckt werden verhältnismäßig zuverlässig nur die normalen, durchschnittlichen Fälle.

Ähnlich entwickelt man durch Erfahrung ein Gefühl für richtige Form, zum Beispiel hinsichtlich der Festigkeit: unscharfe Übergänge, größere Dimensionen an höher beanspruchten Stellen, größere Radien bei gekrümmten Trägern; oder in bezug auf günstige Strömung: stetige Übergänge der Querschnitte, möglichst große Kanalradien, und so weiter. Diese und andere Gesetzmäßigkeiten, die entweder als Formeln, Regeln oder Richtlinien formuliert sind oder durch Erfahrung intuitiv gewonnen wurden, beginnen nach häufigem, wiederholtem Gebrauch unbewußt die Denkabläufe zu beeinflussen und zu steuern. Auf diese Weise, allerdings immer gestützt auf eine gewisse Größe, liefert das entwickelte Konstruktionsgefühl eine rasche Entscheidung. Meist wird eine solche Entscheidung durch Nachrechnen in Größenordnungen unterstützt und eventuell durch verfeinerte Berechnungen bestätigt, oder es werden dann Veränderungen eingeleitet.

Diese Erscheinungen lassen sich mit Hilfe der Gestalttheorie oder Feldtheorie erklären. Die Erfahrung als verallgemeinerte Zusammenfassung aus Wahrnehmungen richtiger Vorbilder formt die günstigen Beziehungen der Eigenschaften einer Wahrnehmung (vergleiche Booker [60]). Wenn dann eine Menge optisch wahrgenommener Elemente (zum Beispiel Skizze eines Maschinendetails) gewisse Veränderungen einiger Elemente gegenüber dem eingeprägten Modell der Verhältnisse verursachen, so entstehen bei Konstrukteuren die Eindrücke von ästhetisch unbefriedigenden Gebilden. Die Feldvektoren verursachen eine innere Spannung angesichts eines nicht erreichten ausgeglichenen Zustands.

2.4.3 Konstruieren und Kreativität

Die Verbindung dieser zwei Begriffe läßt sich in einem einfachen Satz formulieren: Konstrukteure sollen kreativ sein. Die Konstruktionsmethodik bietet ihnen dazu die entsprechenden Methoden.

Das Wort „kreativ" bedeutet: fähig zur Erschaffung, erfinderisch, einfallsreich, schöpferisch, Phantasie zeigen zusätzlich .zu gewohnheitsmäßiger Geschicklichkeit und Können. In Versuchen, diese Fähigkeit zu messen und meßbar zu machen, wurde das Wort „Kreativität" geprägt. Der häufige Mißbrauch des Begriffs Kreativität in der Literatur (insbesondere in der amerikanischen) wirkt unseriös.

Guilford [126] hat in seinen Versuchen zur Erforschung menschlicher Intelligenz entdeckt, daß die geistigen Fähigkeiten des Menschen auf drei Achsen dargestellt werden können, mit je einigen Untergruppen:

- *gedankliche Operationen* – Kognition (Wahrnehmung), Erinnerungsvermögen, konvergente Erzeugung, divergente Erzeugung, Bewertung;
- *gedanklicher Inhalt* – gestaltlich (figural), sinnbildlich (symbolisch), semantisch (die Bedeutung ansprechend), verhaltensmäßig (das Benehmen beschreibend);

- *Produkte des Denkens* – Einheiten, Klassen, Relationen (Verhältnisse, Verflechtungen), Systeme, Transformationen, Konsequenzen (Folgerungen).

Nach diesem Modell wird kognitives Denken praktiziert, indem gedankliche Operationen auf geeigneten gedanklichen Inhalt (also Wissen) angewendet werden, um Produkte des Denkens zu erzeugen. Ein Gedankengang und eine Fähigkeit bestehen aus je einem Element dieser drei Achsen, insgesamt 120 verschiedene Kombinationen. Jeder Mensch kann nur einen beschränkten Bruchteil dieser Fähigkeiten voll oder teilweise beherrschen. Dieses Denken kann sich auch in verschiedenen Medien abspielen, also in verbaler (schriftlicher oder mündlicher, Worte benutzender), numerischmathematisch-symbolischer oder bildlicher-räumlicher-sichtlicher Art stattfinden und dargestellt werden. Im Zusammenhang mit diesem Abschnitt ist die wichtigste dieser Fähigkeiten die *divergente Erzeugung*, durch die man, von einer Lage (Situation, Gedankengang) ausgehend, einige oder viele andere Möglichkeiten für einschlägige Lagen entwickelt. Dies wäre der kreative Anteil des Denkens. Diese Fähigkeit kann weiter unterteilt werden in vier Untergruppen:

- Geläufigkeit der Erzeugung, viele Gedanken werden in der gegebenen Zeit vorgebracht;
- Wendigkeit, Verschiedenheit der Gedankengänge (Gedankengruppen);
- Originalität, Neuheit;
- Ausarbeitung einzelner Gedanken.

Einige Methoden und Anleitungen zur Förderung dieser geistigen Fähigkeit sind in der Literatur beschrieben. Osborne [226] hat „Brainstorming" vorgeschlagen. Gordon [122] hat das System der „Synectics" entwickelt. Adams [31] zeigt, wie man stereotype Denkweisen und geistige Hindernisse zum freien Denken überwinden kann. Diese Arbeiten haben die Kreativität gewissermaßen „lernbar" gemacht (siehe Abschnitt 2.5), indem sie einige heuristische *Algorithmen* bereitgestellt haben (siehe auch Abschnitt 2.4.6) als empfohlene Folge von Operationen, mit Bedingungen, die einen etwaigen Erfolg wahrscheinlicher zu machen suchen. Auch hier kann Erfolg nicht garantiert werden, denn gute und neue Gedanken zu erzeugen ist nicht das einzige Maß für Erfolg, die Ideen müssen auch realisierbar gemacht werden. Kreativität zeigt demnach ähnliche Vor- und Nachteile, wie sie in Abschnitt 2.4.1 (Intuition) erläutert wurden.

Eine Erkenntnis von Akin [32] zeigt, daß Kreativität nicht nur von geistiger Veranlagung abhängt, sondern vorwiegend von Erfahrung und Fachwissen (siehe auch das Zitat von Edison in Abschnitt 2.4.5), welches vom einzelnen Menschen aus dem deklarativen Wissen „ins prozedurale Wissen übergeführt" (die Vorgehensweise abstrahiert und aufgenommen) wurde.

2.4.4 Konstruieren und Innovation

Das Schlagwort Innovation birgt nicht nur eine positive Zielsetzung in sich, d. h. das Neue, Originelle zu schaffen (analog zur Kreativität), sondern auch eine Gefahr, sollte das Neue (auch relativ in Begriff und Inhalt) zum höchsten Ziel der Konstrukteure gehoben werden. Das Ziel des Konstruierens muß immer nur das Optimale in den gegebenen Bedingungen sein. Das schließt nicht aus, daß die bestehende Lösung auch die optimale sein kann. Es ist also sinnvoller, nach kreativen statt nach innovativen Konstrukteuren zu suchen, obwohl auch „Kreativität" zu einem Modewort geworden ist.

Innovation ist allerdings im Zusammenhang mit Konstruktion fast falsch angewendet, denn dieses Wort hat besondere Bedeutung im Kontext der Einführung einer neueren realisierten Lösung. Dieser Prozeß der erneuernden Einführung kann Konstruieren beinhalten, kann aber auch mit schon bestehenden Mitteln geschehen. Erst wenn eine Erneuerung auf den Markt gebracht oder in Betrieb gesetzt wird, sollte man von einer *Innovation* sprechen.

2.4.5 Konstruieren und Erfinden

Wenn eine neue (nicht aus dem Stand der Technik ableitbare) Idee für die Ausführung eines technischen Gebildes erdacht wird, nennt man dies eine *Erfindung*. Solche Neuerungen sind normalerweise patentierbar, d. h. sie können unter gewissen Bedingungen durch ein Patent für die Erfinder gegen Nachahmung geschützt werden.

Die Verbindung des Erfindens mit dem Konstruieren hat einen unterschiedlichen Charakter. Konstrukteure sollten Lösungen hinsichtlich der eventuellen Patentierbarkeit als Erfindung überprüfen, wenn diese schon wegen der Lizenzmöglichkeiten für ein Unternehmen von Vorteil wäre. Man sollte aber wieder betonen, daß für Konstrukteure die Erfindung keine eigentliche Zielsetzung sein sollte. Höher auf der Skala des Angestrebten liegt schon die Kombination optimaler Lösung und Erfindung. Ob man die Kunst der Umgehung von Patenten pflegen soll, ist eine ethische und rechtliche Frage.

Der große Erfinder Thomas Alva Edison [92] behauptet, „es gibt keinen Ersatz für harte Arbeit", und „Genie (Schöpferkraft) ist ein Prozent Eingabe (Inspiration) und neunundneunzig Prozent Schweiß (Perspiration)". Er erläutert (zitiert in Runes [254]):

Im Versuch, ein Ding zu vervollkommnen, laufe ich manchmal direkt in eine Granitmauer hundert Fuß hoch. Wenn ich, nach Versuch und Versuch und wieder Versuch, nicht darüber hinweg kann, dann wende ich mich etwas anderem zu. Dann, eines Tages, es kann Monate oder sogar Jahre später sein, wird etwas entdeckt, entweder von mir oder jemand anderem, oder etwas geschieht in einem Teil der Welt, bei dem ich erkenne, daß es mir dabei helfen kann, mindestens einen Teil dieser Mauer zu erklettern. ... Wir lernen manchmal viel von unseren Fehlern, wenn wir die besten Gedanken und Arbeit in die *Bemühung* hineingesteckt haben, der wir fähig sind.

Erfindungslehre ist eine Theorie der Erfindungsfähigkeit, also eine gewisse Parallele zur Konstruktionsmethodik.

In dem Algorithmus des Erfindens von Altschuller [36,37] werden die Verfahren zusammengestellt, mit deren Anwendung sich mit hoher Wahrscheinlichkeit konstruktive Aufgaben bewältigen lassen. Beim Aufbau dieses Algorithmus wurden viele Patente darauf analysiert, wie die Erfinder zu ihrem Erfindungsgedanken gekommen sind. Auf diese Weise hat man eine Menge von Prinzipien des Vorgehens gefunden und statistisch untersucht, welche Prinzipien am meisten zur Anwendung kamen. Dabei zeigt es sich, daß die Lösung mit einer verhältnismäßig geringen Anzahl von Arbeitsverfahren in weit überwiegender Mehrheit der Fälle gefunden wurde. Diese Verfahren hat man dann zusammengestellt. Weitere Bemerkungen zu diesem Thema befinden sich in den Abschnitten 3.1.8, 3.1.9 und 6.8.

2.4.6 Konstruieren und Heuristik

Die Behandlung der Heuristik in diesem Kontext deutet schon auf ihre Rolle als Brücke zur Konstruktionsmethodik und als deren wichtigste Basis hin. Die Meinungen über den Inhalt der Heuristik divergieren traditionell, aber jede Klasse von Meinungen enthält andersartige, für Konstrukteure interessante Aspekte. Darum gehen wir auch tiefer auf die Heuristik ein.

Als Eigenschaftswort gebraucht bezieht sich das Wort *heuristisch* auf eine Anleitung, die nicht unbedingt auf Wissenschaft beruht. In diesem Sinne ist eine *Heuristik* einfach eine Faustregel, von Erfahrung oder Mythos abgeleitet, die mit guter Wahrscheinlichkeit zu einem annehmbaren Resultat führen kann.

Koen [175,176] hat auf Grund dieser Auslegung eine Hypothese aufgestellt, daß im Ingenieurwesen alle Anleitungen als Heuristiken anzusehen sind. Auch die am strengsten erforschte Wissenschaft dient nur zur Formulierung von Heuristiken für die Realisierung von technischen Systemen (als Leitfaden zu dessen Konstruktion und Herstellung), denn viele Nebeneffekte wurden bei der Formulierung dieser Wissenschaft bewußt vernachlässigt. Koen behauptet sogar, daß die Anwendung dieser Heuristiken die einzige Methode ist, die von Ingenieuren verwendet wird. „Alles ist Heuristik", auch die Methode der Anwendung von Heuristiken, auch dieser Ausspruch selbst. Die Auslegung nach Koen ist nützlich, einerseits für die Demut der Ingenieure, andererseits als Waffe gegen die eingebildete Meinung einiger Verfechter der reinen Wissenschaften, daß nur diese für den Fortschritt der Menschheit sorgen. Als Anweisung, wie man Konstruieren effektiver durchführen kann, ist dieser Ansatz indessen nicht brauchbar.

Im deutschen Sprachraum herrscht eine strengere Auslegung. Unter dem Sammelbegriff der *Heuristik* werden Regeln, Vorschriften, Programme und andere Arbeitsmittel bereitgestellt, welche bewährte produktive Methoden zur Ausführung der in Forschung, Konstruktion und Entwicklung erforderlichen gedanklichen Bearbeitungsprozesse sammeln, analysieren, ordnen und anwenden lassen. Diese Vorstellung ist nicht neu, die Heuristik hat eine lange Geschichte. Ein Schüler des Euklid hat Aufzeichnungen hinterlassen, wie sein Meister vorgegangen ist, wenn er nach neuen mathematischen Beweisen suchte. Das Studium der Heuristik ist mit der Psychologie verbunden (Bromme [65]).

Die Heuristik wurde definiert (Klaus [171]) als die

„Wissenschaft von den Methoden und Regeln der Entdeckung und Erfindung. Die heuristische Methode ist ein Spezialfall der Trial-and-error-Methode. Sie unterscheidet sich von der *deduktiven* Methode unter anderem dadurch, daß sie mit Vermutungen, Analogien, Arbeitshypothesen, provisorischen Modellen usw. arbeitet. Die heuristische Methode ist keine strenge Beweismethode, sondern nur ein Verfahren, das bei der Suche nach Beweishilfen behilflich ist. Die Heuristik studiert tatsächlich vorkommende Fälle von Entdeckungen und Erfindungen und versucht, aus ihnen allgemeine Gesetze des Entdeckens und Erfindens abzuleiten, die nicht von der jeweils konkreten Aufgabe abhängig sind. Insofern ist sie eine empirische Wissenschaft. Sie benutzt Ergebnisse und Verfahren der experimentellen Psychologie, Informationstheorie und Informationspsychologie sowie der Neurophysiologie. Die heuristischen Methoden lassen sich auf elektronischen Rechenmaschinen simulieren. Solche ‚heuristischen' Maschinen arbeiten ähnlich wie moderne Schachspielautomaten, d. h. sie verfügen über einen Satz allgemeiner strategischer Prinzipien und verwenden diese Prinzipien je nach Lage des Falles in Kombination mit der ‚Trial-and-error'-Methode.

Die Heuristik ist ein wichtiger Bestandteil der dialektischen Logik. Ist mit Hilfe heuristischer Methoden ein Beweis gefunden, eine Aufgabe gelöst, so läßt sich im allgemeinen der Beweis streng logisch darstellen, und die ursprünglichen heuristischen Überlegungen sind überflüssig geworden."

Für die Stellung der heuristischen Methoden ist das jeweilige Verhältnis von Gegenstand, Methode und Theorie bedeutungsvoll, mit der sich Klaus [171] befaßte. Seine Überlegungen in bezug auf unser Thema werden in Abschnitt 4.6 angeschnitten.

Der bekannte Vertreter der modernen Heuristik ist Polya [237,238]. Er gilt als Wiederentdecker der Heuristik. Seine Auffassung reicht selten über den Bereich der Mathematik hinaus. Innerhalb derselben war Polya jedoch vielseitig, anregend und originell. Er hat auch das *heuristische Arbeitsschema* entwickelt, das in Bild 2–4 dargestellt ist.

Die Hauptsäule der Brücke zwischen Heuristik und Konstruktionsmethodik bildet die systematische Heuristik, die besonders von J. Müller [210,211,212], H. Lohmann [189,190] und K. Steuer [272] bearbeitet wurden. Hier zeigen wir einige Erkenntnisse aus dieser Disziplin.

Müller hat einige Quellen zu seiner systematischen Heuristik [147] herangezogen, darunter die zur Verfügung stehende Literatur über Konstruktionsmethoden, Beobachtungen erfahrener Konstrukteure, Systemanalyse und heuristische Methoden. Folgende einfache Annahmen gelten:

1. Innovatives Konstruieren ist eine problemlösende Tätigkeit.
2. Jedes Konstruktionsproblem kann in eine endliche Anzahl von Unterproblemen aufgeteilt werden, welche gleichzeitig oder nacheinander gelöst werden können.
3. Jedes Unterproblem braucht eine andere Methode, welche für diese Aufgabe vorbereitet werden muß.
4. Konstruktionstätigkeit muß laufend beobachtet und analysiert werden, damit methodologische Erfahrung daraus abgeleitet und gespeichert werden kann.
5. Jede professionelle Gemeinschaft hat ihre eigene und eigentümliche Erfahrung. Die systematische Heuristik soll wendig genug sein, um in verschiedenen Sparten und methodologischen Umgebungen anwendbar zu sein.

Systematische Heuristik hat drei grundlegende Bestandteile:

- Vorgänge, Systeme von Tätigkeiten, welche in einer vorgegebenen Reihenfolge durchgeführt werden sollen;
- eine Programmbibliothek, eine geordnete Sammlung heuristischer Programme, welche für verschiedene innovative Konstruktionszwecke entwickelt wurden;
- eine Sammlung zusätzlicher Anleitungen, welche alle jene heuristischen Anleitungen enthält, die nicht in den Programmen eingebaut wurden, aber sie ergänzen.

Unter einem *heuristischen Programm* versteht man eine endliche geordnete Menge von heuristischen Methoden, unterstützt von weiteren heuristischen Vorschriften, mit der ein auszuführendes Verfahren nicht eindeutig, jedoch aber soweit bestimmt ist,

Das heuristische <u>Arbeitsschema nach Polya</u>:

1. Verstehe die Aufgabe
    - Was ist unbekannt?
    - Was ist gegeben?
    - Wie lauten die Bedingungen?   } Einleitungsabschnitt

2. Denke einen Plan zur Lösung aus
    - Suche den Zusammenhang zwischen den Daten und
      den Unbekannten   } Lösungsabschnitt

3. Führe den Plan aus

4. Prüfe die erhaltene Lösung
    - Kann das Resultat kontrolliert werden?
    - Kann das Resultat oder die Methode für irgendeine
      andere Aufgabe gebraucht werden?   } Schlußabschnitt

<u>Hinweise</u> zum heuristischen Arbeitsschema
- Sehr allgemein gültig, trotzdem Wesentliches ablesbar.
- Ungefähre Zielerfassung. "Man würde mich nicht suchen, wenn man mich
  nicht schon gefunden hätte."
- Aporie = Weglosigkeit, Wegversperrung. Überwindung der Aporie durch
  "Methode" (griechisch = entlang einem Weg)

Schema einer Methodensituation mit zu durchbrechender "Aporie":

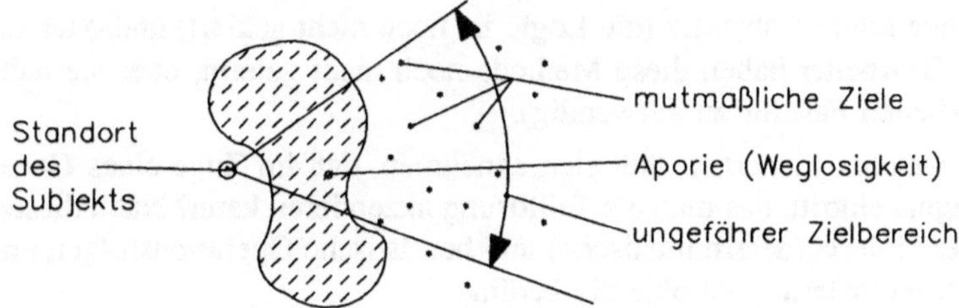

"Aporie" tritt in verschiedenen Formen auf:

- Subjektive Aporie (d.h. nur für gewisse Individuen, zum Beispiel Chinesisch für
  nicht Chinesisch sprechende);
- Methodische Aporie (d.h. Methode ist nicht bekannt);
- Aporie vom Gegenstand her (d.h. die Ontologie des Gegenstandes ist noch völlig
  unklar, z.B. sogenanntes "Objekte Hades" in der neueren Astronomie).

Literatur

Polya, G., <u>How To Solve It</u>, Princeton, N.J.: Princeton U. P., 1945
Polya, G., <u>Schule des Denkens —— vom Lösen mathematischer Probleme</u>, Bern:
    Francke, 1980

Heuristisches Arbeitsschema nach Polya	Bild 2−−4

daß die entsprechenden Mitarbeiter das angestrebte Ziel mit einer Zuverlässigkeit erreichen, die zwar wesentlich von 0 (*null*) verschieden, aber doch kleiner als 1 (*eins*) ist. Man sieht hier den wesentlichen Unterschied zu dem determinierten Algorithmus.

Vollzieht sich der Prozeß aus der Sicht des jeweiligen Subjekts stereotyp, geplant oder intuitiv? Die Unterschiede sind nicht notwendigerweise durch objektive Gründe, sondern durch das Wissen und Können des Bearbeiters bedingt.

- Stereotyp verläuft ein Vorgang, wenn die Logik des Ablaufs bekannt ist, die zu verarbeitenden Informationen vorliegen und die auszuführende Schrittfolge nicht nur gelernt, sondern auch schon so oft trainiert wurde, daß sie, wenn sie ausgeführt werden soll, nicht im Bewußtsein zu aktualisieren ist. Es genügt, den Vorsatz zu fassen, alles weitere läuft ohne Nachdenken ab.
- Geplant verläuft ein Vorgang, wenn Logik und Sachinformation ebenfalls gegeben und die auszuführende Schrittfolge bekannt sind. Das letztere gehört aber nicht zur Routine des Subjekts, sondern ist zum Zwecke der Ausführung als Ablaufplan zu aktualisieren. Die Schrittfolge ist noch nicht trainiert. Sie enthält zu viele Operationen, um sie routinemäßig speichern zu können, oder die Routine ist, da nicht ständig benötigt, verlorengegangen.
- Intuitiv wird vorgegangen, wenn den Bearbeitern zum Zeitpunkt der Ausführung keine oder keine hinreichende Vorgehensweise bekannt ist, die zum Ziel führt. Die Gründe können objektiv (die Logik ist noch nicht geklärt) und/oder subjektiv sein (die Bearbeiter haben diese Methode noch nicht gelernt, oder sie halten diese im gegebenen Fall für zu aufwendig).

Mit welcher Sicherheit läßt sich annehmen, daß im Zuge eines Gedankenganges ein Ereignis eintritt, das man als Teillösung akzeptieren kann? Nach dieser Frage werden determinierte (deterministische) und heuristische Operationsfolgen unterschieden. Diese Differenzierung ist objektiv bedingt:

- Eine determinierte Operationsfolge läßt bei hinreichender Fachinformation eine sichere Voraussage zu, weil die Logik völlig aufgeklärt ist, die Schrittfolge keine Sprünge enthält und die Umstände des Ablaufs irrelevant oder sicher beherrschbar sind. Solche Operationsfolgen sind im Prinzip rechnertechnisch simulierbar (algorithmisierbar).
- Eine heuristische Operation oder Operationsfolge läßt keine sichere Vorhersage darüber zu, ob das eintretende Ereignis als (Teil-)Lösung gelten kann.

In der systematischen Heuristik hat Müller [147] ein Werkzeug geschaffen, das für jeden konkreten Fall unter Anwendung allgemeingültiger Prinzipien und unter Wiederverwendung vorliegender methodischer Erfahrung ein geeignetes Bearbeitungsprogramm zu erzeugen vermag. Dieses Vorgehen ist für die systematische Heuristik charakteristisch.

2.4.7 Schlußbemerkung

Bei einer Diskussion über Konstruktionsmethoden und -wissenschaft darf man diese Teilgebiete weder vergessen, noch überschätzen. Huxley (1825-1895, in „The Progress of Science") bemerkt, „Keine Selbsttäuschung ist größer als die Idee, daß Methode und Anstrengung den Mangel an Mutterwitz wettmachen können, in der Wissenschaft oder im praktischen Leben". Anderseits kann auch Mutterwitz und Kreativität einen Mangel an Methodik, Wissenschaft und Fachwissen nicht ausgleichen. Daß Methodik und Wissenschaft auch zu Neuerungen und sogar Erfindungen führen kann, zeigt Ehrlenspiel [94], und kann aus WDK 4 [39,149,154] entnommen werden.

2.5 Ist Konstruieren lehrbar/lernbar?

Es ist uns bewußt, daß einige Leser den Zusammenhang zwischen der Konstruktionswissenschaft und der Lehrbarkeit des Konstruierens nicht leicht finden könnten; wir halten es darum für berechtigt, diese Frage an dieser Stelle zu erörtern.

Betrachten wir zuerst den Lehr-/Lernprozeß durch das Prisma der Technikwissenschaften (siehe auch Abschnitt 1.4). Es geht nämlich wieder um eine Transformation, ein Verfahren, in welchem der Zustand der Lernenden hinsichtlich des Wissens (der Erkenntnisse), Fähigkeiten, Fertigkeiten und Einstellungen umgewandelt wird. Aus der Sicht des Konstruktionsunterrichtes soll der gewünschte Zustand dem Berufsbild der Konstrukteure entsprechen.

Mit diesem Modell sind wir am Kern unserer Frage gelangt. Wenn nämlich Konstruieren eher als eine Kunstbetätigung angesehen wird und kein Konstruktionswissen einbezogen werden muß, dann sollen wir die Lehrbarkeit und sogar die Lernbarkeit verneinen, denn nur Wissen ist lernbar.

Obwohl es an formuliertem Konstruktionswissen fehlte, wurden Konstrukteure jahrzehntelang ausgebildet. Der problematische Parameter ist die Zeit; so wurde zum Beispiel die „Reifezeit" der Konstruktionsingenieure mit etwa zehn Nachschuljahre beziffert. Eine so lange Zeitspanne brauchen sie nämlich (im Durchschnitt), um das mangelnde Wissen aus eigenen Erfahrungen und eigenem Studium zu gewinnen und zu verarbeiten.

Konstruieren ist Können, d.h. Wissen und Fähigkeiten. Fähigkeiten gewinnt man durch Arbeiten, Übungen, Training. Aber wie schnell man Fähigkeiten erlangt, hängt auch vom Wissen ab. Wenn kein oder nur wenig einschlägiges und geordnetes Wissen vermittelt wird (Sachwissen, Verfahrenswissen, Materialwissen, Ingenieurwissen, siehe Abschnitt 1.4.4), wird die Lernzeit lange dauern. Und besonders lang und dazu noch unergiebig kann die Lernperiode unter ungünstigen Bedingungen sein. Nicht jedes Unternehmen stellt gute Instruktoren für den Nachwuchs der Konstrukteure, und die besten Konstrukteure sind meist nicht gleichzeitig gute Instruktore. Auch das wirkt sich entscheidend aus, denn nur das im voraus vermittelte, das neueste einschließende, objektive und geordnete Wissen bringt positive Resultate und erlaubt auch denjenigen, die nicht so viel Ausdauer und Motivation haben, diese Periode erfolgreicher und schneller zu meistern.

Aneignung von:	Lehr– und Lernziele	
	heute (Konstruktionswissenschaft nicht oder unvollständig angewandt)	zukünftig (angewandte Konstruktionswissenschaft)

Verständnis und Wissen	– Maschinenelemente
	– einzelne Familien
	  von Maschinen
	– Normen
		– technische Systeme (Theorie)
		– Fachwissen über Konstruieren
		– Konstruktionstheorie
		– Fachwissen (Maschinenelemente
		  und einige TS–Familien)

Fähigkeit	– darstellen mit Gefühl
	  für Form
	– Übertragung aus
	  bestehenden Beispielen
	– Verhältnisse anwenden
		– methodisches Vorgehen
		– abstrahieren, kombinieren
		– darstellen an verschiedenen
		  Abstraktionsebenen
		– Übertragung aus
		  bestehenden Beispielen
		– Verhältnisse anwenden

Fertigkeit	– skizzieren – zeichnen – berechnen	– skizzieren – zeichnen von Hand – zeichnen mit Rechnern – berechnen in Größenordnung – berechnen mit Rechnern
Lehr– und Lernziele ohne und mit Konstruktionswissenschaft		Bild 2––5

Die Lernziele sollen auf Grund der Konstruktionswissenschaft neu gestaltet werden, wie in Bild 2–5 angedeutet wird.

Es kann also ohne weitere Beweise postuliert werden, daß die Einführung der Konstruktionswissenschaft den Unterrichtsprozeß effektiver gestaltet und die Chancen für die Konstruktionsausbildung erhöht. Dies noch stärker dann, wenn in allen Konstruktionsfächern ein nach der allgemeinen Konstruktionswissenschaft harmonisierter Unterricht eingeführt wird und auch in den „reineren" Wissenschaftsfächern die Anwendbarkeit und die problemlösenden Arbeitsweisen eingebaut sind. Über die Ableitung der speziellen Wissenschaften von der allgemeinen Wissenschaft siehe Kapitel 8.

Weitere Erkenntnisse über den Konstruktionsunterricht enthalten mehrere Bücher und Artikel der WDK-Autoren.

3 Geschichtliche Entwicklung des Wissens bis zur Konstruktionswissenschaft

3.1 Skizze zur Entwicklung von Vorstellungen über die Rationalisierung des Konstruktionsgebietes

In dieser Skizze wollen wir uns konzentrieren:

- inhaltlich nur auf Konstruieren in der Technik (also besonders „Engineering Design"),
- zeitlich auf die Periode seit ca. 1940.

Wir wollen nicht „Design" in der ganzen Breite besprechen. Der Begriff „Industrial Design" in dem Sinne, wie er in England üblich ist (mit Betonung auf Ergonomie und Ästhetik), wird nur dann in Betracht gezogen, wenn die diesbezüglichen Eigenschaften des technischen Systems angesprochen werden. Der ähnlich klingende Begriff „Industrial Engineering" kommt auch nur bedingt in unsere Betrachtungen; er wird in Nordamerika für ingenieurmäßige Tätigkeiten in der Vorbereitung und Rationalisierung der Herstellung und der Montage verwendet.

Gleich am Anfang möchten wir betonen, daß hier das Ziel, eine lückenlose Behandlung auszuarbeiten, nicht erreicht werden kann, sondern wir wollen nur einige Tatsachen bringen, die zum *Verständnis* der neuen Auffassung beitragen.

3.1.1 Voraussetzungen für Rationalisierungsbemühungen

Damit eine Rationalisierung beginnen konnte, mußte man ganz bestimmte *Meinungen* (Vorurteile) *widerlegen*, und zwar:

- Konstruieren sei eine Kunst und nur besonders talentierte Personen könnten es ausüben;

- Konstruieren sei keine allgemeine (oder verallgemeinbare) Tätigkeit, sondern es sei immer an das besondere zu konstruierende Objekt gebunden, z. B. „das Konstruieren von Werkzeugmaschinen", aber nicht „Konstruieren" allgemein.

Als *Prämisse* für den Einstieg in die neue Richtung müssen also zwei Thesen gelten:

These 1: *Konstruieren ist eine rationale Tätigkeit, die sich in kleinere (Konstruktions-) Schritte zerlegen läßt (siehe Kapitel 2);*

These 2: *Der Konstruktionsprozeß (das Vorgehen) ist zwar von dem zu konstruierenden Objekt abhängig, kann jedoch in einer sehr allgemeinen Form studiert und dargestellt werden. Je konkreter die Objektklasse, desto vollständiger und detaillierter kann der Konstruktionsprozeß definiert werden.*

Diese zwei Thesen sollen auf keinen Fall in der Hinsicht gedeutet werden, daß „der Konstruktionsprozeß linear (ohne Iterationen) erfolgen muß" oder daß „keine intuitiven Schritte erlaubt sind".

Mit der ersten These ist die Ausbildung im Konstruieren eng verbunden. Entgegen früheren Ansichten kann nun eine weitere wichtige These formuliert werden:

These 3: *Konstruieren ist lehrbar (bedingt durch die Existenz der Theorie, d. h. der Konstruktionswissenschaft, und der richtigen Lehrmethoden und Medien).*

Diese Meinungswandlung (sei sie damals auch eventuell nur unbewußt eingetreten) hat das Tor für die Verbesserungsbemühungen in bezug auf die Lage im Konstruieren eröffnet. Die ersten Zeugnisse davon stammen aus der Periode des Zweiten Weltkrieges und aus der nachfolgenden Sanierungs- und Aufbauperiode.

Welche waren die besonderen *Merkmale dieser Situationen*, die den Bedarf an Verbesserungen hervorgerufen haben? Einerseits war es ein außerordentlicher Leistungsdruck in einer hochentwickelten Industrie (neue und sehr anspruchsvolle Bedürfnisse), andererseits ein großer Mangel an Mitteln (zum Beispiel Mangel an fähigen Leuten, Werkstoffmangel), mit denen man die Leistungen erreichen sollte. Dazu trat noch der Zeitdruck.

Die Erfüllung aller genannten Bedingungen trat gleichzeitig nur selten ein; somit auch die Lösungen. Man kann bis zum Jahr 1967 nur einige weitzerstreute und voneinander isolierte Gruppen oder einzelne Fachleute finden, die ganz bestimmte Lösungen zur Verbesserung der Konstruktionsarbeit vorgeschlagen haben.

Die nächste Periode, nach ca. 1967 bis heute und besonders die der siebziger Jahre, kann als Blütezeit der Konstruktionswissenschaft bezeichnet werden. Forschungsaufträge und sich mehrende Institute für die Konstruktionstechnik sorgen für die Kapazitätserhöhung zur Lösung der Konstruktionsproblematik. Daneben hat sich durch internationale Konferenzen (erste Prager Konferenz 1967, ICED seit 1981) der Austausch der Meinungen bedeutend erweitert und die Qualität erhöht.

Die Entwicklung der Konstruktionswissenschaft weist im Bereich einzelner Länder charakteristische Merkmale auf, denn nationale Kommunikation und Verständigung sind begreiflicherweise intensiver als internationale. Deshalb werden wir unsere Skizze der gesamten Entwicklung als Teilskizzen ausgewählter Länder ausarbeiten. Die Auswahl der Repräsentanten richtet sich besonders nach Originalität der Auffassungen (damit möglichst viele Richtungen erfaßt sind) und auch nach der Bedeutung der nationalen Bewegung für die internationale Entwicklung.

3.1.2 Entwicklung im deutschsprachigen Gebiet

3.1.2.1 Bundesrepublik und Schweiz

Eine eingehende Studie hat J. Müller (1990) [212] der historischen Entwicklung der Konstruktionsmethodik im deutschsprachigen Gebiet gewidmet. Unsere folgenden Ausführungen rekapitulieren erstens die wichtigsten Etappen dieser Entfaltung und zweitens die Erweiterung dieser Thematik auf die Konstruktionswissenschaft.

In Deutschland und der Schweiz konnte man sich auf große Persönlichkeiten wie F. Redtenbacher (1809-1869), F. Reuleaux (1829-1905), C. Bach (1847-1931), A. Riedler (1850-1936) stützen und Verbesserungsvorschläge an sie anschließen. Besonders F. Reuleaux hat erkannt, daß eine Konstruktionswissenschaft notwendig war.

Unabhängig vom Konstruktionsgebiet wurde von Polya [237,238] (Schweiz) für die Mathematik eine allgemeine Anleitung für das Lösen von Problemen ausgearbeitet. Von besonderer Bedeutung ist auch der Ansatz über Morphologie, den Goethe (1749-1832) schon weitgehend verwendet hat. Dieser Ansatz wurde von Zwicky [313] (Schweiz) für die moderne Wissenschaft formuliert; sein Anliegen, das ganze Wissen der Welt in anschaulicher und wiederauffindbarer Form zu erfassen, ist seither als unmöglich erkannt worden.

Der Druck der äußeren und inneren Bedingungen war in Deutschland besonders stark. So entstanden dort schon in den vierziger Jahren zwei wichtige Arbeiten. Die eine stammt von H. Wögerbauer (1943) [307], der angefangen hat, eine Konstruktionsmethodik aufzustellen. Die andere Arbeit stammt von F. Kesselring (1943) [168] (Schweiz).

Die nächste Welle der Rationalisierung ließ länger auf sich warten. Die Behandlungen des Konstruierens von H. Tschochner (1954) [285], von R. Matousek (1957) [196] und von A. Leyer (1963-68) [186] (Schweiz) enthielten mehrere neue Fragen, die zwar nicht als direkter Beitrag zur Konstruktionswissenschaft berücksichtigt werden, aber eine wichtige Anregung für einige der Eigenschaften technischer Systeme, besonders fertigungsgerechtes Konstruieren, bedeuten.

Erst um 1965, mit der Gründung des ersten Lehrstuhls und des Instituts für Konstruktionstechnik an der TU München (W.G. Rodenacker [248]) setzte die Periode intensiver Forschung ein. Gemessen am „Puls" der Zeitschrift *Konstruktion* wurde der Gipfel in der Behandlung der Konstruktionsproblematik in den Jahren 1972-75 erreicht.

Der überzeugte Pionier der Konstruktionswissenschaft, F. Kesselring, arbeitete an dieser Problematik auch weiter. Mit seinem Buch „Kompositionslehre" (1954) [168] brachte er neben der Analyse der Konstruktionsarbeit auch eine warme Beziehung zu diesem Beruf zum Ausdruck. Später stand er im Strom dieser Bemühungen als

Ausschußleiter und beteiligte sich maßgebend an der Entstehung der VDI-Richtlinien für das Konstruktionsgebiet (VDI-R 2222, 2225) [18,19,21].

Ein „Engpaß Konstruktion" wurde 1965 festgestellt (siehe Beitz [58]), und später ein weiterer „Engpaß Konstrukteure". Der VDI beteiligt sich intensiv am Geschehen und an der Vereinheitlichung der existierenden Meinungen und Begriffe.

Nach 1965 entstanden immer neue Institute für die Konstruktionstechnik (inklusive Computer-Verarbeitung) an den technischen Hochschulen und Universitäten. Von ihren Professoren (W. Beitz, K. Ehrlenspiel, R. Koller, G. Pahl, K. Roth, H. Seifert) entstanden neue originelle Ansätze und neue Veröffentlichungen. Zahlreiche Dissertationen über Konstruieren sind verfaßt worden. Die thematisch breiteste Auffassung findet man in dem Buch von Pahl und Beitz [228] „Konstruktionslehre", welches bereits sehr nahe bei der Auffassung der Konstruktionswissenschaft liegt. Auch R. Koller erweiterte eine Thematik, als er von „Konstruktionsmethode" [177] zur „Konstruktionslehre" [178] wechselte. Konstruieren mit Katalogen von K. Roth [251] enthält wertvolle Hinweise zur Verarbeitung des Sachwissens in den Ingenieurwissenschaften.

V. Hubka setzte seine bereits in den sechziger Jahren in der Tschechoslowakei begonnene Arbeit (siehe Abschnitt 3.1.9 – Tschechoslowakei) fort. Sein Buch „Theorie der Maschinensysteme" [137] erweitert den Horizont des Konstruktionswissens um die Verallgemeinerung und Erkennung des Sachwissens. Die Problematik des Konstruierens als Verfahren wurde dann ausführlich in „Theorie der Konstruktionsprozesse" [140] erörtert und in einem allgemeinen Vorgehensmodell verarbeitet [142]. Weiterhin befaßte er sich mit Konstruktionsunterricht [141,158]. Sein Ringen um Konstruktionswissenschaft eröffnete er mit dem Aufsatz „Konstruktionswissenschaft" [138].

Die Eigenschaften der sozio-technischen Systeme, besonders das Zusammenspielen der Technik mit den sozialen und ökonomischen Verhältnissen, wurden von Ropohl [250] untersucht und wissenschaftlich zu einer Theorie verarbeitet (Systemtheorie der Technik – allgemeine Technologie).

Langsam wächst nun die „zweite Generation" der Forscher heran, in der auch die Schüler der obengenannten Professoren auftreten (zum Beispiel H.J. Franke, G.W. Diekhöner, H.O. Steinwachs [271] und andere), und es gibt Ansätze aus anderen Fachgebieten, zum Beispiel Schregenberger [260] (Schweiz) über Problemlösen im Bauwesen.

1985 entstand unter der Führung von W. Beitz die VDI-Richtlinie 2221 [16,17], welche die „allgemeingültigen, branchenunabhängigen Grundlagen methodischen Entwickelns und Konstruierens" anstrebt und Ausdruck der Tendenz nach Vereinheitlichung ist.

Auch in dem Bereich der Rechnerunterstützung wurde viel geforscht. Es wurden nicht nur theoretische Grundlagen ausgearbeitet (Konstruktionslogik), sondern auch CAD-Systeme entwickelt (z. B. PROREN von J. Seifert [261]).

Konstruktionsmanagement, Planung, Darstellung und weitere Themen wurden parallel und unabhängig entwickelt.

Die Bewertung des Geschehens im besprochenen Gebiet wurde mehrmals unternommen und besonders an der ICED 81 und 83 diskutiert. Diese Konferenzreihe „International Conference on Engineering Design", ICED, von V. Hubka (Schweiz), M.M. Andreasen (Dänemark) und W.E. Eder (Kanada) geleitet, hat regelmäßig seit

1981 stattgefunden. Die Proceedings [23,90,143,144,145,148,151,155,159] enthalten über 1200 Beiträge vieler prominenter Wissenschaftler.

3.1.2.2 Die frühere Deutsche Demokratische Republik (DDR)

Während der hier berücksichtigten Zeitperiode war dieser Teil Deutschlands praktisch von den Entwicklungen in anderen Ländern abgeschnitten. Hier wird über die eigenständigen Entwicklungen berichtet.

Die erste Tagung der Konstrukteure in der DDR, in der „die Grundzüge der Konstruktionssystematik" von F. Hansen vorgestellt wurden, fand bereits 1954 in Leipzig statt (beteiligt mit ihren Referaten haben sich auch H. Wögerbauer und W.G. Rodenacker). Eine Reihe von weiteren Forschern in der DDR knüpft an F. Hansen und seine in der Literatur meist zitierten Bücher „Konstruktionssystematik" (1965) [131] und „Konstruktionswissenschaft" (1974) [132] an. Diese Forscher stammen sowohl aus der Praxis wie auch aus den Hochschulen (A. Bock, G. Höhne, J. Müller, W. Heinrich, J. Rugenstein und andere). Müller [210] hat stark beigetragen, aus der Sicht eines Philosophen, und tritt mit eigenen einschlägigen Werken auf, besonders „systematischer Heuristik" (siehe Abschnitt 2.4.6).

Aber auch in der Unterstützung der Neuerer-Bewegung entstehen interessante Ansätze für die Methodik der Problemlösungen. Diese Bewegung zielt auf Erneuerung der Denkweisen zwecks Förderung von Innovation und Erfindung bei Arbeitern, siehe auch Abschnitt 2.4.5. Man knüpft vor allem an die russischen Ideen an (siehe Abschnitt 3.1.8).

Intensiv ist in der DDR die Ingenieurpädagogik für Unterrichtszwecke entwickelt worden. Die starke Persönlichkeit war H. Lohmann aus der TH Dresden, der 1955 in seiner Arbeit „Die Technik und ihre Lehre" die grundlegenden Ideen geäußert hat. Eine Synthese der beiden Richtungen (Hansen und Lohmann) gelang K. Steuer 1968 in seiner „Theorie des Konstruierens in der Ingenieurausbildung".

3.1.3 Großbritannien

Schon bei der großen Weltausstellung in 1851 hat man festgestellt, daß das Urheberland der industriellen Revolution in der weltweiten Rangordnung der technischen Erzeuger langsam abstieg. Nach dem zweiten Weltkrieg war einer der festgestellten Mängel die Veralterung der angebotenen Erzeugnisse. In der Folge ist die Disziplin des „Industrial Design" an verschiedenen Lehranstalten und in Konsultationspraxis stark angestiegen. Die wichtigsten Werke aus diesem Gebiet stammen von Ashford [55] und Mayall [199]. Später hat Mayall [200] noch einmal bestätigt, daß Konstruktion von großer Bedeutung ist, mit besonderer Berücksichtigung von Qualität, Betriebseigenschaften, Ästhetik und Ergonomie.

Einige frühe Ansätze zu einer wissenschaftlichen Untersuchung des Konstruktionsprozesses stammen aus England. Wallace [295] hat, auf Grund seiner eigenen Konstruktionserfahrung, als Modell des Konstruierens eine zyklische Reihe von Schritten vorgeschlagen unter dem Merkwort ATDM – analysiere, theorisiere, skizziere („delineate", halte in Linienform fest), modifiziere.

Eine konsequente Reihe von Untersuchungen begann um 1960 an der Universität Cambridge. Marples [194] schlug neue Bahnen ein, indem er einige Konstruktionsprojekte durch Beobachtung ausgewertet hat. Er hat erkannt, daß konstruktive Arbeit durch das Modell eines Entscheidungsbaumes dargestellt werden kann. Andere haben daraus den Schluß gezogen, daß Konstrukteure dieses stammbaumförmige Modell als Anleitung zu einem Teil des Konstruierens (Jones [163,164]) oder mindestens zum Festhalten der gemachten Entscheidungen (Eder u. Gosling [86], Eder [87,89]) benutzen können oder sollen.

Das Werk von Gosling [123] war besonders auf elektronische Systeme ausgerichtet, enthält aber genügend allgemeine Einsichten zu einer Theorie technischer Systeme. Unter anderen hat Norris [221] die Morphologie ausgewertet und darüber berichtet.

Der Einzug Großbritanniens in die Konstruktionswissenschaft geschah durch die besonders treffende Analyse der Situation auf dem Konstruktionsgebiet im „Feilden Report". Die erste „Royal Commission" unter der Leitung von Feilden [100] reichte ihren Bericht über Konstruktion ein, und hat viele Erneuerungen vorgeschlagen, besonders für die Konstruktionsausbildung und für das Ansehen der Ingenieurberufe in der Gesellschaft.

Nach der Periode der relativen Isolation vom Kontinent wurden auch deutsche Bücher übersetzt (zum Beispiel R. Matousek, deutsch 1957, englisch 1963 [197]; A. Leyer, deutsch 1963-68, englisch 1974 [187]; G. Pahl u. W. Beitz, deutsch 1977, englisch 1984 [229]; V. Hubka, deutsch 1980 und 1984, englisch 1982 und 1988 [152,153]).

Archer [45] hat einen Ansatz zu einer systematischen Methode des Konstruierens veröffentlicht. Auch weitere Arbeiten von Archer [46,47,48,49] bringen interessante Ideen für die Konstruktionsmethodik. Ein anderer Ansatz, welcher die früheren Ausführungen von Gosling [123] besonders für den Maschinenbau bearbeitet, kam von Eder und Gosling [86]. Zum Systemdenken hat Checkland [67] beigetragen.

Eine bedeutende Konferenz wurde in Birmingham organisiert (Gregory [124]), welche den Stand der Technik in der Konstruktionsmethodik in Großbritannien darlegte – ohne internationale Beteiligung. Diese Konferenz ist für unsere Übersicht wichtig, einmal durch die Anzahl und Breite bedeutender Beiträge (unter anderen von G.H Broadbent, C.H. Buck, C.T. Corney, A.L. Davies, W.E. Eder, J. Farradane, S.A. Gregory, R.J. McCrory, P. McMullen, E. Matchett, W.H. Mayall, A.M. Penney, I.M. Ross, B. Shackel, A.F. Stobart, B.T. Turner und R.D. Watts) und weiter dadurch, daß Gregory bereits sehr gut die Konstruktionswissenschaft als Ziel der Konstruktionsforschung definiert hat. Dazu war zum ersten Mal große Aufmerksamkeit den Definitionen gewidmet (Eder [87,88]).

Eine Reihe von bedeutenden Büchern markiert die weitere Entwicklung: Cross [73], Ellinger [96], French [111,112], Glegg [117,118,119], Morrison [208], Pitts [235].

Auch der Kreativität sind einige Beiträge gewidmet: De Bono [74–79] veröffentlichte seine Bände über „Seitwärts denken" (lateral thinking) zur Förderung der Kreativität.

Die Zeitschrift *Design Studies* (Butterworths) mit Schwerpunkt auf der Konstruktionswissenschaft wurde 1979 unter der Redaktion der „Design Research Society" gegründet.

French [113] bespricht Analogien zwischen künstlichen Konstruktionen des Menschen und natürlichen Gebilden und Lebewesen. Er zeigt, daß die natürlichen Strukturen eine gute Annäherung an die theoretisch optimalen sind und wie die künstlichen Gebilde konzeptuell optimiert werden können. Ein ähnliches Vorhaben verfolgt Maunder [198], jedoch mit besonderem Bezug auf Bewegung und Mechanismen.

Journal of Engineering Design (Carfax), 1990 gegründet, zielt auf eine Überbrückung zwischen der Konstruktionsforschung und der industriellen Anwendung.

Markante Konferenzen wurden abgehalten und die Proceedings in Form von Büchern herausgegeben, u.a. unter der Leitung von Booker [161,162], Cross [72], De Simone [80], Gregory [124,125], IMechE [14], Jones u. Thornley [162], Langdon [184], Loughborough University [15] und Pitts [236].

Nicht nur die Konstruktionsmethodik, sondern auch andere Gebiete der Konstruktionswissenschaft werden gepflegt, zum Beispiel das Management des Konstruierens (B.T. Turner), Informationssysteme für den Konstrukteur (G. Pitts), Führung des Konstruktionsprozesses (Hollins u. Pugh [135], Leech [185]) u.a.

Eine Besonderheit der Entwicklung in Großbritannien ist die *Institutionalisierung* der Verbesserungsbemühungen. Schon 1944 wurde das „Council for Industrial Design" gegründet, mit Betonung auf Aussehen und Bedienbarkeit der Produkte, und in 1981 in „The Design Council" umbenannt, das Ingenieurwesen mehr betonend. Auch 1981 wurde ein „Engineering Council" gegründet mit der Aufgabe, die Lage zu verbessern, insbesondere mit Rücksicht auf die zerspaltene Natur der Ingenieurorganisationen, darunter „The Institution of Mechanical Engineers", „Institution of Engineering Designers" und andere, welche auch ihre positiven Beiträge geleistet haben.

Eine Reihe von Berichten wurde von Regierungsstellen, aber auch von anderen interessierten Organisationen angefordert und erstellt. Die wichtigsten entstanden durch Corfield [69], Department of Trade and Industry [8], Feilden [100], Fellowship of Engineering [4], Finniston [108], Lickley [188], Mellor [204] und Moulton [209]. In den letzten fünf Jahren hat die Regierung eine Förderung der Konstruktion veranlaßt zwecks Wiederaufbau der Industrie. Daraus entstanden einige Zentren für Forschung und Verbreitung des Wissens über Konstruieren und Konstruktionsmanagement, welche diese Initiative aufgegriffen haben, z. B. die Gruppe um Glasgow und Strathclyde (Engineering Design Research Centre) und Universitäten in Cambridge, City University, Lancaster und Newcastle (Engineering Design Centre). Aus der Institutionalisierung entstammen auch Veröffentlichungen von Abbott [25,26] und die Lehrhilfen [2,3,130,241] aus der Organisation SEED (Sharing Experiences in Engineering Design, siehe auch Kimber [170]).

3.1.4 Frankreich

Die französische Literatur in bezug auf wissenschaftliches Konstruieren ist ziemlich reich. Bereits in den siebziger Jahren erscheint „Méthodologie de la construction mécanique" von J. Chabal, R. De Preester und R. Ducel (1973). Auch in allen folgenden Büchern mit der Konstruktionslehre-Thematik (zum Beispiel A. Chevalier, P. Poignon) sind methodische Ansätze vorhanden. Ebenfalls die Verarbeitung des Fachwissens (zum Beispiel „Technologie de construction mécanique" von M. Norbert u.a., 1969) zeigt eine sehr systematische und den Konstruktionskatalogen sich formal nähernde Verarbeitung.

Das Besondere an allen diesen Büchern ist, daß sie nur als Lehrbücher veröffentlicht wurden und alle Autoren ausnahmslos Professoren an technischen Mittelschulen (Fachschulen) sind. Unseres Wissens wurde kein Versuch unternommen, diese bloße Ausrichtung auf die Lehre zu erweitern oder die vorhandenen Erfahrungen in einer internationalen Diskussion vorzulegen und mit den Systemen in anderen Ländern zu vergleichen.

3.1.5 Italien

Die Forschung und Lehre auf dem Gebiet des Konstruktionswissens sind in Italien an zwei Universitäten aufgegriffen worden: in Rom (U. Pighini) und in Mailand (G. Biggioggero, E. Rovida), wo der Darstellungs- und Modellierungsproblematik viel Forschungskapazität zugeteilt wird.

3.1.6 Skandinavien

Auch in dem industriell hochentwickelten Skandinavien hat man in den sechziger Jahren unter Druck des Marktes mit den Lösungen der Konstruktionsproblematik begonnen.

In Schweden sind einzelne Ansätze und Richtlinien im Rahmen des Sveriges Mekaförbund ausgearbeitet worden (z.B. Ko7 – Qualität der Konstruktion, 1958). Auch in der Konstruktionslehre kann man von fortschrittlichen Lehrgängen berichten (F. Olsson: Kompendium, TU Lund, 1966).

In Dänemark wurde im Laboratorium für Konstruktion unter Führung von V.A. Jeppesen eine progressive Konstruktionslehre aufgebaut. Sie wurde besonders von M. Myrup Andreasen getragen, der in einer Reihe von Büchern und Referaten [40,41,44] neue Ansätze vor allem zum Thema „Integrierte Produktentwicklung" verwirklichte. Andreasen wurde schon als eine der führenden Personen der ICED-Konferenzen genannt. Seine Zusammenarbeit mit E. Tjalve [282,283] hat auch das wichtige Thema des „Darstellen-Modellieren" um neue Ideen bereichert.

Auch in Norwegen und Finnland wurden interessante Konstruktionsthemen an den Universitäten aufgegriffen.

3.1.7 USA und Kanada

Die Entwicklung des Konstruktionswissens in Verbindung mit Verbesserungsbemühungen zu schildern, wie wir es für andere politische Bereiche getan haben, ist für die USA ungünstig. Dort liegen die Impulse in anderen Richtungen, weshalb wir gewisse Teilgebiete als Quellen des heutigen Wissenspotentials charakterisieren müssen. Wie in den früheren Entwicklungsphasen wird das Wissen dieser Quellen in das Gebiet des Konstruierens umgesetzt und dient oft ziemlich unbewußt als Anregung.

Problemlösen

Die Arbeit über problemlösende Methoden für die Mathematik von Polya [237,238] wurde später durch Wickelgren [303] aufgegriffen und weiterverarbeitet. Newell und Simon [219,265,266] behandelten das problemlösende Denken. Verallgemeinert wurde das Problemlösen durch Wales [292,293,294]. Direkter Bezug zum Konstruieren wurde nicht hergestellt, aber die Anwendung wird von den Urhebern dieser Richtung als wichtig erkannt.

Systemtheorie

Systemdenken und Systemtheorie wurden in den USA seit den fünfziger Jahren entwickelt, vertreten z. B. durch Bertalanffy [59] und Hall [128]. Weitere Fortschritte und Konkretisierungen sind durch Churchman [68] und Klir [172,173,174] zu verzeichnen, sowohl in der Systemtheorie, als auch in ihrer Anwendung auf Analyse und Problemlösen. Die Ziele der Systemtheorie wurden durch eine Verlautbarung in der Zeitschrift *Philosophy of Science* (Vol. 22, 1955, s. 331) bekanntgegeben:

1. Die Isomorphie der Konzepte, Gesetze und Modelle in verschiedenen Bereichen zu untersuchen und nützliche Übertragungen von einem Bereich zum anderen zu unterstützen;
2. Die Entwicklung geeigneter (oder genügender) theoretischer Modelle anzuregen in Bereichen, wo sie fehlen;
3. Die Vervielfältigung theoretischer Anstrengungen in verschiedenen Bereichen auszuschalten;
4. Die Einheitlichkeit der Wissenschaft durch Verbesserung der Kommunikation zwischen Spezialisten zu fördern.

Entscheidungs- und Managementgrundlagen

Eine Struktur der menschlichen Entscheidungen als einer der wichtigen Schritte des Konstruierens wurde von Miller [207] entwickelt. Nadler [215,217] hat vom Standpunkt der Betriebsorganisation eine Methode der Planung entwickelt, die er auch für die Konstruktion als geeignet betrachtet.

Von der Betriebsführung her sind die Werke von Ackoff [27,28,29], Argyris [51,52], Drucker [85] und Schön [259] zu nennen. Verbindungen zwischen Systemdenken und Betriebsführung kommen bei Ackoff [30] und Churchman [68] vor.

Fehlerereignisse, -beseitigung

Eine der vielen Reaktionen auf Fehlerereignisse kam von Warfield [296,297,298]. Seine These ist, daß es entsprechender Anstrengungen der politischen und betrieblichen Beaufsichtigung bedarf, um Fehlerereignisse in Grenzen zu halten. Dies kann nur durch geeignete methodische Maßnahmen seitens des Managements stattfinden. Eine systematische Methode der Konstruktionsführung wird vorgeschlagen und als „generic design" bezeichnet.

Erkenntnisse über Kreativität

Förderung der Kreativität *per se* war Ziel der Werke von Jewkes [160], von Fange [290,291] und Whiting [302]. Gordon [122] hat zu diesem Zweck das System „Synectics" für die formale Problemverarbeitung für eine Gruppe von Teilnehmern vorgeschlagen und entwickelt, welches besonders für organisatorische Probleme als nützlich betrachtet wird. Osborne [226] entwickelte das „Brainstorming" als weitere Gruppenmethode zur Kreativitätsförderung. Eine teilweise Unterbauung dieser Methoden durch Forschung in der Psychologie folgte erst fünf Jahre später durch die Arbeit von Guilford [126].

Die andere Problematik der Kreativität, nämlich wie man das menschliche Gehirn von voreingenommenen fixen Vorstellungen befreien kann, sind von Adams [31] gut geklärt, vermutlich als Grundlage, auf der die Kreativität gefördert werden kann. Ähnliche Ausführungen bezüglich Intuition und deren Förderung bringt Goldberg [120].

Konstruktionswissen

Die Durchsicht der USA-Literatur in bezug auf Konstruieren weist zwei sehr typische Kennzeichen für die Verbesserungsbemühungen auf. Einerseits kulminiert die Zahl der Arbeiten ganz klar in der Periode 1960-1970, zweitens ist die absolute Mehrheit der Arbeiten mit der Kreativität oder deren Grundlagen verbunden.

Psychologische Einsichten wurden bewußt und unbewußt in die Anleitungen zum Konstruieren eingebaut, besonders für Förderung der Kreativität, wie bei Adams [31], Crawford [70], Dixon [83], Gordon [122], Nadler [218], Osborne [226], Schön [259], von Fange [290,291], Whiting [302] und andere. Schon das erste bedeutende Buch im Ingenieurbereich, dessen Autor D.S. Pearson ist, knüpft an diese an und trägt den Namen „Creativeness for Engineers", (1959). Auch das viel benutzte Buch von H.B. Buhl „Creative Engineering Design" (1960 [66]) und viele andere, inklusive der „Prentice-Hall Series in Engineering Design", gehören zu dieser Kategorie.

Konstruieren und Ingenieurwesen für Studenten zu erläutern ist das Hauptanliegen von Krick [181,182,183], wobei Kreativität betont wird und die Beschreibung des Konstruktionsprozesses fast nur als Nebensache anfällt. Weitere Einleitungen ähnlicher Art wurden von Gibson [116], Middendorf [206], und Vidosic [289] veröffentlicht. Spotts [267] und Vidosic [288] stellten Sammlungen von Projekten auf, als Übungen für Konstruieren. Wilson [305] zeigt die Entwicklung eines Produktes von der Idee bis zum funktionsfähigen Modell.

In diesem Sinne, aber mit mehr Bezug zum Konstruieren, können Werke von Harrisberger [133] und Woodson [306] aufgezählt werden. Ebenfalls betonen eine große Reihe der Werke, die sich mit der „Konstruktionslehre" befassen („Introduction to Engineering Design"), die Kreativität oder Invention (D.H. Edel, 1967; J.R. Dixon, 1966 und teilweise auch J.P. Vidosic, 1969).

Eine andere Richtung eröffnen die Arbeiten von M. Asimow [56] („Introduction to Design", 1962), R.J. McCrory [201] („The Design Method – A Scientific Approach to Valid Design", 1964), von G.N. Sandor [255] („The Seven Stages of Engineering Design", 1964). In dieser mehr diskursiven Richtung sind auch die Bücher über die „Konstruktionslehre" von Pare [231], T.T. Woodson (1966), R.E. Parr (1970), I.R. Wilson (1970) und anderen verfaßt. Alger [35] legt großen Wert auf die kreativen Vorgänge, beschreibt aber auch einige mathematische Methoden, besonders zur Bewertung von vorgeschlagenen Lösungen. Starr [269] definierte Konstruieren als fast reinen Entscheidungsprozeß. Sein Werk ist breit angelegt in den mathematischen Vorgängen, die mit Entscheidungstheorie zusammenhängen. Roe *et al* (Kanada) [249] haben versucht, ein rationales Modell des Konstruierens zu entwickeln. Auch in Kanada hat Love [191] ein Beratungsbüro eröffnet und Lehrgänge zum systematischen Konstruieren entwickelt, auf Grund der im englischen Sprachbereich bekannten Methoden und Ansätze.

In den nachfolgenden Jahren sind Behandlungen des „Engineering Design" ziemlich selten. Demgegenüber häufen sich allgemeinere Arbeiten über Methoden (also mit erweiteter Gültigkeit und auf das Management ausgerichtet), wie zum Beispiel die von G. Nadler [215,216,217]. Das Objektfeld der Methoden nähert sich demjenigen in Großbritannien.

Eine neue Situation kam in den USA während der achtziger Jahre zustande. Das Bedürfnis nach neuen Erkenntnissen über und für Konstruieren mit Computer entfaltet sich stärker im Computerbereich als in der Konstruktionspraxis.

Die Szene in den USA war einer schnellen Entwicklung unterworfen und eine Menge an Forschungsgeldern wurde durch die NSF (National Science Foundation) Initiative über Konstruktionstheorie und Methodologie („design theory and methodology") freigemacht. Der Aufruf [12] wurde durch einen von Rabins herausgegeben Bericht [242] beantwortet. Die Empfänger der Forschungsgelder haben (bisher) jährlich ein Seminar abgehalten und als Buch veröffentlicht (z. B. Newsome [220]).

Eine neu gegründete Zeitschrift, *Research in Engineering Design* (Springer-Verlag, New York), zielt auf Verbreitung von Forschungsresultaten, mit besonderer Betonung der Beobachtungs- und Protokollmethoden, und auf Fortschritte in der Rechneranwendung.

Das Thema der Beobachtungen ist in der jüngsten Vergangenheit stark in den USA betrieben worden. Z. B. hat Ullman [286,287] durch Beobachtungsforschung die Wichtigkeit des Skizzierens für die Konzipierung entdeckt und durch Protokolle bestätigt. Ein ähnliches Anliegen wie Tjalve [282,283] über die Bedeutung des Skizzierens, aber vom Standpunkt der Psychologie, behandelt McKim [202].

Aus eigenen Beobachtungen der Vorgänge beim Konstruieren chemischer Industrieanlagen hat Westerberg [300,301] eine Theorie der Konstruktionsprozesse aufgestellt. Einige der Ansätze haben Ähnlichkeit mit der Theorie technischer Systeme (siehe Abschnitt 2.2.1.5)

Künstliche Intelligenz und Computeranwendung

Wenn die Probleme durch Anwendung von Computersystemen unterstützt werden sollen, werden vorwiegend Ansätze aus der künstlichen Intelligenz (KI, englisch AI – artificial intelligence) und der daraus entwickelten Methode der Wissensbasierten Systeme (Expertensysteme) angewendet. Letztere sind einerseits für die Diagnose geeignet, anderseits werden sie innerhalb der Konstruktionsforschung als Ratgeber für Bewertung, zur Koordinierung der Tätigkeiten von Konstruktionsgruppen („design teams") und deren Führung und für andere Tätigkeiten entwickelt. Beispiele solcher Programmversuche stammen von Eisenberger [95], Papalambros [230], Rinderle [245], Subramanian [273], Talukdar (und Mitarbeiter) [277,278,279] und Westerberg [300,301].

Eine allgemeinere Anwendung des CAD, gekoppelt mit KI innerhalb des Konstruktionsprozesses (siehe Abschnitt 7.5), sucht die IFIP (International Federation for Information Processing), besonders durch Konferenzreihen verschiedener Arbeitsgruppen, z. B. Yoshikawa u. Warman [312]. Aus dieser Arbeit und unter Anwendung der Theorien von Yoshikawa [284,308,309,310,311] werden neue Ansätze für die CAD-Programmierung in objektorientierter Weise unternommen (z. B. Warman [299]), welche in den Phasen des Entwerfens und des Detaillierens („Embodiment design" – Verkörperungskonstruktion) der bekannten Arbeitsweise von Konstrukteuren besser angepaßt ist.

3.1.8 Russland – frühere UdSSR

Die erste bekannte Arbeit in der wissenschaftlichen Konstruktionslehre stammt von P.I. Orlov: „Grundlagen des Konstruierens" [225]. Der Untertitel „Fachwissen und Methodik" weist auf den methodischen Aspekt hin. Sonst sind Hinweise auf methodisches Konstruieren in der Literatur ziemlich rar. Es scheint jedoch, daß die Anwendung des Computers den Druck auf die Untersuchung des Konstruktionsprozesses und -objektes erhöht und neue Gesichtspunkte und Ergebnisse gebracht hat (vergleiche Klimov, Lebedeva in WDK 10 [148]).

Ganz unterschiedlich ist die Situation im Bereich der Unterstützung der Neuerer (Innovatoren und Erfinder). Eine Richtung besteht aus allgemeinen Hinweisen, z. B. I.N. Sereda, der an der Volksuniversität für technisches Schaffen in Riga wirkt und dessen Buch „Arbeiter – Erfinder" [263] zu den sehr verbreiteten Büchern in der UdSSR gehört, und Altschuller: „Erfindungen – (K)ein Problem" [36].

Auf Grund einer eingehenden Untersuchung eingereichter Patentschriften hat Altschuller [36,37] festgestellt, daß die Mehrzahl der Erfindungen durch eine kleine Anzahl bekannter Methoden erstellt wurden. Er hat fünf Arten der Probleme und ihrer Lösung vorgeschlagen.

Die anzuwendenden Methoden wurden zusammengefaßt in ein System, das für das Erfinden empfohlen wird, ein Erfindungsalgorithmus (zum Beispiel ARIZ 59, verbessert zu ARIZ 61 bis ARIZ 80), um den Erfindern die Frage nach dem Weg zur Lösung (Erfindung) zu zeigen. Es handelt sich um ein System von geordneten Methoden und geplanten Tätigkeiten, die auf logischen Regeln und Vorschriften basieren.

In mancher Hinsicht ist dieser Algorithmus ähnlich der systematischen Heuristik nach Müller [147] (siehe Abschnitt 2.5.4).

Zwei weitere Arbeitsgruppen unter der Leitung von Odrin [222,223,224] und Powilejko [239,240] sind hier interessant. Sie haben (wie Arciszewski [50] berichtet) innovative Konstruktionsmethoden als Erweiterungen der morphologischen Analyse entwickelt.

So wie auf anderen Gebieten ist auch die Situation in der Konstruktionswissenschaft in der UdSSR ziemlich unbekannt, weil die erreichbare Literatur nicht unbedingt den Stand des Wissens widerspiegeln muß.

Eine andere, ziemlich verbreitete Forschungsrichtung in der UdSSR zielt auf organisatorisch-wirtschaftliche Fragen der Entwicklung. J.S. Sapiro gehört diesem Kreis an. Sein Buch „Organisation und Effektivität technischer Entwicklung" (1980) [256] behandelt diese Problematik.

3.1.9 Tschechoslowakei

In der Tschechoslowakei verliefen in den sechziger Jahren Bemühungen zur Konstruktionsverbesserung in drei Richtungen: Einmal war es die Erfindungslehre von K. Backovsky (1963) in Anknüpfung an W. Ostwald (1932), weiter die Bewegung von Neuerern und Erfindern, die nach einer Lösungsmethodik suchten (vergleiche Abschnitte 3.1.8 – UdSSR und 3.1.2.2 – DDR), letztens besonders einige Konstrukteure in der Praxis, die um die Verbesserung ihrer Arbeit bemüht waren und einschlägige Maßnahmen formuliert haben (V. Hubka, J. Smilauer, S. Vit). Dieses Phänomen der Beteiligung von Konstrukteuren aus der Praxis an der Konstruktionsforschung ist in der Geschichte der Konstruktionswissenschaft ziemlich einmalig.

Diese drei Richtungen vereinigen sich (mindestens teilweise) im Jahre 1962 und bilden dann den Konstruktionsausschuß der wissenschaftlich-technischen Gesellschaft der Tschechoslowakei. Eine Reihe von Konferenzen und Seminaren, von diesem Ausschuß organisiert, sorgte für die Weitergabe des Wissens, besonders in der Konstruktionsmethodik. Die Konferenz in Prag 1967 ist für die Entwicklung in der Welt von besonderer Bedeutung, weil dort ein erster internationaler Meinungsaustausch stattfand: Großbritannien, die Bundesrepublik Deutschland, die DDR, die Schweiz, Polen und die Tschechoslowakei wurden dort durch ihre Repräsentanten vertreten.

In den nachfolgenden Jahren wurde viel Aufmerksamkeit den Arbeitsmitteln des Konstrukteurs, inklusive der Computeranwendung, gewidmet.

Die besondere Entwicklung der Konstruktionswissenschaft, welche in diesem Buch vorgeführt ist, hat mit Vorarbeiten in Prag begonnen, wie Hubka in [136] berichtet.

Übersicht der "Evolution" konstruktionswissenschaftlicher Beiträge

Legende:

Ü ... Übersetzung	F ... Frankreich	S ... Schweden	
C ... Konferenz–Proceedings	CS ... Tschechoslowakei	AU ... Australien	
B ... Bericht	PL ... Polen	J ... Japan	
R ... Richtlinie	DK ... Dänemark	SR ... UdSSR	
Z ... Zeitschrift	69 ... auch spätere Beiträge — — einige		

Autoren sind mehrmals angeführt
(Abkürzung des Buchtitels)

	USA, CDN	D, DDR, CH	GB	Andere Länder
		1850 Redtenbacher		
		1853 Reuleaux		
		1919 Riedler		1929 Kotarbinski (PL)
1940				
		43 Kesselring		
		43 Wögerbauer		
45	45 Polya			
	47 Miller			
	48 Zwicky	48 Konstruktion (Z)		
1950				
		52 Bischof–Hansen	52 Wallace	
	53 Bross			
	54 Crawford	54 Tschochner		
	54 von Fange			
55		55 Lohmann		
		57 Matousek		
		57 Brandenburger		
	58 Jewkes			58 Richtl. Ko7 (S)
	58 Whiting			
	59 Pearson			
1960	60 Simon		60 Marples	
	60 Buhl			
	61 Gordon			61 Sereda (SR)
	62 Ackoff		62 Gosling	62 Goranski (SR)
	62 Asimov			
	62 Hall			
	63 Starr	63 Leyer	63 Feilden (R)	63 Altschuller (SR)
	63 Norris		63 Matousek (Ü)	63 Hubka (CS)
	63 Pare		63 Jones (C)	63 Smilauer (CS)
	63 Osborne			63 Backovsky (CS)
	64 Alger	64 VDI–R 2225 (R)	64 Archer	
	64 Drucker			
	64 McCrory			
	64 Sandor			
65	65 Krick	65 Engpass–Konstr.	65 Eder/Gosling	
		65 Lehrstuhl München		
		65 Hansen (KoS)		
	66 Woodson		66 Gregory (C)	66 Olsson (S)
	66 Harrisberger			
	66 Dixon			
	67 Tech–Innov (C)	67 Müller (OpVerf)	67 Mayall	67 Dietrych (PL)
	67 Miller	67 Hansen (C)		67 Prag (C–CS)
	67 Nadler			
	67 Roe			
	68 Bertalanffy	68 Steuer	68 DeSimone (C)	
	68 Gibson		68 Ellinger	
			68 Morrison	
	69 Churchman		69 Ashford	69 Norbert (F)
	69 Klir		69 Glegg	
	69 Middendorf			
	69 Vidosic			
1970	70 Parr	70 Rodenacker	70 Jones	70 Geminard (F)
	70 Wilson			
			71 French	71 Vidal (F)
			72 Gregory (C)	72 Powilejko (SR)
			72 Cross (C)	

Historische Entwicklung in der Fachliteratur

Bild 3——1
Teil 1 von 2

Legende:
Ü ... Übersetzung
C ... Konferenz–Proceedings
B ... Bericht
R ... Richtlinie
Z ... Zeitschrift

F ... Frankreich
CS ... Tschechoslowakei
PL ... Polen
DK ... Dänemark
69 ... auch spätere Beiträge –– einige
         Autoren sind mehrmals angeführt
         (Abkürzung des Buchtitels)

S ... Schweden
AU ... Australien
J ... Japan
SR ... UdSSR

	USA, CDN	D, DDR, CH	GB	Andere Länder
	73 Love	73 VDI–R 2222 (R)	73 Pitts	73 Odrin (SR)
	73 Holloway	73 Schw.M.Mkt. (Z)	73 de Bono	73 Chabal (F)
	73 Miles			
	74 Wickelgren	74 Hubka (TMS)	74 Leyer (Ü)	
	74 Newell	74 Hansen (KoW)	74 Pitts (C)	74 Svensson (AU)
75				
	76 Warfield	76 Hubka (TKoP)	76 Moulton (B)	
		76 Franke		
		76 Steinwachs		
		76 Koller		
		77 Pahl/Beitz		77 Orlov (SR)
	78 Argyris			78 Yoshikawa (J)
		79 Ropohl	79 Loughborough (C)	79 Tjalve (DK)
			79 Corfield (B)	
			79 Design Studies (Z)	
1980	80 Adams		80 Finniston (B)	80 Andreasen (DK)
	80 McKim			80 Sapiro (SR)
				81 ICED 81 Roma
		82 Roth	82 Hubka/Eder (WDK1)	
		82 Schregenberger		
	83 Goldberg		83 Lickley (B)	83 ICED 83
	83 Schön			Kopenhagen
			84 Cross	84 Gasparski (PL)
			84 Langdon (C)	
			84 Pahl/Beitz (Ü)	
85	85 NSF	85 Ehrlenspiel		
		85 ICED 85 Hamburg		
		85 VDI–R 2221 (R)		
	86 Wales	86 Seifert		
	86 Rabins (B)			
	87 ICED 87 Boston			
	88 Hubka/Eder (TTS)		88 Trade & Ind. (B)	88 Lewis/Samuel (AU)
				88 ICED 88 Budapest
	89 Newsome (C)		89 ICED 89	
	89 Westerberg		Harrogate	
1990	90 Res.E.Design (Z)	90 Müller (AMeth)	90 J. Eng. Design (Z)	90 ICED 90 Dubrovnik
		91 ICED 91 Zürich	91 J. Des. & Prod.(Z)	
		91 Hubka/Eder (KoW)		
		(vorliegendes Buch)		

Historische Entwicklung in der Fachliteratur

Bild 3––1
Teil 2 von 2

Diese Arbeiten wurden in der Folge nach Dänemark und in die Schweiz verlagert (siehe Abschnitt 3.1.2.1). Die Grundlage ist eine ausführliche Theorie technischer Systeme, deren Entwicklung durch Werke von Hubka [137,150], Andreasen [38], und Hubka u. Eder [153] gekennzeichnet ist. Daraus abgeleitet entstand eine Theorie der Konstruktionsprozesse [140] und ein Vorgehensmodell mit Anleitungen zur Durchführung des Konstruktionsprozesses [142,152].

3.1.10 Polen

Die heute sehr intensive Forschung auf dem ganzen Gebiet der Konstruktionswissenschaft in Polen ist auf die Arbeit von J. Dietrych zurückzuführen. Bereits im Jahre 1967 hat er die Prager Konferenz um eine neue, ganzheitliche Auffassung der Konstruktionslehre bereichert. Als Professor an der TH von Glivice hat er die Lehre von Maschinenelementen auf die Konstruktionslehre ausgeweitet. Seine Bemühungen sind besonders auf die praktische Arbeit des Konstrukteurs ausgerichtet. Dietrych [146] hat eine ausführliche Theorie aufgestellt auf Grund einer Reihe von Definitionen für die gebrauchten Stichworte und *Termini technici*.

Daneben hat sich noch eine sehr allgemeine Richtung des Konstruierens–Projektierens entwickelt. Aufbauend auf die Arbeit von Kotarbinski [179,180], hat eine Gruppe in Warschau versucht, eine Wissenschaft der Wissenschaften aufzubauen. Daraus hat Gasparski [114] eine Deutung und Philosophie für Konstruieren entwickelt, die als „Prakseologie" bekannt und auch mit dem Namen A. Sielecki verbunden ist. Goralski [121] hat in dieser Arbeitsrichtung die Konzepte der Morphologie aufgenommen.

3.1.11 Japan

Einen strengen Ansatz, auf formaler Logik mit einigen Axiomen aufgebaut, hat Yoshikawa [308,309,310] unternommen (siehe auch Abschnitt 3.1.7) mit dem Ziel, einen vollständigen Algorithmus des Konstruierens auf den Digitalrechner (besonders für CAD-Anwendung) übertragbar zu machen. Tomiyama [284] und Yoshikawa [311] brachten weitere Beiträge dazu. Kaoru Hongo kommt der Verdienst zu, zur Problematik des Konstruktionsunterrichtes im Rahmen der ICED-Konferenzen beigetragen zu haben.

3.1.12 Zusammenfassung

Bild 3–1 stellt einen Versuch dar, eine Übersicht der Entwicklung zu erarbeiten. Die Namen der wichtigsten Konstruktionsforscher als Autoren bekannter Bücher bilden eine chronologische Reihe in vier Spalten. Dadurch kann man die Entwicklungstendenzen in vier geographischen Gebieten vergleichen.

3.2 Charakteristik der Entwicklung des Konstruktionswissens

3.2.1 Faktoren der Entwicklung

Die Skizze der Entwicklung des Konstruktionswissens hat deutlich gezeigt, wie unterschiedlich sich der Fortschritt entfaltet hat. Auf die Frage nach den Faktoren dieser Prozesse kann man vorerst nur hypothetisch einige nennen: den Grad der industriellen Entwicklung, den Grad der Ausbildung, die Forschungsorganisation und den Forschungsumfang, die Kultur und Tradition auf den einzelnen Gebieten, die Größe des Gebietes (Landes). Die Zusammenhänge und Interaktionen dieser und anderer Faktoren würden das Bild viel komplizierter gestalten.

- Das Niveau der Industrialisierung spielt eine große Rolle, denn zuerst muß ein Bedürfnis erkannt werden, damit nach Lösungen gesucht wird. Dies geschah gewiß in den meisten der beschriebenen Fälle. Diese These wird dann auch durch die Situation in anderen Ländern bestätigt, z. B. in China, Indien. Dort hat man zwar die Forschungsproblematik als Aufgabe übernommen, doch sind, trotz starkem Interesse, die Ergebnisse vorläufig unbedeutend geblieben, weil dort die Probleme nicht dringlich sind. Diese These des Industrialisierungsgrades scheint aber in bezug auf die USA oder Japan problematisch. Es überrascht, wie spärlich und unter welchen ungünstigen Umständen man dort an Forschungsprojekten für Konstruktionswissen zu arbeiten begann und – das gilt besonders für die USA – wie schwach dort das Interesse an dem bereits bestehenden Wissen war. Eine vorläufige Erklärung dazu könnte sein (als eine zusätzlichen Sub-These), daß der Industrialisierungsgrad durch die ökonomische Macht des Gebietes verändert wird. In Gebieten, wo diese ökonomische Macht anscheinend stark ist, besteht ein Beharrungsvermögen, welches Forschung zwecks Verbesserung der Verfahrensweisen vermindert.

- Die Abhängigkeit der Intensität der Verbesserungsbemühungen vom Ausbildungsgrad ist in unserer historischen Skizze nicht erfaßt worden, weil es dazu notwendig wäre, die Untersuchung auf einzelne typische Personen zu erweitern. Eindeutig ist jedoch, daß Hochschulingenieure für diese Fragen offener sind als Absolventen der Ingenieurschulen oder ausgebildete Konstrukteure. Es kann sein, daß Hochschulingenieure im Konstruktionsprozeß weniger vertreten sind, und dann besonders die abstrakteren Aufgaben bearbeiten, in denen neuere Forschungen im Konstruktionswissen eher behilflich sein könnten. Dagegen widmen sich die Absolventen der Ingenieurschulen und ausgebildete Konstrukteure vorwiegend den konkreteren Aufgaben, wo Ergebnisse aus den älteren bestehenden Ingenieurwissenschaften wichtiger erscheinen. Im Vergleich zu den Hochschulen besteht für Lehrpersonal in den Ingenieurschulen viel weniger „Zwang", an der Forschung teilzunehmen. Mit diesen Tatsachen stimmt auch die Anzahl der Institute für Konstruktionsmethodik an Hochschulen überein, wenn man sie mit ähnlichen Instituten an den Ingenieurschulen vergleicht.

- Die Konstruktionsforschung begann an Hochschulinstituten – und wird dort auch gefördert – entweder im Rahmen der allgemeinen Forschungsaufgaben oder in bezahlten Forschungsprojekten. Die meisten Forscher der ersten Generation (sechziger und siebziger Jahre) haben auf Grund eigener Erfahrung im Konstruieren (dessen Mängel sie zum Teil erkannt haben) die Problematik selbst gewählt. Eine Minderheit (besonders in den USA) hat die Forschungsmöglichkeit erst mit dem Forschungsgeld entdeckt (und meist ohne Konstruktionserfahrung). Dementsprechend tritt auch die Motivation zur Forschung als relevanter (menschlicher) Faktor auf, deren Einfluß man auch in unterschiedlichen Aufgabengebieten und Erfolgen sieht. Einen einzigartigen Weg zur Lösung haben, von diesem Aspekt her gesehen, die Konstrukteure aus der Praxis in der Tschechoslowakei gezeigt.

- Allgemein betrachtet, sind nur relativ wenig Forschungsgelder in diese Problematik investiert worden. Die mehr theoretischen Aufgaben können mit weniger Unterstützung durchgeführt werden. Relativ viel von dem vorhandenen Forschungsgeld ist in die konkreteren Aufgaben der Computeranwendung geflossen.

- Die Kulturtraditionen stellen auch einen entscheidenden Faktor dar. Das Verständnis über Ziele und Mittel ist in den Ländern des europäischen Kontinentes anders als in Großbritannien oder den USA. Auch über die Situation in Japan könnte man von der Kulturtradition her mehr Kenntnisse gewinnen als von anderen Gesichtspunkten aus.

- Die Größe des Landes (und damit auch die finanzielle Potenz) scheint keine so große Rolle zu spielen, wie man es zuerst vermuten würde. Die Ergebnisse in Deutschland oder in den skandinavischen Ländern sind unvergleichbar in dieser Hinsicht mit denen in den USA, der Sowjetunion oder Italien.

Unsere Überlegungen bleiben im hypothetischen Stadium, weil wir diese Fragen nicht weiter wissenschaftlich untersuchen werden.

3.2.2 Entwicklung auf einzelnen Ebenen

Um ein präziseres Bild der Lage zu erhalten (eine Momentaufnahme in bestimmter Zeit), müßte man den aktuellen Stand und die Entwicklung, die auf mehreren Ebenen abläuft, auf einer Zeitachse zusammenbringen, d.h. man müsste minimal folgende Teilgebiete beobachten:

- die Entwicklung in der Forschung (bzw. die Lage in der Forschung)
- die Entwicklung in der Praxis (bzw. die Lage in der Praxis)
- die Entwicklung im Konstruktionsunterricht (bzw. die Lage im Konstruktionsunterricht).

Dies haben wir in unserer Skizze nicht systematisch getan, weil das verfügbare Material nicht ausreicht, eine fundierte Aussage zu wagen. Die meisten Informationen in unserer Beschreibung betreffen die Ergebnisse der Forschung, soweit keine anderen Angaben eine bestimmte Information begleiten.

3.2.3 Verlauf des Prozesses

Zu der Skizze der Entwicklung in einzelnen Ländern kann man auch eine Charakteristik des Entwicklungsverlaufes hinzufügen:

- Die am Anfang in einem Betrieb oder in einem Gebiet ziemlich isolierten Aktionen haben sich mit der Zeit allmählich in eine breitere internationale Bewegung verwandelt, in der Einzelprobleme zu einer Gesamtproblematik der Konstruktionswissenschaft verschmolzen sind. Trotzdem kann aus einzelnen Arbeitsbereichen der Eindruck einer Zersplitterung entstehen.

3.3 Der heutige Stand des Konstruktionswissens

In groben Zügen kann man den Stand des Konstruktionswissens (Ende 1991) wie folgt charakterisieren:

1. Viel Wissen ist angehäuft worden, großteils aber als „Inselwissen", weil zu wenig Synthese betrieben wurde. Viele Elemente des Konstruktionswissens haben das Ziel der Vollständigkeit angestrebt und erreicht. Relationen zwischen diesen Elementen sind *ungenügend* untersucht worden. In der Vereinheitlichung sind nur unbedeutende Erfolge erreicht worden.
2. Innerhalb des Konstruktionswissens ist das Wissen nicht *gleichmäßig* erstellt worden.

   Die einzelnen Gebiete wurden – und werden – nicht gleichmäßig untersucht, was sich selbstverständlich als Nachteil herausstellt, da die Zwischenbeziehungen im System des Wissens nicht hervortreten. Darum muß man oft zusätzlich auf Korrekturen des bestehenden konventionellen Wissens zurückgreifen.

   Am häufigsten wurde die Methodik des Konstruierens gepflegt, weil sie am Anfang ein weißer Fleck auf der Wissenskarte des Konstruktionswissens war. Da hat man viel erreicht. Einige Teilprobleme kristallisierten entweder zu Teilaufgaben oder sogar zu Prinzipien der Konstruktionsmethodik, zum Beispiel:
   - Aufgabe einer möglichst klaren und verfolgbaren Vorgehensbeschreibung (welche vom Management durchsetzbar ist);
   - Aufgabe einer möglichst feinen Strukturierung des Prozesses mit deutlicher Trennung einzelner Tätigkeiten, besonders derjenigen mit speziellem Charakter wie zum Beispiel:
     - Finden von Lösungen;
     - Bewerten;
     - Informationstätigkeit;
     - Darstellen usw.;
   - Prinzip des Ausarbeitens möglichst vieler Varianten und ihre Optimierung schon in den frühen Perioden des Konstruktionsprozesses;
   - Aufgabe der Anpassung des allgemeinen Vorgehens an verschiedene Faktoren, zum Beispiel:

- an die Arbeit in Gruppen (Teamarbeit);
- an die Anwendung von Computer usw.;

3. Die Wissensqualität ist nicht gleichwertig und reicht vom Erfahrungswissen bis zur exakten Aussage.
4. Wegen sprachlicher und begrifflicher Barrieren (besonders zwischen Sprach- und Kulturgebieten) ist Verständnis und *Verständigung* schwierig und hat noch nicht einen befriedigenden Grad erreicht.
5. Der Weg in die Praxis ist noch nicht gefunden worden.

Großteils sind diese Bestrebungen wenig bekannt oder anerkannt, oder es wird deren Wichtigkeit unterschätzt. Symptome dafür sind die typisch menschlichen Einstellungen, welche im englischen Sprachgebrauch mit NIH („not invented here" – nicht hier erfunden, daher angeblich nicht nützlich) und NIMBY („not in my back yard" – nicht in meiner engeren Umgebung, weil sogar der Gedanke oft zu gefährlich erscheint) bezeichnet werden.

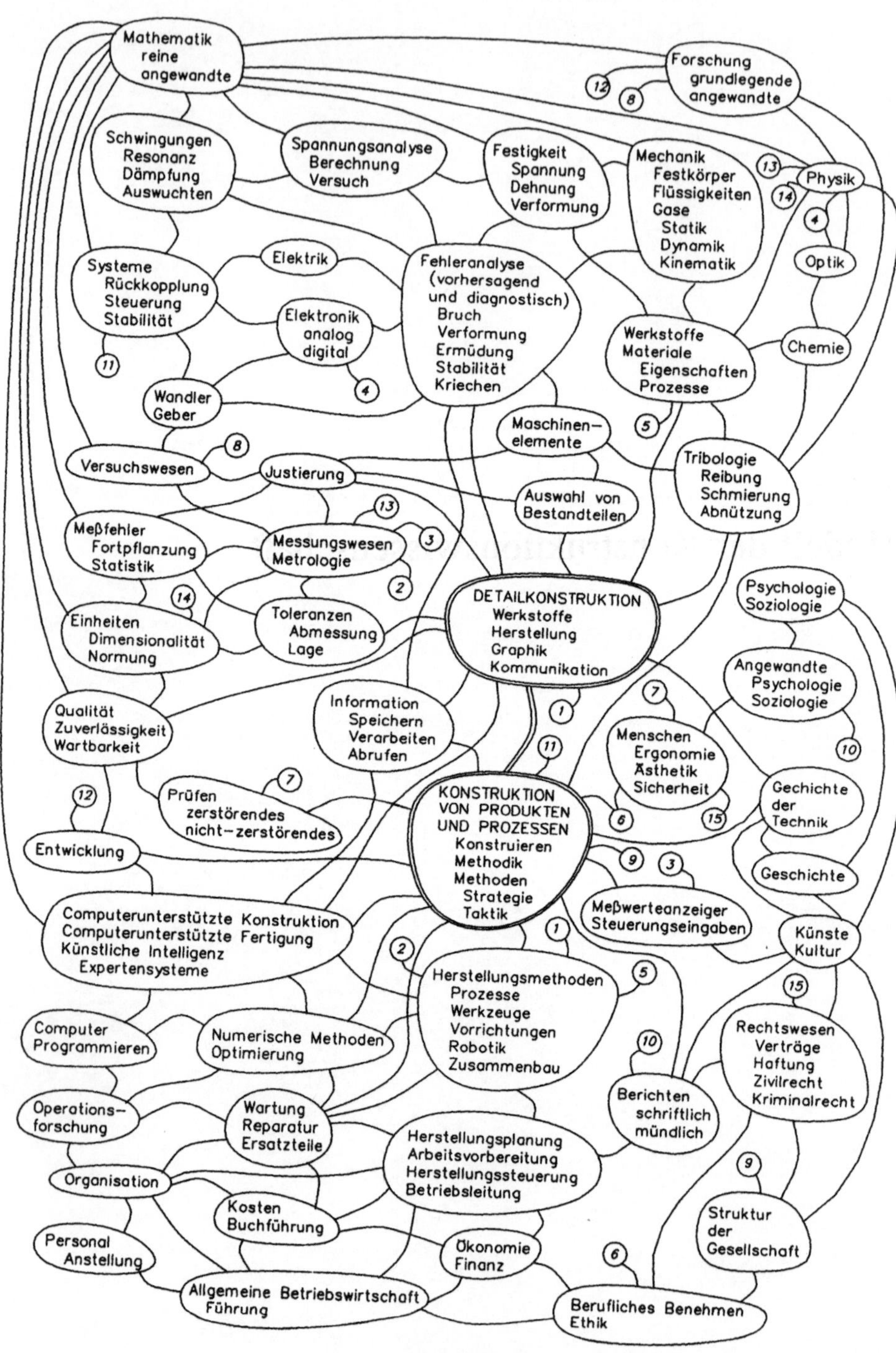

Mathematik
reine
angewandte
Forschung
grundlegende
angewandte
Schwingungen
Resonanz
Dämpfung
Auswuchten
Spannungsanalyse
Berechnung
Versuch
Festigkeit
Spannung
Dehnung
Verformung
Mechanik
Festkörper
Flüssigkeiten
Gase
Statik
Dynamik
Kinematik
Physik
Optik
Elektrik
Fehleranalyse
(vorhersagend
und diagnostisch)
Bruch
Verformung
Ermüdung
Stabilität
Kriechen
Chemie
Systeme
Rückkopplung
Steuerung
Stabilität
Elektronik
analog
digital
Werkstoffe
Materiale
Eigenschaften
Prozesse
Wandler
Geber
Maschinen-
elemente
Tribologie
Reibung
Schmierung
Abnützung
Versuchswesen
Justierung
Auswahl von
Bestandteilen
Meßfehler
Fortpflanzung
Statistik
Messungswesen
Metrologie
DETAILKONSTRUKTION
Werkstoffe
Herstellung
Graphik
Kommunikation
Psychologie
Soziologie
Einheiten
Dimensionalität
Normung
Toleranzen
Abmessung
Lage
Angewandte
Psychologie
Soziologie
Qualität
Zuverlässigkeit
Wartbarkeit
Information
Speichern
Verarbeiten
Abrufen
Menschen
Ergonomie
Ästhetik
Sicherheit
Gechichte
der
Technik
Prüfen
zerstörendes
nicht-zerstörendes
Entwicklung
KONSTRUKTION
VON PRODUKTEN
UND PROZESSEN
Konstruieren
Methodik
Methoden
Strategie
Taktik
Geschichte
Computerunterstützte Konstruktion
Computerunterstützte Fertigung
Künstliche Intelligenz
Expertensysteme
Meßwerteanzeiger
Steuerungseingaben
Künste
Kultur
Computer
Programmieren
Numerische Methoden
Optimierung
Herstellungsmethoden
Prozesse
Werkzeuge
Vorrichtungen
Robotik
Zusammenbau
Rechtswesen
Verträge
Haftung
Zivilrecht
Kriminalrecht
Operations-
forschung
Wartung
Reparatur
Ersatzteile
Berichten
schriftlich
mündlich
Organisation
Herstellungsplanung
Arbeitsvorbereitung
Herstellungssteuerung
Betriebsleitung
Kosten
Buchführung
Struktur
der
Gesellschaft
Personal
Anstellung
Ökonomie
Finanz
Allgemeine Betriebswirtschaft
Führung
Berufliches Benehmen
Ethik
Vom ungeordneten

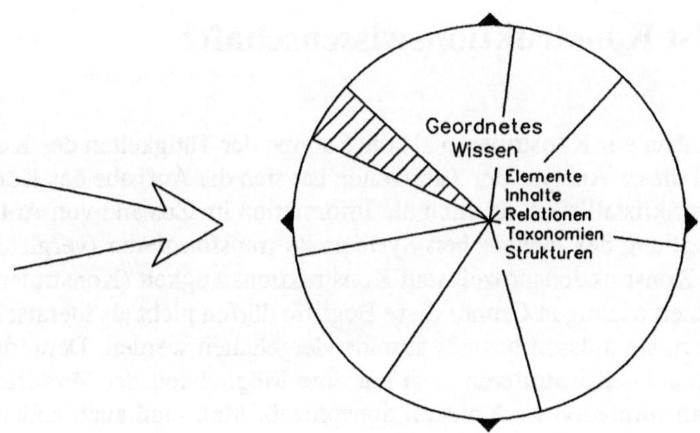

zum geordneten Wissen

4 Konstruktionswissenschaft und ihre Ziele

4.1 Was ist Konstruktionswissenschaft?

In Kapitel 2 haben wir Konstruieren als die Summe der Tätigkeiten des Konstrukteurs analysiert. Bei dieser Analyse der Tätigkeiten hat sich die Aufgabe des Konstruktionsprozesses herauskristallisiert, nämlich die Information im Zustand von Anforderungen in die Beschreibung des technischen Systems zu transformieren (vergleiche Bild 2–1). Wenn nun Konstruktionsprozeß statt Konstruktionstätigkeit (Konstruieren) benutzt wird, hat es einen wichtigen Grund: diese Begriffe dürfen nicht als identisch betrachtet werden, sondern sie müssen bewußt auseinandergehalten werden. Denn die Tätigkeit des Konstrukteurs – Konstruieren – ist nur eine Möglichkeit der Verwirklichung der erwähnten Transformation im Konstruktionsprozeß. Man muß auch andere Möglichkeiten berücksichtigen, mindestens soll man neben Konstrukteuren auch Computer als Transformatoren betrachten.

Für Konstruieren (Transformation von Information) wird eine umfassende und vielfältige Menge von Wissen gebraucht. Wir wollen hier keine vollständige Aufzählung versuchen, sondern nur den Umfang andeuten. Das Informationssystem besteht insbesondere aus:

- Kenntnissen (Grundkenntnissen) in verschiedenem Umfang und für verschiedene Operationen des Konstruierens, entnommen aus den einzelnen Ingenieurwissenschaften wie Festigkeit, Werkstoff- und Fertigungstechnik (dazu gewiß auch Mathematik, Physik u.a.);
- Wissen aus dem Fachgebiet der bestimmten Produktfamilie hinsichtlich Funktionen, Arbeitsweise, Betrieb, Wartung usw. und besonders Richtwerte zu diesen Teilen;
- Kenntnissen typischer Bauelemente, aus denen die höheren Einheiten gebaut werden;
- Kenntnissen der Fertigungsmöglichkeiten, Werkstoff-, Halbfabrikate- und Teilsystemelieferungen;

- Kenntnissen von Vorgehen, Methoden und Techniken, welche die Konstruktionsarbeit erleichtern können;
- Kenntnissen von Darstellungstechniken, welche die Kommunikation und die Beschreibung der Ideen ermöglichen;
- Kenntnissen von Organisations- und Administrationstechniken;
- Kenntnis der möglichen Arbeitsmittel, die das Erfüllen der Konstruktionsaufgaben unterstützen oder übernehmen (Automatisierung);
- Kenntnis von Normen, Vorschriften, Patenten;
- usw.

Vergeblich sucht man in der heutigen Literatur nach einer einzigen Quelle dieser Informationen. Die umfassendste Antwort findet man in einem Handbuch, zum Beispiel Dubbel, Hütte, Kent's, Machinery, Mark's usw., was aber immer noch ein Bruchteil der benötigten Information darstellt; zusätzlich müssen viele Wissensdisziplinen konsultiert werden.

Ein anderes Problem ist, daß nur ein Teil dieses Wissens in schriftlicher Form vorliegt. Ein weiterer Teil liegt als Erfahrung in einer meist unverarbeiteten und weniger zugänglichen Form vor. Und so müssen einzelne Konstrukteure auch weiterhin unter diesen Bedingungen eigene Informationssysteme aufbauen und in ihr Konstruktionskönnen (Wissen, Fähigkeiten und Fertigkeiten) einschließen (Eder [91]).

Daß dieses Konstruktionskönnen für die Qualität der resultierenden Produkte entscheidend ist (Hubka [157]), ist eine andere Frage. Es überrascht vielleicht, daß die Entfaltung eines solchen Könnens größtenteils jedem einzelnen Konstrukteur überlassen blieb. In der Ausbildung und der nachfolgenden Praxis hat man Konstrukteuren nur einige Elemente von alldem vermittelt, was wir hier aufgezählt haben, ohne ihnen das Gesamte, in einem Wissenssystem geordnet, vorzustellen. Der Grund hierfür war einfach der, daß ein solches gesamtes Wissenssystem bisher gar nicht existierte.

Erst in den letzten Jahrzehnten werden die Bemühungen um die Lösung dieses Problems und der Aufbau eines solchen Wissenssystems sichtbar. **Unter dem Begriff *Konstruktionswissenschaft* ist ein System von logisch miteinander verknüpften Kenntnissen zu verstehen, welches das komplette Wissen über und für Konstruieren beinhalten und ordnen soll.**

Für die Wissenschaft haben sich die Aufgaben vermehrt, besonders im Vergleich mit dem früheren, anwendungsgebundenen, gelegentlichen Sammeln von Erkenntnissen (Empirie). Im Gegensatz zur Empirie (ungeordnete Wissenserfahrungen) setzt sich nämlich die Wissenschaft zum *Ziel*, das nach Prinzipien geordnete Ganze der Erkenntnisse zu erreichen (Kant) und die Gründe und Ursachen der Dinge (Aristoteles) zu nennen [257,258].

Die Konstruktionswissenschaft muß also die kausalen Zusammenhänge und Gesetzmäßigkeiten des Gebiets (in diesem Buch das Gebiet „Konstruieren von technischen Systemen") in der ganzen Breite erklären. Das Wissenssystem muß in Form von Begriffen, Kategorien (Taxonomie), Maßbestimmungen, Gesetzen, Theorien und Hypothesen fixiert sein, damit es als Grundlage für die bewußte Konstruktionstätigkeit dienen kann.

Der Inhalt und die Grenzen der Konstruktionswissenschaft sollen mit gutem Bedacht erwogen werden, damit sie in günstiger Verbindung mit den bereits existierenden Ingenieurwissenschaften das notwendige System bildet. In jedem Fall soll sie die komplette Struktur und die zugrundegelegten Theorien erläutern. Damit werden die Zusammenhänge der einzelnen Wissenselemente klargemacht. Näheres folgt in Kapitel 5.

4.2 Ist Konstruktionswissenschaft heute notwendig?

Die kritische Frage, ob die Konstruktionswissenschaft tatsächlich unentbehrlich ist, kann man vom historischen Kontext her doch als berechtigt ansehen.

Die Gründe, warum die Konstruktionswissenschaft heute so aktuell und notwendig ist, lassen sich besonders in der neuen Marktsituation finden:

- Bedürfnisse steigen ständig mit der Zeit, nicht nur hinsichtlich Qualität und Quantität, sondern auch bezüglich Anforderungen an verkürzte Lieferzeit von technischen Systemen ab Auftragstellung;
- der Konkurrenzdruck erhöht sich enorm und wird in Zukunft im Zusammenhang mit der politischen Entwicklung (Abbau der Zollbarrieren) noch anwachsen;
- eine neue Situation entsteht auch durch die Gesetzgebung, zum Beispiel durch Vorschriften in bezug auf Qualität, Sicherheit, Umwelt (und Gefahr der Verschmutzung) und besonders auf die Haftung für Gefahrenfreiheit und Qualität;
- die Rohstofflage ändert sich auch und kann besondere Anforderungen stellen.

Die genannten Veränderungen zwingen das Unternehmen, besonders aber die Konstrukteure, neue Methoden und Arbeitsweisen anzuwenden, um konkurrenzfähig zu bleiben.

4.3 Zum Begriff der Konstruktionswissenschaft

Ein solches Wissenssystems wird noch nicht einheitlich bezeichnet. Es werden neben der Konstruktionswissenschaft auch Begriffe wie Konstruktionsphilosophie („Design philosophy", in Anlehnung an „Natural philosophy"), Konstruktionstheorie („Design theory" – USA National Science Foundation), Wissenschaftliches Konstruieren (Hansen) oder Konstruktionslehre (Pahl u. Beitz) benutzt. Diese Namen sind nicht dazu geeignet, das Gesamtwissen des Konstruierens zu deuten, erstens weil sie gewählt wurden, um nur einen Teil des Konstruktionswissens zu bezeichnen, und zweitens, weil man mit diesen Begriffen den der Wissenschaft nicht ersetzen wollte. Die Wissenschaft braucht nicht nur systematische Beschreibungen (deklaratives Wissen, deskriptive Aussagen, die in den Bereich der Theorie gehören), sie braucht auch die Methodologie, Anleitungen zur praktischen Tätigkeit (prozedurales oder präskriptives

Wissen) oder (feste und flexible) Algorithmen und Techniken für Teilprozesse und Operationen.

4.4 Ziele der Konstruktionswissenschaft

Der Weg zur Konstruktionswissenschaft führte historisch nicht geradlinig zu einer Gesamtheit, sondern zuerst zu verschiedenen unkoordinierten Elementen. Das gemeinsame übergeordnete Ziel, welches die einzelnen Fachleute dabei verfolgten, war jedoch eindeutig: *Die Lage auf dem Konstruktionsgebiet ist zu verbessern, und die bestehenden Probleme sind zu beseitigen.* Dies konnte entweder direkt durch bestimmte Maßnahmen in der Praxis oder indirekt durch einen besseren Unterricht erreicht werden. So kristallisieren sich die drei Zielsetzungsgebiete heraus, auf welchen der unmittelbare Effekt erreicht worden ist:

1. *Zielgebiet Praxis:* direkte Verbesserung der Lage in der Praxis, d.h. in einem Betrieb oder in einer Betriebsgruppe, oder bei einem Projektvorhaben, bei zwei Addressaten:
   - direkt beim Konstrukteur;
   - indirekt im Unternehmen (als das übergeordnete System);
2. *Zielgebiet Wissenschaft:* Beantwortung wissenschaftlicher Fragen, wie zum Beispiel bei einer Forschung oder einer Dissertation;
3. *Zielgebiet Unterricht:* Verbesserung des Konstruktionsunterrichts in den Schulen.

Die Ergebnisse in allen diesen Gebieten sind sehr unterschiedlich ausgefallen, im Endeffekt zielten sie jedoch auf die Verbesserung der Praxis (erstes Zielgebiet). Auf diese Weise konnte gewiß keine kompakte Konstruktionswissenschaft entstehen und gestaltet werden. Es mußte ein weiteres Forschungsziel gesetzt werden, nämlich auf dem Gebiet der Wissenschaft (zweites Zielgebiet) ein geordnetes Wissenssystem für das Konstruktionsgebiet zu schaffen.

Dabei muß als Prämisse gelten, daß die Aufgabe der Konstruktionswissenschaft sich nicht nur auf die Lieferung von technisch-wissenschaftlichen Informationen für die Erzielung der wichtigsten technischen Eigenschaften beschränken kann (wie es überwiegend in den Ingenieurwissenschaften der Fall war), sondern daß sie vollständige Informationen über den Konstruktionsprozeß bieten soll, d.h. Informationen, mit denen man alle Eigenschaften des technischen Systems in optimaler Qualität wie auch den wirtschaftlichen Verlauf des Konstruktionsprozesses möglichst rasch verwirklichen kann.

Davon lassen sich dann folgende Teilziele ableiten:

- Erlangung optimaler Qualität der zu konstruierenden Technischen Systeme bezüglich aller ihrer Eigenschaften [93,157];
- Verkürzung der Konstruktionszeiten [40,41];
- Verminderung der Kosten des Konstruktionsprozesses [44];
- Herabsetzung der Risiken für Konstrukteure und Unternehmen;

- Verminderung des menschlichen Anteils der Routinearbeit im Konstruktionsschaffen und dadurch Bildung eines Raumes für schöpferische Arbeit;
- Erhöhung der Attraktivität der Konstruktionsarbeit für talentierte Ingenieure;
- Verkürzung der vollen Ausbildung (Reifezeit) der Konstrukteure;
- Schaffung der Wissensbasis für Computeranwendung im Konstruieren;
- Erfassen aller vorhandenen Informationen aus dem Unternehmen und Bilden eines speziellen Informationssystems;
- der Konstruktionsprozeß soll also wissenschaftlich durchdrungen werden, und die Grundlagen für Konstruieren von technischen Systemen, sei es ohne oder mit Computerunterstützung, sollen verbessert werden;
- ein explizites Ziel im Unterrichtsgebiet ist die Unterstützung der Lern- und Lehrbarkeit des Konstruierens und eine geeignete Unterbauung für das Erlernen des weiteren zum Konstruieren notwendigen Wissens (einschließlich Motivation).

Auch die Anforderungen der Wissenschaftstheorie müssen erfüllt werden, insbesondere:

- die Wissenschaft darf nur Aussagen (und Systeme von Aussagen) enthalten, die objektivierbar (in sprachlichen Formen ausdrückbar) sind und vom Fachmann verstanden werden können;
- diese Aussagen müssen auch durch die Praxis fortlaufend überprüft werden, wodurch ihre Qualität ständig erhöht wird.

4.5 Akzeptanz der Konstruktionswissenschaft

Ob und wie weit die hier vorgestellte Konstruktionswissenschaft akzeptiert wird, hängt von vielen Umständen ab. Vorbedingung seitens des Empfängers sind eine gewisse Selbst-Motivierungen, Offenheit zu neueren Einstellungen und Ansichten und genügende und geeignete Vorkenntnisse.

Diese Konstruktionswissenschaft ist bisher nur durch vorsichtige Bearbeitung auf interne Regelmäßigkeit und Konsistenz untersucht worden. Vorläufig hat keine andere Prüfung der vollen Konstruktionswissenschaft stattgefunden, es liegt also keine Erfahrung vor, denn die Vorlage dieses Buches ist die erste Bearbeitung. Einige Teilbereiche sind schon früher eingeführt worden, und sie haben als separate Teile einer gewissen Überprüfung standgehalten.

Für die Forschung auf den Gebieten von Konstruktionstheorie, Methodologie, Denkweisen, Erstellung von Arbeitsmitteln (Rechnerunterstützung) usw. sollte diese Konstruktionswissenschaft eine geeignete Taxonomie und gute Hinweise auf weitere Verarbeitungen liefern. Für den Unterricht sind schon einige Hilfsmittel vorhanden, und es besteht beschränkte Erfahrung. Dem Konstrukteur in der Praxis kann erst geholfen werden, wenn diese Theorie durch Umarbeiten des Wissens und Bereitstellung von besseren Anleitungen ausgebaut wird. Auch dann wird der größte Nutzen dort vorausgesehen, wo Neuerungen im Aufgabenfeld erarbeitet werden sollen – in den Konstruktionsphasen des Konzipierens und den Vorarbeiten dazu. Je näher die Aufgabe an Änderungen im Detail der Lösung heranreicht, desto kleiner ist voraussichtlich der Beitrag, welchen diese Konstruktionswissenschaft zu liefern befähigt ist.

Es muß aber auch klar sein, daß viele psychologische Barrieren vorhanden sind, welche gegen die Aufnahme der neueren Forschungen und Konstruktionsmethoden in die Ingenieurpraxis wirken [213]. Umarbeiten des Wissens und Bereitstellung von Anleitungen ist nur eine der notwendigen Voraussetzungen zur Akzeptanz, andere müssen auch erfüllt werden.

5 Konzeption der Konstruktionswissenschaft und ihre Methoden

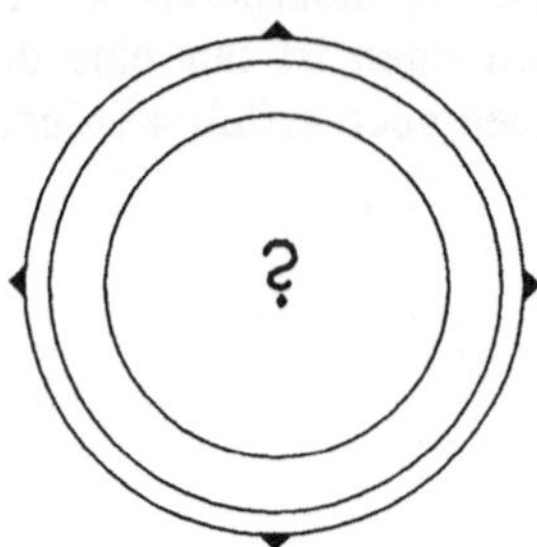

Die Konstruktionswissenschaft hat sich zum Ziel gesetzt, den Konstruktionsprozeß möglichst durchgängig zu erforschen und alles Wissen für und über Konstruieren zu ordnen und speichern. Um ein mögliches optimales System zu schaffen, müssen zwei wichtige Entscheidungen getroffen werden, nämlich:

1. über Inhalt, Elemente, Terminologie usw. und dadurch über die Grenzen des Systems und
2. über seine Struktur, Relationen, Taxonomie usw.

5.1 Zur inhaltlichen Konzeption der Konstruktionswissenschaft

Es wurde gezeigt, daß ein umfangreiches Wissen existiert, welches als *traditionelles Konstruktionswissen* bezeichnet werden kann. Sein Umfang kann nicht genau definiert werden, denn die Zugehörigkeit einzelner Wissenskategorien zum Konstruieren ist nicht eindeutig. Konstrukteure wissen auch, daß sie für das Konstruieren nur ganz bestimmte Teile des existierenden Wissens brauchen, wie z. B. aus der Festigkeitslehre, Fertigungstechnik u.a. Und auch diese Teile sind oft nur in einer Form erhältlich, die für das Konstruieren nicht direkt geeignet ist. Man muß das existierende Wissen sortieren und überarbeiten.

Daneben fehlen viele Erkenntnisse über technische Systeme und über Konstruieren, die wir allgemein als *Ergänzungen* benennen möchten. Es handelt sich dabei besonders um Konstruktionswissen, wie es in Kapitel 3 gezeigt wurde.

Aus diesen Überlegungen ergeben sich grundsätzlich vier mögliche inhaltliche Konzepte der Konstruktionswissenschaft, jedes mit ganz unterschiedlichem Umfang:

1. traditionelles Wissen plus Ergänzungen;
2. Auswahl aus dem traditionellen Wissen plus Ergänzungen;
3. überarbeitete Auswahl aus dem traditionellen Wissen plus Ergänzung;
4. Ergänzungen.

Das erste Konzept nimmt in die Konstruktionswissenschaft alle Ingenieurwissenschaften auf, was weder sinnvoll noch zweckmäßig wäre. Dazu wäre auch der Umfang übermäßig und unübersichtlich. Die Konstruktionswissenschaft will keine Konkurrenzdisziplin sein, sondern sie will eine Rahmendisziplin für die Einordnung des relevanten Wissens aus den anderen Gebieten liefern.

Im zweiten Konzept verbessert sich der Umfang, wenn man nur gebräuchliches Wissen auswählt. Immer aber entspricht hier die Form des Wissens noch nicht der Fragestellung der Konstrukteure.

Erst das dritte Konzept kann die Zielsetzung nach der Zustellung eines relevanten Wissens für das Konstruieren in geeigneter Form erfüllen.

Das letzte Konzept, in dem nur die Ergänzungen den Inhalt der Konstruktionswissenschaft bilden, ist attraktiv, weil kein Widerspruch zu der existierenden Ordnung entsteht. Zudem scheint die Erforschung des Konstruktionsprozesses die richtige Forschungsaufgabe zu sein. In diesem Sinne hat auch F. Hansen [132] seine Konstruktionswissenschaft konzipiert. Diese Auffassung wäre jedoch nur dann möglich, wenn Konstrukteure als einzige ausführende Kräfte des Konstruktionsprozesses angenommen werden. Dadurch entsteht jedoch keine vollständige Grundlage für die allgemeinen Transformationen von Informationen, wie sie im Konstruktionsprozeß vorkommen.

Unser Modell, wie es im weiteren beschrieben wird, beruht auf dem dritten Konzept. Das bedeutet: der Inhalt besteht einerseits aus dem vom globalen Wissensbestand ausgewählten und überarbeiteten Wissen, anderseits aus notwendigen „Ergänzungen" laut der gewählten Struktur (siehe Abschnitt 5.2). Dieses Wissenssystem muß eine logische, geordnete Gesamtheit bilden, in der sich die einzelnen Elemente gegenseitig befruchten und ihre Wirkung vervielfältigen.

Diese Lösung hat den Vorteil, daß die Ordnung der existierenden Wissenschaften nicht beeinträchtigt wird und trotzdem eine lebensfähige Disziplin entsteht, die ihre Mission erfüllen kann. Eine wichtige Konsequenz dieser Wahl (vergleiche auch Kapitel 6) ist, daß zahlreiche und enge Beziehungen zu vielen anderen Disziplinen entstehen, besonders zu den Ingenieurwissenschaften. Man kann auch von einer Bereicherung der Ingenieurwissenschaften durch die Konstruktionswissenschaft sprechen.

5.2 Zu Inhalt und Struktur der Konstruktionswissenschaft

Jedes System und damit auch Wissenssystem kann auf mehrere Weisen strukturiert werden. Die gewählte Struktur soll den Benutzern in jeder Situation eine sichere Orientierung bieten, damit sie schnell und zuverlässig die gesuchte Information fin-

Aspekte (Merkmale) von konstruktionswissenschaftlichen Aussagen	mögliche Ausprägungen		
	A	B	C
1 methodologische Kategorie	primär deskriptiv (d—Aussage)	primär präskriptiv (p—Aussage)	normativ (n—Aussage)
2 empirische Stützung	vorwissenschaftlich (Praxis —— Erfahrungen)	wissenschaftlich: singuläres "Verstehen"	wissenschaftlich: induktiv —— statistisch
3 Empfänger	zum Beispiel: Unerfahrene, Studenten	zum Beispiel: Lehrer, Forscher	zum Beispiel: Praktiker, Konstrukteure
4 Objektcharakter	das technische System	der Prozeß des Konstruierens	
5 Objektart (Komplexitätsstufe)	zum Beispiel sozio—technische Systeme	zum Beispiel technische Systeme	zum Beispiel Referenzobjekte der Ingenieurdisziplinen: — Maschinen — Bauten usw.
6 Urheber, Autor	Branchenzugehörigkeit	Stellung innerhalb der Organisation	Tätigkeitsbereich — Praxis — Forschung — Ausbildung
7 Zielsetzung des Autors	zum Beispiel weitgehende "Automatisierung" des Konstruierens	zum Beispiel bessere empirische Stützung einer Konstruktionsmethodik	usw.

Bild —— Morphologische Matrix zur Einordnung
konstruktionswissenschaftlicher Aussagen (nach [156]).

Inhalt der Matrix kann wie folgt charakterisiert werden [156]:

Methodologische Kategorie (Merkmal 1)

In deskriptiven Aussagen (A) wird ein Sachverhalt beschrieben (festgestellt, wie er erscheint) und/oder erklärt und begründet. Es wird also ausgedrückt, was ist, wie es ist, und warum es so ist oder erscheint. Oft ist nicht genau bekannt, was eigentlich der Fall ist, man kann nur oberflächliche Symptome eines Phänomens angeben. Ebenso können die kausalen Gründe für ein Phänomen im Dunkeln liegen. Erklärungen können sich auf vergangenes, gegenwärtiges oder zukünftiges Geschehen beziehen. In weitgehend deterministischen Systemen (einschließlich zum Beispiel alle sozio—technischen Systeme) können weder Vergangenheit noch Zukunft eindeutig erklärt oder prognostiziert werden. Theorien sind Systeme deskriptiver (darunter auch "gesetzesartiger") Aussagen, die einen größeren Objektbereich "regieren".

In präskriptiven Aussagen (B) wird vorgegeben, wie man einen vorgestellten Sachverhalt tatsächlich realisieren könnte ("Know—how"). Sie sind somit Anleitungen zum Handeln oder zur Verwirklichung gewünschter Strukturen und Funktionen unter Verwendung geeigneter Mittel. Wir bezeichnen generelle "Handlungsprogramme" als Methoden. Eine Methodik enthält außer Methoden eines Fachbereichs auch Angaben zu deren Verwendung und impliziert dadurch eine Anzahl von d—Aussagen über das Gestaltungsprojekt. Es gibt Aussagen, die sowohl deskriptiv als auch präskriptiv interpretiert werden können, beispielsweise die "heuristischen Prinzipien" oder gewisse Prinzipien technischer Gestaltung.

Normative Aussagen (C) sind verbindliche Anleitungen (Normen und Gesetze).

Empirische Stützung (Merkmal 2)

Vorwissenschaftlich (A) nennen wir Aussagen, die wenig systematisch und konsistent erscheinen oder nicht nachprüfbar sind oder bisher nicht nachgeprüft wurden. Viele Behauptungen aus der Praxis für die Praxis fallen in diese Kategorie.

Konstruktionswissenschaft: Ordnung konstruktionswissenschaftlicher Aussagen	Bild 5——1 Teil 1 von 2

<u>Wissenschaftlich: singuläres "Verstehen"</u> (B) nennen wir den sozialwissenschaftlichen Ansatz, der mittels einschlägiger Fallbeschreibungen und tiefbohrender Fallanalysen zu intersubjektiv akzeptablen Erfahrungshypothesen über seine Gegenstände gelangt (zum Beispiel in der Geschichtswissenschaft und in der Führungstheorie). Die Action—Research—Konzeption ist eine neuere Forschungsmethode auf diesem Gebiet.

<u>Wissenschaftlich: induktiv —— statistisch</u> (C) bezeichnen wir die Begründungsmethode der "empirischen Wissenschaften". Nach dem neueren Wissenschaftsverständnis ist <u>alles</u> Wissen hypothetisch und muß andauernd überprüft und neu gestützt werden. Die <u>statistische</u> Methode strebt nicht nach "wahren", sondern nach "<u>bewährten</u>" Erfahrungshypothesen.

Empfänger (Merkmal 3)

Wir unterscheiden Aussagen, die primär für Unerfahrene ("Novizen") und Studierende (A), für Lehrer oder Forscher (B) oder für Praktiker (C) bestimmt sind.

Objektcharakter (Merkmal 4)

Aussagen über "das Konstruieren" können sich auf zwei verschiedene <u>Phänomene</u> beziehen:
— auf das technische System (A) in seinen möglichen Zuständen von einer Idee, einem Plan oder Pflichtenheft bis zu einem Produkt,
— auf den Konstruktionsprozeß (B), in dem das technische System sukzessive Gestalt annimmt.

Objektart (Merkmal 5)

Die Aussage kann verschiedene Objektklassen betreffen, zum Beispiel
— beliebige sozio—technische Systeme (A),
— technische Systeme allgemein (B),
— Maschinen— oder Bau— oder Elektrosysteme, als Referenzobjekte verschiedener Ingenieurdisziplinen (C) mit ihren Produktefamilien, Komplexitäten, Konstruktionsschwierigkeiten u.s.w.

Urheber, Autor (Merkmal 6)

Alle Aussagen werden in hohem Maße beeinflußt durch die <u>Erfahrungen</u> und die <u>Stellung der Autoren</u>:
— aus welcher Branche sie stammen,
— welche Position (z.B. Anstellung) sie bekleiden,
— ob sie in der Praxis, in der Forschung oder im Unterricht tätig sind.
Das <u>Autorenprofil</u> ist bei der Interpretation konstruktionswissenschaftlicher Aussagen wichtig.

Zielrichtung des Autors (Merkmal 7)

Die übergeordnete Zielrichtung, die Konstruktionswissenschaftler in ihren Lehr— und Forschungswerken generell verfolgen, bestimmen die <u>Sicht</u> und Behandlung konstruktionswissenschaftlicher Phänomene. Beispielsweise können Autoren vom Oberziel der "weitgehenden Automatisierung" des Konstruierens (oder eines Teiles davon) ausgehen. Oder sie können das Ziel der "besseren empirischen Stützung einer Konstruktionsmethodik" verfolgen. Jede einzelne Aussage der Autoren wird daher eine bestimmte <u>Färbung</u> erhalten. Es ist deshalb von ausschlaggebender Bedeutung, daß die Interpretation von konstruktionswissenschaftlichen Aussagen die generelle Zielrichtung der Autoren berücksichtigt.

Literatur:

Hubka, V. u. Schregenberger, J.W., "Eine Ordnung Konstruktionswissenschaftlicher Aussagen", <u>VDI—Z</u> 131 (1989) Nr.3.
Hubka, V. u. Schregenberger, J.W., "Eine neue Systematik konstruktionswissenschaftlicher Aussagen —— Ihre Struktur und Funktion", in V. Hubka, J. Baratossy u. U. Pighini (eds), <u>WDK 16: Proceedings of ICED 88</u>, Budapest: GTE u. Zürich: Heurista, 1988, Vol. 1, S. 103—117
Hubka, V. u. Schregenberger, J.W., "Paths Towards Design Science", in W.E. Eder (ed), <u>WDK 13: Proceedings of the 1987 International Conference on Engineering Design</u>, New York: ASME, 1987, S. 3—14
Koen, B.V., <u>Definition of the Engineering Method</u>, Washington, D.C.: ASEE, 1985
Schurrman, E., <u>Reflections on the Technological Society</u>, Toronto: Wedge Publ., 1977

<table>
<tr><td>Konstruktionswissenschaft: Ordnung konstruktions— wissenschaftlicher Aussagen</td><td>Bild 5——1
Teil 2 von 2</td></tr>
</table>

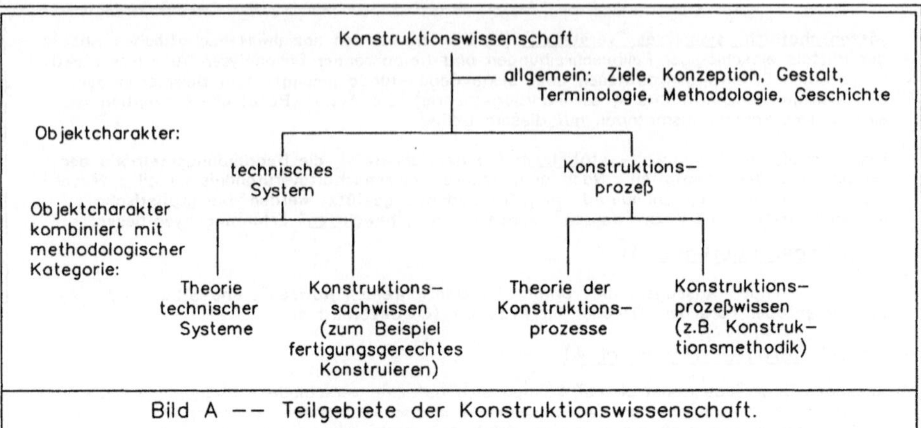

Bild A — — Teilgebiete der Konstruktionswissenschaft.

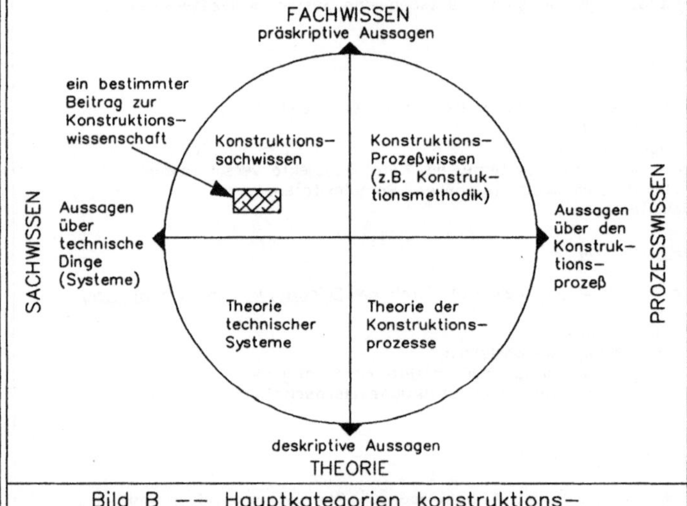

Bild B — — Hauptkategorien konstruktions- wissenschaftlicher Aussagen (nach [156]).

Die hierarchische Struktur der Konstruktions- wissenschaft zeigt Bild A auf Grund der zwei wichtig- sten Merkmale (Nr. 5 und 1) aus Bild 5——1. Zur besseren Übersicht und Einprägsamkeit zeigt Bild B eine "Landkarte" konstruktions- wissenschaftlicher Aussagen (nach [156]). Die vier Sektoren enthalten Aussagen, die in folgende Hauptkategorien eingereiht werden können [156]:

- <u>Deskriptive Aussagen über technische Systeme</u>: Die "Theorie technischer Systeme" beschreibt, erklärt und begründet die Strukturen, ihre Elemente, die Eigenschaften, Wirkungsweisen und Funktionen von technischen Systemen.
- <u>Präskriptive Aussagen über technische Systeme</u>: Das "Konstruktionssachwissen im engeren Sinne" umfaßt das Know—how bezüglich der Funktionserfüllung im realisierten technischen System, also das Wissen über die <u>Art und Weise</u>, wie technische Produkte konkret ausgelegt werden können oder müssen, um vorgegebene Funktionen zu erfüllen. Diese Aussagen finden ihre Stützung in den Ingenieurwissenschaften und in dem gesammelten heuristischen Wissen aus der Erfahrung und in einem weiteren Schritt in den reinen Wissenschaften, welche den Anschluß an die deskriptiven Aussagen über technische Systeme herstellen.
- <u>Deskriptive Aussagen über den Konstruktionsprozeß</u>: Die "Theorie der Konstruktions- prozesse" beschreibt, erklärt und begründet die Elemente, Eigenschaften, Reihenfolgen (Sequenzen) und Wirkungen (Erfolg) von tatsächlich beobachteten Konstruktionsprozessen in ihrem soziotechnischen Kontext, also mit Einschluß aller betrieblichen, organisator- ischen und Führungs—Aspekte.
- <u>Präskriptive Aussagen über den Konstruktionsprozeß</u>: Konstruktionsprozeßwissen enthält Hinweise über alle Operatoren des Konstruktionsprozesses. Besonders wichtig ist die "Methodik der Konstruktionsprozesse" (Konstruktionsmethodik) zeigt Wege zur

Konstruktionswissenschaft: Struktur	Bild 5——2 Teil 1 von 2

erfolgreichen Abwicklung von Konstruktionsprozessen im betrieblichen Kontext. Sie umfaßt im weiteren Sinne alle formalen und ideellen Hilfsmittel (einschließlich der Methoden), welche Konstrukteure anwenden können, um Konstruktionen auszudenken (zu erfinden), darzustellen (zu modellieren), zu berechnen, zu analysieren und zu bewerten.

Literatur:
Hubka, V. u. Schregenberger, J.W., "Eine Ordnung Konstruktionswissenschaftlicher Aussagen", VDI-Z 131 (1989) Nr.3.
Hubka, V. u. Schregenberger, J.W., "Eine neue Systematik konstruktionswissenschaftlicher Aussagen -- Ihre Struktur und Funktion", in V. Hubka, J. Baratossy u. U. Pighini (eds), WDK 16: Proceedings of ICED 88, Budapest: GTE u. Zürich: Heurista, 1988, Vol. 1, S. 103-117
Hubka, V. u. Schregenberger, J.W., "Paths Towards Design Science", in W.E. Eder (ed), WDK 13: Proceedings of the 1987 International Conference on Engineering Design, New York: ASME, 1987, S. 3-14
Hubka, V u. Ropohl, G., "Was ist ein technisches System? Zur Grundlegung der Konstruktionswissenschaft", VDI-Z 128 (1986), Nr.22, S. 864-874.
Stegmüller, W., Wissenschaftliche Erklärung und Begründung, Berlin: Springer, 1973.
Schregenberger, J.W., "Erfolgreicher konstruieren – aber wie?", Schweizer Maschinenmarkt (1986), Nr.23, S. 46-49.

Konstruktionswissenschaft: Struktur	Bild 5--2 Teil 2 von 2

den, und zwar sowohl Tatsachen (einschließlich Theorien und Hypothesen) wie auch Erklärungen. Die Elemente der Struktur definieren zugleich den Inhalt des Systems.

Für die Strukturierung kann vorteilhaft die Ordnung der konstruktionswissenschaftlichen Aussagen (Informationen) nach Hubka und Schregenberger [156] benutzt werden, so wie sie in Bild 5-1 dargestellt ist. Diese morphologische Matrix enthält die Merkmale (Aspekte) und ihre Ausprägungen, und der Begleittext des Bildes liefert Erklärungen dafür. Mit Hilfe der Ausprägungen können die einzelnen Aussagen charakterisiert und größere Aussagenkomplexe (z. B. Bücher) mindestens profiliert werden. Diese Orientierung erleichtert die Arbeit des Suchenden, denn Werke über das Konstruieren bringen oft viel Neben- und Ineinander von Aussagen mit ganz verschiedenem epistemologischem Status (wie etwa unbedachte Vermischung und Verwechslung deskriptiver mit präskriptiven Aussagen) und wecken deshalb beim Empfänger unter Umständen falsche Erwartungen.

Für den Aufbau der grundlegenden Struktur der Konstruktionswissenschaft wählen wir die *methodologische Kategorie* der Aussagen als erstes Merkmal und den *Objektcharakter* als das zweite Merkmal. Somit gelangen wir zu vier grundlegenden Klassen von Aussagen, um das gesteckte Ziel zu erreichen. Die wesentlichen Teile des Inhalts werden durch zwei Bestandteile aus dem Objektcharakter gebildet:

- Wissen über den Konstruktionsprozeß und seine Operatoren (Konstruktionssystem);
- Wissen über die konstruierten Objekte (Prozesse und Sachsysteme).

Jeder dieser Teile spaltet sich nach der methodologischen Kategorie auf in deskriptives (Theorie) und präskriptives Wissen.

Bild 5-2 enthält die dadurch abgeleitete hierarchische Struktur und die „Landkarte" der Konstruktionswissenschaft sowie eine ausführliche Beschreibung der einzelnen Klassen. Die angenommene strukturelle Gliederung ist sicher nicht die einzig mögliche, wie die schon aufgeführten Varianten gezeigt haben. Auch die weiteren Merkmale der morphologischen Matrix (Bild 5-1) können für zusätzliche Strukturierung von Aussagen-Wissen angewendet werden. So kann z. B. der Aspekt 2 – die empirische Stützung – zum Ordnungsmerkmal für die „wissenschaftliche Qualität" werden, und die Aussagen können in vorwissenschaftliche, wissenschaftliche und statistisch-wissenschaftliche Aussagen gegliedert werden. Eine solche Analyse wird in Kapitel 10 den Schwerpunkt bilden.

5.3 Arten der Konstruktionswissenschaft

Auch die anderen Merkmale der konstruktionswissenschaftlichen Aussage, wie sie in der morphologischen Matrix (Bild 5–1) mit ihren Ausprägungen spezifiziert sind, tragen zur Bestimmung des Inhalts und der Struktur jeder konstruktionswissenschaftlichen Abhandlung bei. Dadurch wird die grundlegende Orientierung für den Benutzer erleichtert (siehe Berufswissen, Abschnitt 9.2).

Zwei Aspekte sind für den Zweck der Benutzer von besonderer Bedeutung – der Empfänger (Merkmal 3) und die Objektart (Merkmal 5).

Je nach dem, an welchen Empfängerkreis sich die Abhandlung wendet, entstehen drei grundsätzliche Arten von konstruktionswissenschaftlichen Aussagensystemen:

1. *Konstruktionslehre*, für den Unterricht des Konstruierens bestimmt;
2. *konstruktionswissenschaftliche Abhandlungen*, vor allem an Forscher und Lehrer adressiert;
3. *Konstruktionshandbücher*, welche der Konstruktionspraxis dienen sollen.

Wie vom Inhalt, von zusätzlichem Wissen, so auch von anderen Aspekten her können sehr unterschiedliche Werke entstehen, welche den differenzierten Empfängerkreisen angepaßt werden. Die Konstruktionslehre nimmt unterschiedliche Inhalte, Formen und didaktische Anordnung an, je nachdem ob sie für eine technische Hochschule/Fachhochschule/Universität oder technische Mittelschule/Ingenieurschule/Gewerbeschule gefaßt wird. Ein Handbuch für den Konstruktionsingenieur unterscheidet sich beträchtlich von dem für einen Detailkonstrukteur.

Auch die Objektart (z. B. technisches System und dessen Komplexitätsgrad und Familie) prägt den Inhalt des Werkes entscheidend mit. Wir möchten folgende Grundarten der Konstruktionswissenschaft unterscheiden:

1. *allgemeine* Konstruktionswissenschaft, die sich mit dem Konstruieren von technischen Systemen (bzw. Maschinen- oder Bausystemen) befaßt. Natürlich sind die Aussagen sehr allgemein und abstrakt, sie haben jedoch eine sehr breite Gültigkeit. Ein besonderes Interesse für diese Art müssen die Forscher und Lehrer haben;
2. *spezielle* Konstruktionswissenschaft, die eine konkrete Produktfamilie als Konstruktionsobjekt behandelt. Diese Gruppen technischer Systeme (TS-Gruppen) bilden eine hierarchische Ordnung, die auch für die speziellen Konstruktionswissenschaften übernommen wird (vergleiche Abschnitt 1.3). Der Empfängerkreis dieser Gruppe besteht aus Mitarbeitern in der Praxis.

Alle Überlegungen, welche die Arten der Konstruktionswissenschaft betreffen, sind für die Konstruktionswissenschaft von Interesse und werden deshalb in den Kapiteln 8, 9 und 10 noch detaillierter behandelt.

In unserem Buch wollen wir vor allem die allgemeine Konstruktionswissenschaft wie auch ihren Einfluß auf die speziellen Disziplinen vorstellen und erörtern. Trotz der zentralen Stellung des technischen Systems als allgemeines Konstruktionsobjekt mit Gültigkeit in allen Branchen liegt der Schwerpunkt der zitierten Beispiele auf dem Maschinenbau, dem Fach der beiden Autoren des Buches. Diese Beispiele sollen aber den Leser nicht von der Allgemeinheit der Aussagen ablenken, sondern zur Applikation anregen [165,260].

5.4 Prinzipien für den Aufbau der Konstruktionswissenschaft

Neben der Anwendung wissenschaftlicher Methoden kann die Qualität der konstruktionswissenschaftlichen Aussagen durch die konsequente Anwendung einiger Prinzipien erhöht werden. Dadurch wird auch der Inhalt sowohl der Aussagen als auch der Ganzheit der Konstruktionswissenschaft qualitativ homogener.

Es handelt sich im besonderen um folgende Grundsätze, die auch als gewisse Vorgehenstaktik betrachtet werden können (die hierarchischen Beziehungen unter den Prinzipien werden nicht hier berücksichtigt):

1. anerkannte wissenschaftliche Prinzipien (und Methoden) sollen konsequente Anwendung finden (besonders aus dem Bereich der Naturwissenschaften); Beispiel: Als wissenschaftliche Methodik lassen sich die Denkprinzipien von Descartes bezeichnen und konsequent anwenden (siehe Bild 5–3);
2. das Wissen aller Wissensgebiete soll maximal ausgenützt werden, einschließlich Übertragung der Erfahrungen und Abstimmung des benötigten Wissens (in Neuheit und geeigneter Ordnung) auch aus relativ entfernten Gebieten;
3. das Ganzheitlichkeitsprinzip und die Systemtechnik sollen angewendet werden;
4. graphische Modelle, als vorteilhafte Sprache des Ingenieurs, sollen maximale Anwendung finden, zusammen mit wörtlichen Erklärungen und (wo dies möglich ist) mit geeigneten mathematisch-symbolischen Beziehungen;
5. eine breite Varietät von Lösungen für einzelne Probleme soll angeboten werden;
6. an die menschliche Arbeitstechnik und die maximale Anwendung technischer Mittel bis zum Computer soll konsequent gedacht werden, besonders in der Anpassung technischer Mittel an den Menschen und in Ausnützung der menschlichen Anpassungsfähigkeit;
7. die Anordnung und Form des vorgelegten Wissens soll der Denkweise beim Konstruieren entsprechen und jederzeit sichtbar und überschaubar (transparent) sein;
8. das Wissen soll in klarer, expliziter Form präsentiert werden, also kein oder möglichst wenig an Paradigma- oder Musterwissen aufweisen. Die Form soll auch die deduktive Ableitung für hierarchisch niedrigere Stufen von technischen

"Und wie sich mit der Menge der Gesetze oft die Gesetzwidrigkeiten entschuldigen lassen, so daß ein Staat weit besser geregelt ist, wenn er nur sehr wenige Gesetze hat, diese aber sehr genau befolgt werden, so glaubte ich, statt einer großen Anzahl von Regeln, aus denen die Logik besteht, an den folgenden vier genug zu haben, <u>unter der Bedingung, daß ich den festen und beharrlichen Entschluß faßte, sie stets zu befolgen.</u>

Die <u>erste</u> war: niemals eine Sache als (axiomatisch *) <u>wahr</u> anzunehmen, die ich nicht als solche sicher und einleuchtend erkennen würde, d.h. sorgfältig die Übereilung und das Vorurteil zu vermeiden und in meinen Urteilen nur soviel zu begreifen, wie sich meinem Geist so klar und deutlich darstellen würde, daß ich gar keine Möglichkeit hätte, daran zu zweifeln.

Die <u>zweite</u>: jede der Schwierigkeiten, die ich untersuchen würde, in so viele Teile zu <u>zerlegen</u> als möglich und zur besseren Lösung wünschenswert wäre.

Die <u>dritte</u>: meine Gedanken zu <u>ordnen</u>: zu beginnen mit den einfachsten und faßlichsten Objekten und aufzusteigen allmählich und gleichsam stufenweise bis zur Erkenntnis der kompliziertesten, und selbst solche Dinge irgendwie für geordnet zu halten, von denen natürlicherweise nicht die einen den anderen vorausgehen.

Und die <u>letzte</u>: überall so vollständige Aufzählungen und so umfassende <u>Übersichten</u> zu machen, daß ich sicher wäre, nichts auszulassen."

* ... zusätzliche Anmerkung der Autoren.

<u>Literatur</u>

René Descartes, <u>Discours de la méthode pour bien conduire sa raison et chercher la vérité dans les sciences</u>, Verlag Girardet

Die Denkprinzipien von Descartes	Bild 5——3

Systemen erlauben (als spezielle Konstruktionswissenschaften); Beispiel: Sollte man Studenten das Konstruieren von Maschinenelementen (ME_x) beibringen, dann kann man:

- zeigen, wie ME_y konstruiert wird, und als Aufgabe ME_x konstruieren lassen. Dabei kann der Transfer des Wissens zwischen x und y kurz oder länger sein, **oder:**
- erklären, wie ME allgemein konstruiert werden, dann Daten für die Klasse y angeben und nachfolgend ME_y konstruieren lassen.

Die zweite Ausführung ist diejenige, die wir empfehlen.

9. auf allen gezeigten Stellen soll die hierarchische Einordnung durchgeführt werden und Mengen, Teilmengen und hierarchische Strukturen gebildet werden.

5.5 Methoden der Konstruktionswissenschaft zur Gewinnung neuer Erkenntnisse

Der Erkenntnisweg von einer Hypothese ausgehend, welche Forscher verfolgen, wird als *Methode* im Bereiche einer Wissenschaft bezeichnet. Hypothesen sind hier wissenschaftliche Annahmen, welche die lückenhafte empirische Erkenntnis an einer bestimmten Stelle ergänzen und vertiefen oder verschiedene empirische Erkenntnisse zu einer Ganzheit verbinden. „Die wesentliche Funktion einer Hypothese besteht darin, daß sie zu neuen Beobachtungen und Versuchen führt, wodurch unsere Vermutungen bestätigt, widerlegt oder modifiziert werden, kurz gesagt, wodurch unsere Erfahrung erweitert wird," hat E. Mach (1926) trefflich geschrieben.

Wie in anderen Wissenschaften wird auch hier der wissenschaftliche Fortschritt dadurch vollführt, daß man:

1. vom Ganzen zu den Teilen schreitet (*Analyse*),
2. von den Teilen zum Ganzen gelangt (*Synthese*),
3. von Erfahrungen und Beobachtungen zu Begriffen, Ursachen, vom Besonderen zum Allgemeinen geht (*Induktion*) und/oder
4. vom Allgemeinen zum Besonderen vorgeht (*Deduktion*),

immer das eine am anderen prüfend. Somit wird das systematische Vordringen in die Wirklichkeit des Konstruierens (in Breite und Tiefe) die Vollständigkeit und Qualität der Erkenntnisse zur Folge haben. Diese vier Vorgehensweisen sind von gleicher Bedeutung, keine hat irgendwie Vorrang, weder in Forschung, noch in Anwendung oder Lehre.

So vollkommen schulmäßig hat sich der tatsächliche historische Weg zur Konstruktionswissenschaft sicher nicht gestaltet, weil ihr Ziel eigentlich relativ spät aufgesteckt wurde. Der Vorgang war eher, daß man in einer ersten Phase vom Wissen auf einigen Gebieten ausgegangen ist und erst dann das Modell einer allgemeinen Konstruktionswissenschaft aufgestellt hat (Induktion) und zugleich aus vorhandenen Teilen das Ganze aufgebaut hat (Synthese). Die Überprüfung des Modells geschah und geschieht mittels Analyse und Deduktion. Durch erneute Induktion und Synthese wurden Modifikationen angebracht, welche die festgestellten Mängel zu beseitigen versuchten.

Die zweite Phase war und ist die Füllung des Modells mit spezifischem Wissen, das in der gewünschten Form zur Zeit nicht vorhanden ist (vergleiche Abschnitt 4.1 – Ergänzung). Anderseits existiert als Quelle eine breite Wissensbasis, die als Erfahrung und „Know-how" in der Praxis angewendet wird (siehe Auswahl und Überarbeitung von Wissen, Abschnitt 7.2.2.6).

Der eine Weg in dieser zweiten Phase stellt die *Methode der Ableitung* (Deduktion) des präskriptiven Wissens von der Theorie dar. Die Voraussetzung hier ist die Existenz der Theorie. Dies kommt eher seltener vor, weil, wie es in der Technik des öfteren geschieht, zuerst die praktischen, präskriptiven Aussagen definiert (auf Grund von Erfahrung, d. h. ohne wissenschaftliche Begründung) und benutzt werden. Solche präskriptiven Aussagen können allerdings auch als Ausgangspunkt zur Theoriebildung, besonders als Grundlage für eine Hypothese dienen (Induktion).

Der andere Weg zur Füllung der strukturellen Teile mit Wissen geht von den Ingenieurwissenschaften aus, mit *Transformation* des vorhandenen Wissens in die gebrauchte Form (Formänderung). Wenn Anforderungen klar formuliert werden, sollte diese Methode keine wesentlichen Probleme bereiten. Andere kritische Fragen betreffen die Qualität und Vollständigkeit des vorhandenen Wissens.

Ein besonderes Forschungsgebiet (auch vom methodischen Gesichtspunkt her) bildet die *Konstruktionsmethodik*. Der Einsatz spezieller Methoden und Hypothesen wird gefordert, besonders wenn Algorithmen im Bereich des Konstruierens die für Computeranwendung (also ohne direkt angewendete menschliche Denkprozesse) gebildet werden sollen.

In der ersten Phase entstanden auf Grund von Selbstbeobachtungen und -erfahrung mehrere Methodenansätze. Die Vielschichtigkeit des Problems und die Eigenart des Gegenstandes der Untersuchung (= Konstruieren durch Menschen) wie auch die Anwendung in ausgedehnter Breite (Industriebranchen) haben zu großem Umfang der Methodik und Einsatz von speziellen empirischen Methoden geführt. Man darf bei der Beurteilung nicht vergessen, daß die Forschung meist von nicht spezialisierten Wissenschaftlern geleitet wurde, die ihre eigenen Erfahrungen (auf sehr unterschiedlichen Fachgebieten) mittels Selbstbeobachtung und verschiedenartigen Versuchen zu einem Wissenssystem zu verarbeiten versuchen. Dabei wurde dem methodischen Aspekt keine große Aufmerksamkeit gewidmet.

Erst in den letzten Jahren versucht man, diese Hypothesen durch strenge wissenschaftliche Experimente zu beweisen und besonders durch Vergleiche (z. B. ICED-Konferenzen) höhere Qualität zu erreichen. Man kann von einer zweiten Periode sprechen, in welcher ohne Zweifel auch ein Ziel der Konstruktionswissenschaft darin bestehen sollte, zu einheitlichen Methoden zu gelangen und auch weitere Methoden (wie z. B. die der mathematischen Logik, Semantik und Modelltheorie) intensiver in die Forschung über den Konstruktionsprozeß (das Konstruieren) heranzuziehen.

5.6 Verhältnis zwischen Methode, Gegenstand und Theorie

Enge Beziehungen bestehen, nach G. Klaus, zwischen Methoden, den Gegenständen (Objekten) der Betrachtung und der zugrundelegenden Theorie, wie Bild 5–4 zeigt. Die Theorie soll sowohl das Verhalten des Gegenstandes (mit genügender Genauigkeit) als auch die angewendeten Methoden beschreiben und begründen. Die Methode soll aber auch auf den Gegenstand abgestimmt sein. Diese drei Erscheinungen sind einander gleichwertig, keine hat grundsätzlich irgendwie Vorrang in Zeit oder Entwicklungsrichtung.

Ein gegenseitiges Spiel zwischen Gegenstand (und Phänomen), Theorie und Methode, eines am anderen verfeinert und überprüft, kennzeichnet normale menschliche und soziale Entwicklung und Fortschritt, deren Maßstab der Stand der Technik ist.

Für die Stellung heuristischer Methoden ist das jeweilige Verhältnis von Gegenstand, Methode und Theorie äußerst bedeutungsvoll. Wir zitieren Klaus:

"Sowohl Methode wie Theorie entspringen dem Phänomen des Gegenstandes."

Ist die Theorie eines Gegenstand—Bereiches ausgereift, so stehen Theorie und Methode eindeutig in solchem Verhältnis, daß die Methode auf der Theorie aufbaut. Die Theorie stellt fest, was tatsächlich der Fall ist, die Methode beschreibt, wie auf der Grundlage dessen, was der Fall ist, das wissenschaftliche oder praktische Verhältnis der Menschen vor sich zu gehen hat.

Wo noch keine umfassende Theorie vorhanden ist, ist das Verhältnis nicht so beschaffen. Man kann Methoden zur Handhabung von Dingen schon dann besitzen, wenn uns die Struktur dieser Dinge, oder die genaue Verhaltensweise noch nicht völlig bekannt ist (Kybernetische, neuere Auffassung). Die Methode kann durchaus den Charakter einer Input—Output—Beziehung haben (sogenanntes "Black—Box—Prinzip", erstmals formuliert durch Ashby 1956). Wir wissen, wenn wir in bestimmter Weise auf ein System einwirken, entstehen entsprechende Resultate. Die Theorie wird uns dann — oft viel später — darüber belehren, warum das so ist (gewissermaßen eine Interpretation der Input—Output—Relation).

<u>Schematische Darstellung</u>:

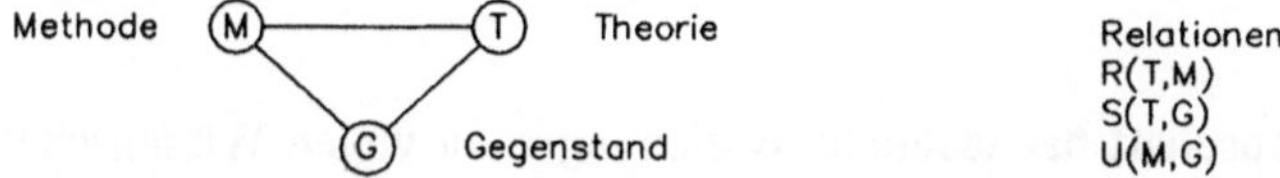

Zu zahlreichen aktuellen Problemgruppen fehlt eine entsprechende Theorie, welche abschließend die Methode für ihre Bearbeitung und Lösung erläutert. In solchen Problemsituationen muß die Methode, sehr oft eine heuristische Methode, vorerst der Erschließung des Problemfeldes und Problemstruktur dienen.

Da sich in der neueren Forschung derartige Problemsituationen häufen, steigt allgemein das Interesse an heuristischen Methoden.

<u>Literatur</u>:

Klaus, Georg, <u>Kybernetik in philosophischer Sicht</u> (4. Auflage), Berlin: Dietz Verlag, 1965
Ashby, W.R., <u>An Introduction to Cybernetics</u>, London: Methuen Univ. Paperbacks, 1968

| Verhältnis zwischen Methode, Gegenstand und Theorie. | Bild 5——4 |

6 Quellen des Wissens und Impulse für Konstruktionswissenschaft

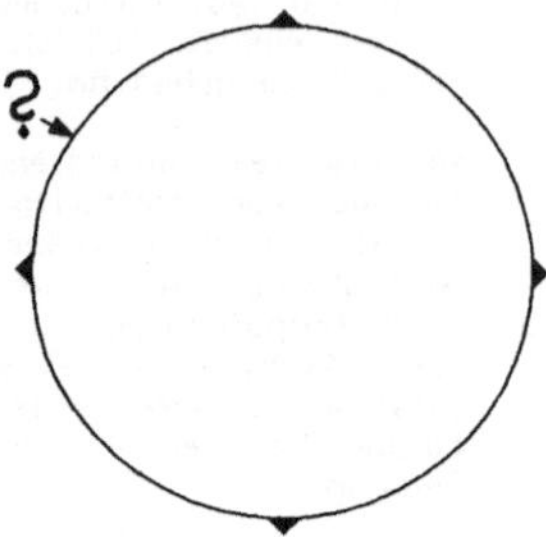

Die Konstruktionswissenschaft hat sachliche Beziehungen zu vielen Wissenschaften. Sie übernimmt viel Wissen aus anderen Disziplinen. So entstehen die Auffassungen zur Lösung der Konstruktionsproblematik nicht isoliert von anderen wissenschaftlichen Gebieten. Die Konstruktionswissenschaft ist also in ihrer Entwicklung nicht autonom, sie und die anderen Wissenschaften beeinflussen sich gegenseitig. Wir wollen einige bedeutende Wissensgebiete auswählen und ihre Einflüsse erwähnen.

6.1 Philosophie

Im Rahmen der Philosophie haben besonders die Erkenntnislehre und die Heuristik die Konstruktionswissenschaft bereichert. Als Philosoph hat z. B. J. Müller Kenntnisse dieser Gebiete genutzt (vergleiche „Systematische Heuristik", Abschnitt 2.4.6). Daneben diente auch die Ethik als Quelle für den ethischen Ingenieur-Kodex.

6.2 Psychologie, Soziologie

Die Konstruktionsaufgaben hat praktisch bis zum heutigen Tag immer der Mensch gelöst, mit Hilfe von „rein" mechanischen Arbeitsmitteln, welche keine eigenen Entscheidungsfähigkeiten besitzen. Es erstaunt also nicht, wenn die denkpsychologischen Erkenntnisse als Grundlage zur Entwicklung einer Konstruktionslehre benutzt werden, besonders im Bereich der Lösungsmethoden. Für die Arbeit in einer Gruppe sind hier die Erkenntnisse anwendbar, welche die Gruppenarbeit und Gruppendynamik liefern.

Mehrere Arbeiten von Psychologen werden von Konstruktionsforschern wiederholt zitiert (zum Beispiel A.F. Osborne, H.R. Gordon, A. Newell u. H.A. Simon, oder R.P. Crawford), siehe auch Abschnitte 2.4.3 und 3.1.7. Bild 6–1 zeigt eine kurze Übersicht solcher Ansätze.

Die Lernpsychologie ist ein wichtiges Teilgebiet, vertreten in der Literatur z. B. durch J. Piaget, R. Gagné, J.S. Bruner, R.F. Mager, B.S. Bloom, D.R. Krathwohl und A. Melezinek. Sie haben aber selten auf das Konstruieren direkten Bezug genommen. Innerhalb der Konstruktionswissenschaft beschäftigen sich vor allem die Lehrer des Konstruierens mit der Lernpsychologie.

Ein weiteres, für das Konstruktionswissen anregendes Gebiet der Psychologie ist die Motivationsforschung, welche für Konstruktionsmanager und für die Konstruktionsausbildung einschlägige Erkenntnisse liefern kann. Sie versucht auch, die zum Teil berechtigten Widerstände der Konstrukteure in der Praxis gegen Annahme methodischer Ansätze zu erklären [213].

6.3 Arbeitswissenschaft

Die Erkenntnisse des Studiums der persönlichen „Arbeitstechnik" oder der „Technik der geistigen Arbeit" bilden eine wichtige Bezugsquelle für die Konstruktionsforscher. Die verschiedenen allgemeinen Arbeitsprinzipien, wie z. B. die Planmäßigkeit oder das Verifikationsprinzip, können hier restlos übernommen werden [142,152,203].

6.4 Mathematik

G. Polya hat mit seinen Überlegungen „Schule des Denkens" (1949 aus dem Englischen „How to solve it" ins Deutsche übersetzt) wichtige Impulse auch für die Forscher in der Konstruktionswissenschaft gebracht, siehe auch Abschnitt 3.1.2.1. Die Suche nach allgemeinen Gesetzen in den Ingenieurwissenschaften, aber auch im Konstruktionsfeld, haben immer die Mathematik als das wichtigste Werkzeug betrachtet. Die steigenden Ansprüche an Entscheidungen und Darstellungen haben immer intensiver zur Ausnützung der „alten" wie auch der „neuen" Methoden der Mathematik geführt. Nennen wir hier vor allem die mathematische Logik, Mengenlehre, Kombinatorik, Statistik, Graphentheorie, Unscharfe Mengen („fuzzy sets"), Clusteranalyse und viele andere. Neuerdings werden auch andere Einzugsgebiete zur Mathematik gezählt, wie zum Beispiel Entscheidungstheorie, Optimierung und Operations Research, die in der Konstruktionswissenschaft auch Anwendung finden.

Wissenschaftliche Methode

Die klassische Analyse der wissenschaftlichen Methode nach <u>Dewey</u> ist durch die folgenden fünf Schritte erläutert:
1) Auftreten einer Schwierigkeit;
2) Definition dieser Schwierigkeit;
3) Auftreten einer vermutlichen Erklärung oder einer möglichen Lösung;
4) rationale Ausarbeitung einer Idee;
5) Bestätigung einer Idee und Formulierung einer schlüssigen Überzeugung.

Schritte 2, 4 und 5 sind offensichtlich als rational anzusehen und können daher durch Computer ausgeführt werden. Schritt 3 ist nach Dewey irrational und braucht eine andere Art von "Black—box". Dies ist genau die Art, in welcher der Computer sich vom menschlichen Gehirn unterscheidet und weshalb das Gehirn für diesen dritten Schritt das geeignetste Werkzeug ist.

Inkubation

Nach <u>Wallas</u> kann Problemlösen durch ein Verfahren mit vier Etappen unterstützt werden.
1) Vorbereitung;
2) Inkubation;
3) Erleuchtung ("Illumination");
4) Verifikation.

Während der Vorbereitung wird das Gehirn mit allen zuteffenden Fakten programmiert. Sind diese einmal aufgenommen, dann wird das Problem vom Bewußtsein ausgeschieden, damit Inkubation im Unterbewußtsein arbeiten kann. Andere geistige oder körperliche Tätigkeiten sollen während dieser Zeit unternommen werden. Der kreative Sprung zur "Illumination" kann jederzeit eintreten, ist aber meist dann zu erwarten, wenn Gehirn und Körper entspannt sind. Der Hinweis zu einer Lösung aus dieser "Illumination" muß auf jeden Fall einer eingehenden Verifikation unterzogen werden.

Hierarchie der Denkstrategien

Im Modell des Entscheidungsprozesses nach <u>Wales, Nardi und Stager</u> sind die Schritte wie folgt:
1) Problemsituation festlegen (nach Art eines Schauspieles):
    — Wer ist beteiligt? (Spieler)
    — Welche Dinge sind beteiligt? (Requisiten, Hilfsstücke, Kulissen)
    — Was geschah? (Handlungen)
    — Wann geschah es? (Szenen)
    — Wo geschah es? (Szenen)
    — Warum ist es geschehen? (Ursachen)
    — Wie bedeutsam ist es? (Wirkungen)
2) Ziele darlegen;
3) Ideen hervorbringen;
4) einen Plan vorbereiten;
5) handeln.

Der skizzierte Handlungsplan ist den Grundoperationen in Bild 7——12 ähnlich. Diese Reihenfolge stellt die unterste Stufe einer Hierarchie von Denkstrategien dar:

```
Zwecke:         Interne und externe Kommunikation      ——> dienen den Denkfertigkeiten
Fertigkeiten:   Kreatives Denken —— kritisches Denken   ——> dienen den Denkarten
Arten:          Analyse —— Synthese —— Evaluation        ——> dienen den Denkoperationen
Operationen:    Situation festlegen —— Ziele darlegen    ——> dienen der wirkungsfähigen
                —— Ideen hervorbringen                       Person beim Problemlösen
                —— Plan vorbereiten —— handeln
```

Literatur:

Gregory, S.A. (Hrsg.), <u>The Design Method</u>, London: Butterworth, 1966
Wallas, G., <u>The Art of Thought</u>, London: Cape, 1926 (Neudruck 1931)
Wales, C., Nardi, A, & Stager, R., <u>Thinking Skills: Making a Choice</u>,
    Morgantown, WV: Center for Guided Design, 1986

<table>
<tr><td>Problemlösen in Psychologie und Pädagogik</td><td>Bild 6——1</td></tr>
</table>

6.5 Kybernetik

Dieses Gebiet wurde mit Norbert Wiener's: „Human Use of Human Beings" [304] eingeleitet. Darauf aufbauend bringen „Das kybernetische Denken" (insbesondere das Systemdenken) und Erkenntnisse aus weiteren Bereichen (zum Beispiel aus der allgemeinen Systemtheorie G.J. Klir, 1969) Anstöße für viele Gebiete der Konstruktionswissenschaft, unter anderem auch für das Modellieren (zum Beispiel G.J. Klir: „Cybernetic Modelling," 1965). Eine andere Art von Bedürfnissen kann durch Informationssystem und Datenverarbeitung erfüllt werden.

Auch für den Konstruktionsunterricht hat die „Kybernetische Pädagogik" ihre Bedeutung (H. Frank, 1969). Der Kybernetik können auch die angewandten Disziplinen zugeordnet werden, wie zum Beispiel „Systems Engineering" (unter anderen A.D. Hall, 1962, S.M. Shinners, 1967). Im Zusammenhang mit den Einflüssen der Technik und der Gesellschaft wurde die sozio-technische Systemtheorie von G. Ropohl (1979) entwickelt, welche in gewissem Sinn zur Soziologie übergreift, siehe auch Abschnitt 3.1.2.1.

6.6 Informatik

Die neue Disziplin konfrontiert die Konstruktionsforscher mit neuen Fragestellungen, wenn sie die Logik für den „dummen" Computer ausbauen. Die Erfahrungen mit dem Computereinsatz kommen nicht nur den Forschern, sondern auch Konstrukteuren bei der Anwendung zugute. Neue Begriffe wie „künstliche Intelligenz", und „Expertensysteme" (wissensbasierte Systeme) haben sich bereits eingebürgert.

6.7 Management

Der Konstruktionsprozeß muß in seinem Ablauf organisiert und gesteuert werden. Da können Managementmethoden und -erkenntnisse wesentlich zu richtigen Lösungen beitragen. Die Managementfragen wurden zum Beispiel von D.J. Leech: „Management of Engineering Design" (1972) verarbeitet. Management wurde oft auf den ICED-Konferenzen diskutiert, besonders in bezug auf die Konstruktionsführung. Die Methoden QFD („Quality Function Deployment"), TQM („Total Quality Management"), gleichzeitige Konstruktion („simultaneous engineering" oder „concurrent engineering"), Produktstrategien [40,41] usw. stehen auch im Grenzgebiet zwischen Management und Konstruktion.

6.8 Erfindungslehre

Erfindungslehre verfolgt ähnliche Ziele wie Konstruktionsmethodik. Die wichtigsten Vertreter sind schon in der historischen Übersicht erwähnt (Abschnitte 3.1.8 und 3.1.9) W. Ostwald, „Die Lehre von Erfinden", 1932, K. Backovsky (1963), und Altschuller (1969 u. 84).

6.9 Zusammenfassung

Bild 6–2 zeigt einerseits die vielen Impulsquellen, anderseits die Rolle der Konstruktionswissenschaft als Verdichter/Umsetzer und Entwickler von Informationen für die Lehre und die Praxis sowie für die Bereiche, in welchen die Kompetenz der Konstrukteure schließlich wurzelt. Wir betrachten nur den Informationsfluß in der einen Richtung von Quelle zu Empfänger und vernachlässigen alle Interaktionen und Koppelungen (besonders auch die Rückkopplungen) in diesem Wissenssystem.

Im Bild sind die zwei wichtigen Richtungen der Informationsumwandlung deutlich:

- Kenntnisse einiger Disziplinen werden in der Konstruktionswissenschaft konkretisiert: Mathematik, Philosophie, Biologie, Soziologie, Physik, Geometrie, Chemie, Kybernetik, Psychologie, Kunst, Mechanik, darstellende Geometrie, Erkenntnistheorie, Medizin, Ökonomie, Optik, Heuristik, Arbeitswissenschaft, Akustik;
- Kenntnisse anderer Disziplinen werden verallgemeinert: Technische Wissenschaft: Festigkeitslehre, Thermodynamik, Fertigungstechnik, Werkstofflehre usw., Industrial Design, Konstruktionswissenschaften in anderen Gebieten, angewandte Forschung in Betrieben usw., praktische Erfahrung in Konstruktion, Fertigung, Betrieb der Maschinensysteme usw., spezielle Konstruktionswissenschaften; allgemeine Konstruktionswissenschaft im Maschinenbau.

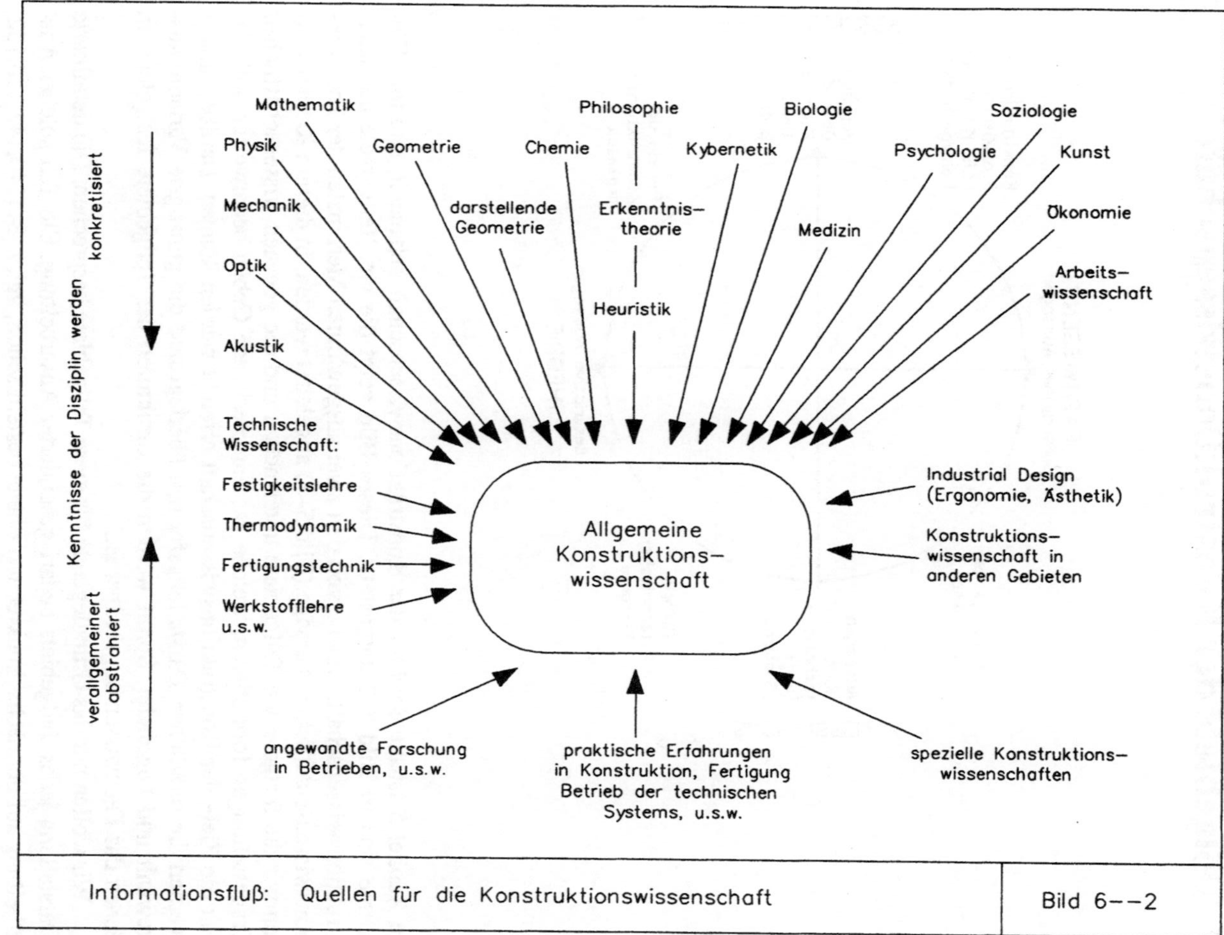

Informationsfluß:　Quellen für die Konstruktionswissenschaft

Bild 6--2

7 Teilgebiete der Konstruktionswissenschaft

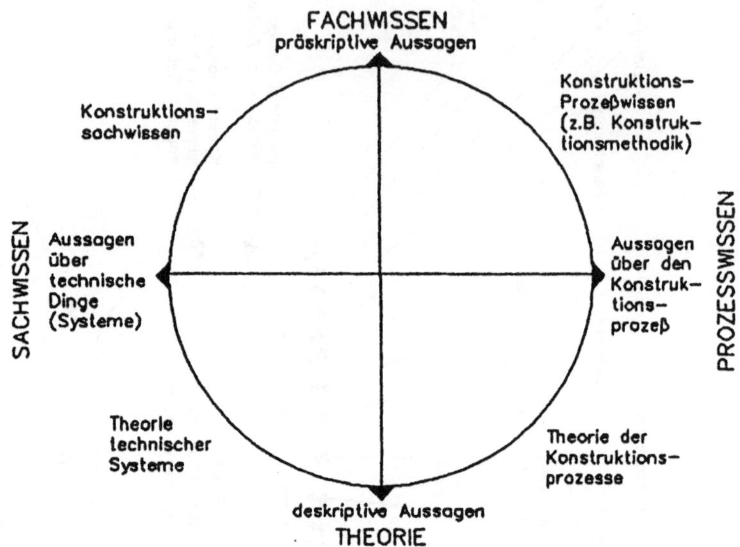

In Kapitel 5 ist die Struktur der Konstruktionswissenschaft behandelt, und ihre Elemente sind in Bild 5–2 dargestellt. Dieses Bild zeigt die vier Teilgebiete der Konstruktionswissenschaft, welche von den zwei ausgewählten Merkmalen der konstruktionswissenschaftlichen Aussage (Bild 5–1) abgeleitet wurden. In diesem Kapitel wollen wir die festgelegten Teilgebiete untersuchen und die genauen wissenschaftlichen Fragestellungen formulieren, welche das entsprechende Gebiet beantworten soll, damit die Ziele der Konstruktionswissenschaft erreicht werden können. Darüber hinaus werden die möglichen Darstellungsformen überlegt und die günstigste Variante ausgewählt und begründet. Somit werden die Strukturen der Teilgebiete festgelegt, in denen das Fachwissen angeordnet ist.

Wir wollen nur das Grundlegende für diese Teilgebiete besprechen. Die detaillierte Darstellung jedes Teilgebiets bedarf gesonderter Ausarbeitung. Ein Teil solcher Ausarbeitung auf der nächst konkreteren Ebene besteht schon, vgl. z. B. [140,142,150,152, 153].

7.1 Theorie technischer Systeme (TTS)

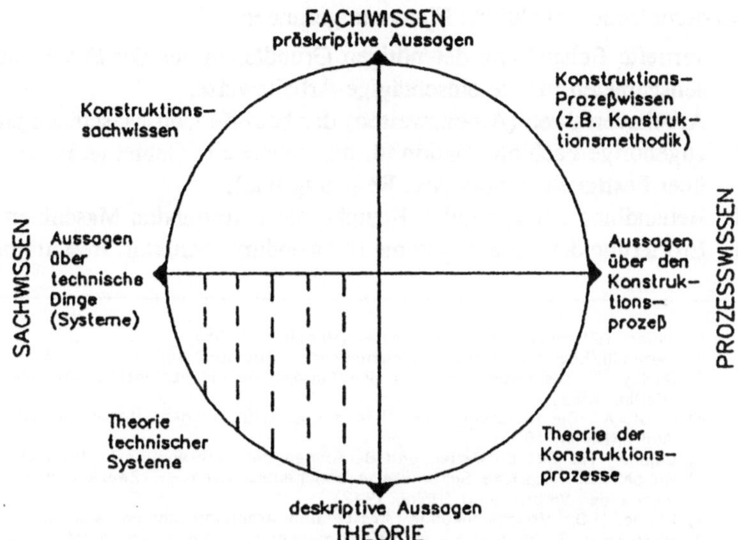

Ein Teilgebiet der Konstruktionswissenschaft – TTS – soll das Objekt des Konstruierens (= technisches System) beschreiben, erklären und begründen, und zwar von
allen für das Konstruieren bedeutenden Gesichtspunkten her. Diese deskriptiven Aussagen betreffen in erster Linie die Transformation und die Auswirkungen technischer
Systeme auf die Operanden, die Wirkweise (interne Arbeitsweise des technischen Systems), Aufbaustrukturen und Aufbauelemente, verschiedene Möglichkeiten des Modellierens von technischen Systemen, ihre Eigenschaften, aber auch ihre Entstehung
und Entwicklung.

7.1.1 Die früheren Formen der Wissenssysteme über Objekte des Konstruierens

Ein solches Wissenssystem (Theorie technischer Systeme – TTS) auf dieser hohen
abstrakten Ebene ist übergeordnet zu den heute existierenden Wissensgebieten, welche überwiegend die einzelnen TS-Familien behandeln. In Bild 7–1 sind einige typische Werke früherer Epochen aus diesem Bereich zusammengebracht, um schnell
(auf Grundlage maschinenbaulicher Systeme) die Vielfalt dieser Literatur zu zeigen.

Ähnliche Aufstellungen sind möglich und zugänglich für andere Gebiete der Technik, wie z. B. chemischen Apparatebau, Bauingenieurwesen (Hoch-, Tief- und Wasserbau), elektrische Maschinen, Elektronik usw. Man kann bereits nach den Titeln auch die inhaltliche Mannigfaltigkeit ersehen, die abhängig von dem angesprochenen Leserkreis und ihrem Gebrauch entstand. Auf Grund detaillierter Analysen der Inhalte von mehr als 50 Büchern (einschließlich der Titel in Bild 7–1) hat man folgende sich wiederholende, inhaltliche Elemente gefunden:

1. vertiefte Behandlung der nötigen Grundlagen aus der Physik oder anderen Wissensgebieten für die einschlägige Arbeitsweise;

2. Arbeitsverfahren (Arbeitsweisen) der betreffenden Maschinengattung;

3. zugehörige Fachinformation für das behandelte Gebiet (z. B. spezifische Probleme über Festigkeit, Werkstoffe, Regelung u.a.);

4. Behandlung der speziellen Bauteile der betreffenden Maschinengattung;

5. Erörterung der Gesamtsysteme (Anwendung, Struktur, Beschreibung, Bewertung).

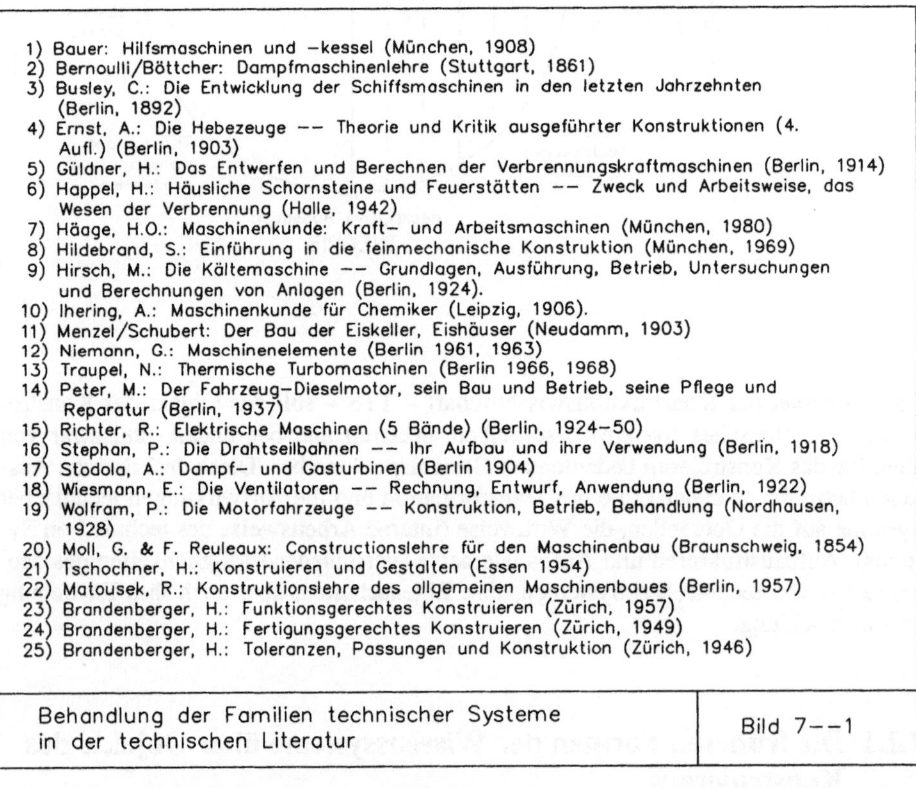

Behandlung der Familien technischer Systeme in der technischen Literatur

Bild 7––1

Die einzelnen Werke behandeln diese Elemente in Umfang und Tiefe sehr unterschiedlich. Wenn zum Beispiel bei den thermischen Turbomaschinen die Kenntnisse über Thermodynamik und Strömungslehre den überwiegenden Teil ausmachen (also inhaltliches Element 1), so wird in anderen Bereichen, wie zum Beispiel bei Hebezeugen, das Gewicht auf die Behandlung der Teil- und Gesamtsysteme gelegt (also inhaltliche Elemente 4 und 5).

Die Analyse zeigt, daß viele bedeutende Fragen unbeantwortet bleiben oder nur als einzelne Bemerkungen auftreten, wie zum Beispiel Angaben über Betriebseigenschaften (z. B. Zuverlässigkeit, Lebensdauer, Wartungseignung), über das Aussehen, ergonomische und wirtschaftliche Eigenschaften oder Transport- oder Verpackungseignung der Produkte.

Noch unbefriedigender fällt die Bilanz aus, wenn einige Werke, die die Autoren als Konstruktionslehre bezeichnen, keine (oder nur sehr spärliche) Anleitungen zum Vorgehen beim Konstruieren enthalten. Auch weitere relevante Aussagen, zum Beispiel über den Konstrukteur, über Darstellungsmethoden, Arbeitsmittel, Organisation, Administration und ähnliche Fragen bleiben oft unerwähnt (z. B. [81,99]).

Die Fachbücher über einzelne Fachgebiete des Maschinenbaus lassen sich grundsätzlich in drei Kategorien einordnen, die charakteristische Merkmale aufweisen:

- *Theoretische Maschinenlehre* analysiert wissenschaftlich die Gesetze von Transformationen (Arbeitsverfahren als Kausalkette) innerhalb der Maschine (dem technischen System) und weiters einige Mittel und Bedingungen für ihre Verwirklichung. Dazu gehören zum Beispiel die Werke 2, 4, 12, 13, 15 und 17 aus Bild 7–1.

- *Allgemeine Maschinenlehre* behandelt die vorhandenen Maschinen oder Maschinenfamilien, indem sie diese beschreibt und ihren Zweck (teleologisch) nachzuweisen versucht. Es werden als Konstruktionsarten verschiedene Bauweisen und Aufbauklassen gezeigt. Als Beispiele kann man die Titel 6, 9, 11, 16 und 18 aus Bild 7–1 nennen.

- *Maschinenkunde* vermittelt in einfacher, verständlicher Form die Kenntnisse über eine TS-Gattung. Der Leser braucht keine tiefgehenden Vorkenntnisse zu haben, oder sie werden ihm in unkomplizierter Weise vorgelegt. Die Behandlung in einzelnen Werken ist nicht gleich tiefgreifend. Als Beispiele können die Titel 7, 10, 14 und 19 aus Bild 7–1 dienen.

Die Grenzen zwischen den einzelnen Kategorien sind fließend, denn der Inhalt der Bücher ist nicht homogen, und auch die Definitionen lassen breitere Grenzgebiete zu. Jedenfalls werden die Bücher in der „Landkarte", Bild 5–2, in der linken (westlichen) Hälfte teilweise diskutiert.

Für uns ist besonders interessant, welche der Kategorien sich als Wissenssystem für das Konstruieren eignen. Man kann besonders die theoretische Maschinenlehre (für die Analyse behilflich) als ein direkt für Konstrukteure bestimmtes Werk bezeichnen (was selbstverständlich den Zugang auch für andere Professionen nicht ausschließt). Teilweise kann auch die allgemeine Maschinenlehre für das Konstruieren wertvolle Fachinformationen liefern, besonders der verschiedenen Ausführungsarten und der oft guten Übersichten wegen. Die Maschinenkunde kann unter Umständen den Einstieg in ein neues Fachgebiet erleichtern.

Zusammenfassend kann man feststellen, daß die existierenden Wissenssysteme (besonders Bücher) über Objekte des Konstruierens (= Verfahren und technische Systeme) nur für einige Fachgebiete zur Verfügung stehen und auf der Ebene geblieben sind, auf welcher sie den Sinneswahrnehmungen zugänglich sind. Die Verarbeitungen differieren zu sehr in Inhalt, Form und Tiefe, jedenfalls decken sie nicht (oder nur in einzelnen Teilgebieten) den Informationsbedarf des Konstrukteurs.

7.1.2 Frühere Versuche, mehr abstrakte Wissenssysteme im Bereich von technischen Systemen zu bauen

Die in dem letzten Abschnitt beschriebenen Sachwissenssysteme (auch Bild 7–1) auf der Ebene der Familien technischer Systeme (TS-Familien) sind nicht allein Vorgänger der TS-Theorie. Es entstanden, jedoch sehr spärlich, auch mehr abstrakte Werke, wie zum Beispiel die Theorie der Maschinen und Mechanismen (TMM).

Gestützt auf Artobolevskii [53,54], wurde die Theorie auf Werken von P. Willes, P.L. Chebyshew und F. Reuleaux in der zweiten Hälfte des 19. Jahrhunderts aufgebaut. Seit dieser Zeit werden drei Gebiete der Theorie der Maschinen und Mechanismen entwickelt: Mechanismensynthese (Getriebesynthese), Maschinendynamik und Automatentheorie. Diese bilden bis heute den Inhalt dieser Disziplin. Es ist bereits aus dieser Inhaltsaufzählung ersichtlich, daß diese Theorie nur fragmentarisch die notwendige Fachinformation vermittelt, weil sie nur auf momentane Probleme reagierte. Es besteht kein Zweifel, daß in der Wirkungszeit von Reuleaux besonders Kinematik und Getriebeproblematik die Hauptprobleme der Maschinenbauer darstellten, so wie später die Dynamik und noch später die Automatik. Sie boten jedoch nicht die komplexe Antwort auf die Konstruktionsbedürfnisse, und darüber hinaus gehören diese Disziplinen nicht direkt in die Konstruktionswissenschaft, sondern in die Ingenieurwissenschaften. Auch wenn die Abgrenzungen zwischen diesen zwei Wissenszweigen, der Konstruktionswissenschaft und den Ingenieurwissenschaften, nicht ganz scharf sind, handelt es sich um eine Problematik der Vollständigkeit des Inhalts bezüglich Konstruieren.

Die Bestandsaufnahme der allgemeinen Maschinentheorie wäre nicht vollständig, wenn nicht einige Versuche präsentiert würden, die in Richtung der allgemeinen und ganzheitlichen Betrachtungsweise der „Maschine" gehen. Es sind dabei drei Tatsachen charakteristisch:

- einmal die Anlehnung an die Kybernetik und besonders die Systemtheorie,
- zweitens die Versuche, neue Begriffe für die „abstrakte Maschine" zu schaffen und
- drittens die Verbindung mit dem Konstruieren herzustellen.

In England wurde bereits 1962 von Gosling [123] der Ausdruck „Engineering System" für sehr verschiedenartige und komplexe technische Gebilde benützt (vergleiche Abschnitt 3.1.3). Eine genaue Abgrenzung ist jedoch nicht angegeben. Die vorgebrachte Theorie beschränkt sich auf die Terminologie, die grundsätzliche Systematik der Hauptbegriffe und die Darstellung und Modellierung (inklusive algebraischer und topologischer Modelle).

7.1.3 Inhalt des Teilgebietes Theorie technischer Systeme

Das Ziel in diesem Teilgebiet ist die Schaffung eines kompletten, deskriptiven Wissenssystems über technische Systeme. Die Struktur des Wissenssystems auf dieser hohen Ebene der Abstraktion soll dann auch als inhaltliches Modell für die Ausarbeitung der Wissenssysteme auf niedrigen Ebenen, z. B. für TS-Gattungen, dienen.

7.1.3.1 Grundlegende Terminologie

Zuerst müssen wir die wichtigsten Begriffe möglichst genau klarstellen und so sukzessiv die wissenschaftliche Sprache des Gebietes (im Unterschied zur Umgangssprache) entwickeln. Es herrscht nämlich eine falsche Überzeugung, daß mehrere Begriffe „klar" seien.

Am Beispiel des Begriffes „Maschine" zeigen wir, daß die Selbstverständlichkeit, mit welcher dieser Terminus gebraucht wird, nicht berechtigt ist. Dies entdeckt jeder, der einige Enzyklopädien, Lexika, Fachbücher oder Fachaufsätze aufschlägt, um nach Definitionen zu suchen. Wenn wir in Erinnerung rufen, daß die Definition durch Aufzählen der Merkmale den Begriff darzustellen hat, wäre die erste Bedingung, daß mindestens die Klassen der Merkmale übereinstimmen. Leider kann generell die Nichterfüllung dieser Bedingung postuliert werden; dies ergibt sich auch bezüglich unserer „Maschine" bei Überprüfung von ungefähr dreißig Unterlagen aus sechs Ländern; die Lexika gehörten sowohl den allgemeinen Gebieten als auch den einzelnen Fachgebieten an (z. B. [1,7,9,10,11,13,171]). Bei diesen Definitionen kann festgestellt werden, daß insgesamt sechs Klassen von Merkmalen erwähnt sind.

Bei der „Maschine" erwähnen zwar die meisten (aber nicht alle) Definitionen den Zweck, manchmal jedoch mit relativ ungenauer Beschreibung (zum Beispiel Ausführung von verschiedenartigen Operationen), aber andere Klassen der Eigenschaften werden lediglich bei einigen Definitionen gebraucht. Dies allgemein zur Terminologie.

Dieses Buch wollen wir nicht mit vielen Definitionen belasten, deshalb beschränken wir uns auf die grundlegenden Fachbegriffe (Termini technici).

Ohne vorläufig eine genaue Definition des Begriffes „technisches System" zu präsentieren (was sicher an dieser Stelle angebracht wäre), wollen wir uns mit der Behauptung begnügen, daß *technisches System* ein *Oberbegriff* für alle technischen Dinge bleibt (wie Haus, Maschine, Telefon), bis dann weiter und präziser der Begriff definiert wird.

7.1.3.2 Zweck, Aufgabe technischer Systeme

Frage:
Wozu dienen technische Systeme, und welche sind ihre Aufgaben?

Zweck und Aufgabe technischer Systeme lassen sich vorteilhaft vom „Modell des Transformationssystems" ableiten. Bild 7–2 definiert die grundlegenden Begriffe und geht von folgenden Prämissen aus:

1. die breiten Bedürfnisse von Menschen werden durch ganz bestimmte Zustände von Menschen, Dingen, Energie und Information (innerhalb einer gegebenen Umgebung) befriedigt;
2. die gewünschten (unter 1 genannten) Zustände sind meist nicht vorhanden und werden durch Transformationsvorgänge von existierenden Zuständen erreicht. Unser Leben wird denn auch durch unzählige Transformationen gekennzeichnet.

Die Transformationsvorgänge laufen in einem (oft komplizierten) Transformationsprozeß ab. Ein solcher Transformationsprozeß kann unterteilt werden bis hin zu

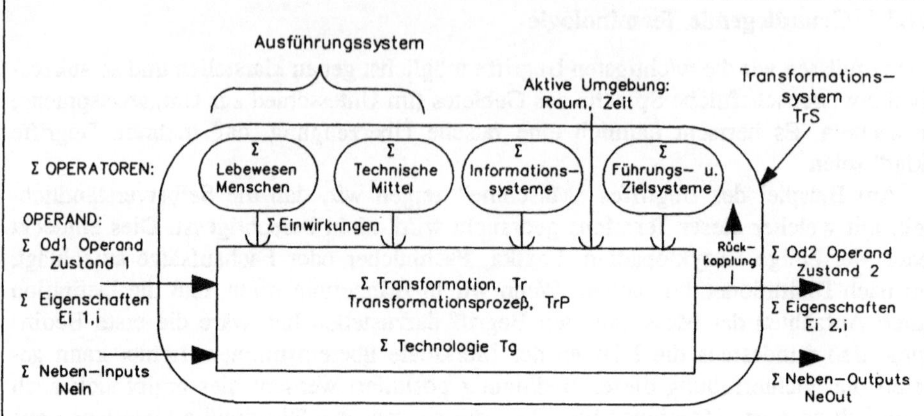

- Transformation (Tr) (auch Umwandlung) —— ändert bestimmte Eigenschaften des Operanden (passives Glied) des Prozesses. Sie entsteht als Wechselwirkung von Transformations—Gegenstand und —Mittel.

- Operand (Od) — WAS wird transformiert? —— (auch Gegenstand) wird im Transformationsprozeß verändert von einem Input—Zustand zu einem anderen (meist gewünschten) Output—Zustand (passives Glied der Wechselwirkung).

- Zustand —— Summe (Vektor) der Werte aller Eigenschaften (Ei) eines Systems in einem gegebenen Zeitpunkt. Beim Beobachten wird der Zustand nur von einer gewählten Gruppe der Eigenschaften angegeben.

- Technologie (Tg) — WIE wird transformiert? —— Wissen über die Transformation. Technologie formuliert die notwendigen Einwirkungen.

- Einwirkungen (Wi) — WOMIT wird transformiert? Transformierungs—Mittel —— Wirkungen an den Operanden für seine Transformation und der dazu notwendigen Energie, Hilfsstoffe, Regelung, Steuerung.

- Neben—Inputs (NeIn) —— sind (1) notwendige (erwünschte) weitere Inputs zum Prozeß, und (2) nicht erwünschte Inputs (Störungen, Produkte der Umgebung).

- Neben—Outputs (NeOut) —— meist nicht erwünschte Outputs des Prozesses, die von der Technologie abhängig sind.

- Operatoren (Op) — WER (oder was) liefert (als aktives Glied der Wechselwirkung) die notwendigen Wirkungen an den Operanden.
  (Auswirkung der Operatoren = erwünschte Wirkungen + Nebenwirkungen).
  Op (Me)   — Lebewesen, insbesondere Menschen, aber auch Nutztiere, —bakterien usw.
  Op (TS)   — technische (künstliche) Mittel
  Op (IS)   — Informationssysteme
  Op (M&ZS) — Führungs— und Zielsysteme
  Op (AUmg) — aktive Umgebung

- Aktive Umgebung — WO wird transformiert? —— nimmt Teil an der Transformation (erwünschte und nicht erwünschte Wirkungen)

- Raum —— die Umgebung (Umwelt) der Transformation

- Zeit — WANN wird transformiert? —— zeitliche Periode, in welcher die Transformation verläuft.

- Arten der Einwirkungen, Neben—Inputs, Neben—Outputs usw.:
  —— Material (Stoff);
  —— Energie;
  —— Information (Signal).

Allgemeines Modell des Transformationssystems	Bild 7——2 Teil 1 von 2

— Arten der Operanden, Gegenstand der Transformation:
  —— biologische Objekte (Menschen, Tiere, Pflanzen usw.)
  —— Material (Stoff);
  —— Energie;
  —— Information.

— Struktur des Transformationsprozesses:
  —— Elemente = Operationen (O) oder Gruppen von Operationen;
  —— Relationen = Verbindung zwischen Output einer Operation (oder mehreren Operation)
      mit Input der folgenden Operation (oder mehreren Operationen)
        d.h. Operationen können nacheinander (in Serie, Reihe geschaltet) oder gleichzeitig
        (parallelgeschaltet) angeordnet werden.

— Gliederung des Transformationsprozesses:
  —— vorbereitende Operationen;
  —— ausführende Operationen (die eigentlichen Transformationen);
  —— abschließende Operationen.

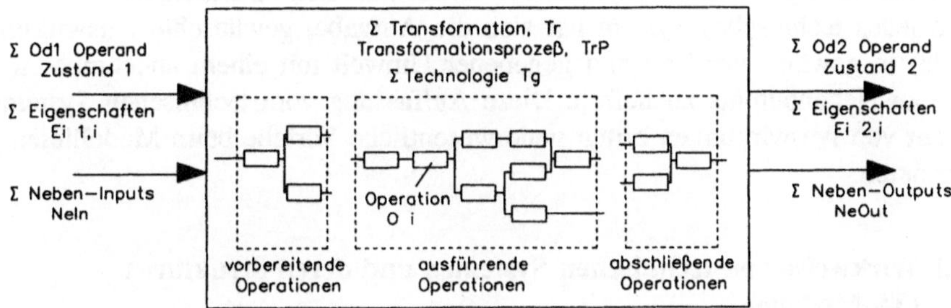

— Technischer Prozeß, TP —— Transformationsprozeß (TrP), welcher durch Einsatz von technischen
Mitteln (technischen Systemen —— TS) durchgeführt wird.

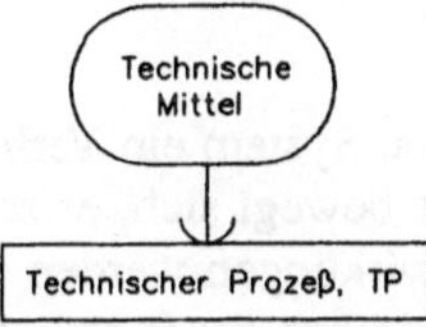

Allgemeines Modell des Transformationssystems	Bild 7——2 Teil 2 von 2

solchen *Operationen*, für welche eine weitere Unterteilung nicht mehr möglich oder nützlich erscheint. Operationen können in Reihenfolge (Serie) oder gleichzeitig (parallel) ablaufen; diese Relationen bilden eine Strukturierung der Prozesse. Die Outputs einer Operation (oder Gruppe von Operationen) sind zugleich die Inputs der folgenden Operationen. Materie und Energie sind dem Konservationsgesetz unterworfen.

Eine weitere Gliederung der Transformationen erkennt:

- vorbereitende (Vorbereitungsphase),
- ausführende (Ausführungsphase),
- abschließende (Schlußphase) Operationen (oder Gruppen von Operationen).

Wie aus Bild 7–2 ersichtlich ist, gehört ein technisches System zu den Operatoren der Transformation. Nach unserer Modellierung verläuft die gewünschte Transformation der Operanden außerhalb des technischen Systems. Als aktives Mitglied des Transformationssystems wirkt das technische System mittels einer bestimmten Technologie auf die Operanden, um gewisse Transformationen zu erreichen.

Ein jedes technisches System hat also die Aufgabe, gewünschte Auswirkungen (Effekte) in gewünschter Zeit und gegebener Umwelt mit einem annehmbaren Minimum an Nebenoutputs zu liefern. Diese Auffassung vom technischen System als Lieferant von Auswirkungen bringt neue wesentliche Vorteile beim Modellieren und Konstruieren.

7.1.3.3 Wirkweise von technischen Systemen und deren Strukturen (TS-Modelle)

Fragen:

1. Wie erreicht man die von der Technologie der Transformation vorgeschriebenen Auswirkungen?
2. Wie arbeitet ein technisches System (wie ist sein Wesen)?
3. Welche Arten von Strukturen weist es auf?

Man erwartet also vom technischen System ein Verhalten, das aus der Summe der erwarteten Auswirkungen besteht: Es bewegt sich, es schützt, es erwärmt. Diese von der Transformation geforderten Auswirkungen werden durch bestimmte „natürliche" Prozesse, die sich innerhalb des technischen Systems vollziehen, erreicht. Auswirkungen (z. B. das Erwärmen) sind Outputs natürlicher Prozesse (z. B. Umwandlung von elektrischer Energie in Wärme). Die Prozesse geben den Sachsystemen (technischen Systemen – TS) eine Ganzheit und bestimmen die Prinzipien ihrer Organisation.

Auswirkungen können durch unterschiedliche natürliche Prozesse erreicht werden, z. B. Wärme nicht nur durch Umwandlung aus Elektroenergie (Elektroprozesse), sondern auch mittels Brennen von Kohle, Öl (chemische Prozesse) oder durch biologische Prozesse. Dieselbe Auswirkung (Funktion) kann auf mehreren Wegen verwirklicht werden, die wir als Wirkweisen technischer Systeme bezeichnen.

Jede Wirkweise verlangt eine bestimmte Struktur, welche diese internen Transformationen gewährleisten. Je nach Organisationsprinzip (Aufbauprinzip) entstehen dann mehrere Arten des Strukturaufbaus, welche alle denselben Output liefern müssen.

Wir sehen einmal mehr, daß die Beziehungen zwischen Funktion und Struktur das zentrale Problem des technischen Wissens bilden. Und weil Konstrukteure über Wirkweise und Organisationsprinzip entscheiden, entscheiden sie auch über die Struktur.

Darum muß die Konstruktionswissenschaft das notwendige Wissen in geeigneter Art (insbesondere dessen Strukturierung und Inhalt) für das Konstruieren bereitstellen. Im Konstruktionsvorgehen sind die Auswirkungen als Ziele und die Strukturen als Mittel zu betrachten.

Im Zusammenhang mit der Struktur bleibt noch die Frage zu klären, welche Arten von Strukturen technischer Systeme zu unterscheiden sind. Von der oben angeführten Erklärung lassen sich folgende Strukturarten ableiten:

- Prozeßstruktur; Strukturelemente: TS-interne Prozesse;
- Funktionsstruktur; Strukturelemente: Funktionen;
- Organstruktur; Strukturelemente: Organismen, Organe als Funktionsträger;
- Baustruktur; Strukturelemente: Baugruppen, Bauelemente (auch morphologische oder anatomische Struktur).

Die oben erwähnten Strukturen und eine beliebige Zahl von weiteren Strukturen lassen sich auf jedem technischen System darstellen. Es existiert also eine Prozeß-, Funktions-, Organ- und Baustruktur jedes technischen Systems, wie z. B. einer Wärmeeinrichtung. Strukturen, vom Standpunkt der Entstehung von technischen Systemen her gesehen, erstellen zugleich einzelne Entstehungsstadien, d. h. Zustände technischer Systeme.

Alle Zustände technischer Systeme, welche den Weg von der Aufgabe bis zur Realisierung begleiten (also Relation Ziel–Mittel), sind in Bild 7–3 als entsprechende TS-Modelle dargestellt. Dieser Weg wird oft als Fortgang vom Abstrakten zum Konkreten beschrieben, was aber das Wesen des Vorganges nur in sehr groben Umrissen charakterisiert, welche als Anleitung zum Konstruieren bei weitem nicht genügen können.

Wenn wir danach streben, Beziehungen der Konstruktionswissenschaft zu den anderen wissenschaftlichen Gebieten herzustellen, muß hier auf die Morphologie hingewiesen werden. Morphologie (Formenlehre nach Goethe) ist nämlich die Lehre oder das Wissen von Gestalten, Formen, Organisationsprinzipien, insbesondere von Lebewesen, aber auch von anderen Systemen (z. B. von historischen, sozialen Erscheinungen und Gegenständen). Sie bildet auch ein Teilgebiet der Biologie als Wissen vom äußeren Bau (Gestalt, Organisation) der Organismen und ihrer Teile im Verlauf ihrer Entwicklung (Ontogenie). Die Morphologie technischer Systeme (anlehnend an Zwicky [313]) muß zu einem Bestandteil der Konstruktionswissenschaft werden.

7.1.3.4 Klassifizierung von technischen Systemen (Systematik, Taxonomie)

Frage:
Welche sinnvollen systematischen Einteilungen von technischen Systemen können durchgeführt werden, damit alle möglichen Gesichtspunkte (Merkmale) berücksichtigt sind?

Anforderungen zur Klassifizierung:

1. man soll vollständige Klassifizierungssysteme schaffen;
2. der Einteilungsgrund (Ordnungsprinzip) soll festgehalten werden (Menge–Untermenge);
3. die einzelnen Glieder sollen sich untereinander (nach einem Gesichtspunkt) ausschließen;

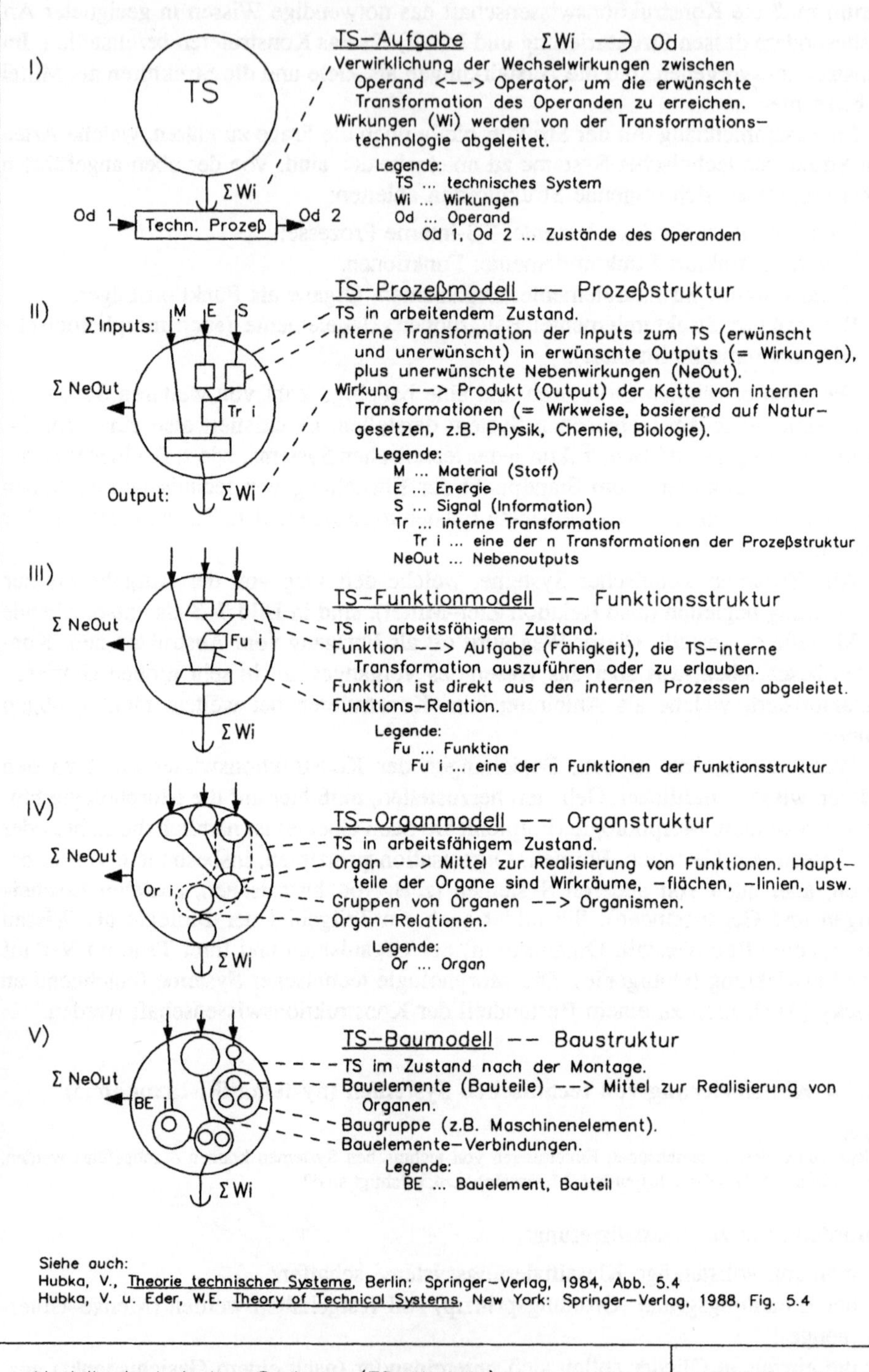
I)
TS
Σ Wi
Od 1
Techn. Prozeß
Od 2

TS—Aufgabe   Σ Wi ⟶ Od
Verwirklichung der Wechselwirkungen zwischen
    Operand <--> Operator, um die erwünschte
    Transformation des Operanden zu erreichen.
Wirkungen (Wi) werden von der Transformations-
    technologie abgeleitet.
Legende:
    TS ... technisches System
    Wi ... Wirkungen
    Od ... Operand
        Od 1, Od 2 ... Zustände des Operanden

II)
Σ Inputs: M E S
Σ NeOut
Tr i
Output: Σ Wi

TS—Prozeßmodell —— Prozeßstruktur
TS in arbeitendem Zustand.
Interne Transformation der Inputs zum TS (erwünscht
    und unerwünscht) in erwünschte Outputs (= Wirkungen),
    plus unerwünschte Nebenwirkungen (NeOut).
Wirkung --> Produkt (Output) der Kette von internen
    Transformationen (= Wirkweise, basierend auf Natur-
    gesetzen, z.B. Physik, Chemie, Biologie).
Legende:
    M ... Material (Stoff)
    E ... Energie
    S ... Signal (Information)
    Tr ... interne Transformation
        Tr i ... eine der n Transformationen der Prozeßstruktur
    NeOut ... Nebenoutputs

III)
Σ NeOut
Fu i
Σ Wi

TS—Funktionmodell —— Funktionsstruktur
TS in arbeitsfähigem Zustand.
Funktion --> Aufgabe (Fähigkeit), die TS-interne
    Transformation auszuführen oder zu erlauben.
Funktion ist direkt aus den internen Prozessen abgeleitet.
Funktions—Relation.
Legende:
    Fu ... Funktion
        Fu i ... eine der n Funktionen der Funktionsstruktur

IV)
Σ NeOut
Or i
Σ Wi

TS—Organmodell —— Organstruktur
TS in arbeitsfähigem Zustand.
Organ --> Mittel zur Realisierung von Funktionen. Haupt-
    teile der Organe sind Wirkräume, -flächen, -linien, usw.
Gruppen von Organen --> Organismen.
Organ—Relationen.
Legende:
    Or ... Organ

V)
Σ NeOut
BE i
Σ Wi

TS—Baumodell —— Baustruktur
TS im Zustand nach der Montage.
Bauelemente (Bauteile) --> Mittel zur Realisierung von
    Organen.
Baugruppe (z.B. Maschinenelement).
Bauelemente—Verbindungen.
Legende:
    BE ... Bauelement, Bauteil

Siehe auch:
Hubka, V., Theorie technischer Systeme, Berlin: Springer—Verlag, 1984, Abb. 5.4
Hubka, V. u. Eder, W.E. Theory of Technical Systems, New York: Springer—Verlag, 1988, Fig. 5.4

Modelle technischer Systeme (TS-Modelle)   Bild 7--3

4. die Einteilung soll stetig sein, Sprünge sollen möglichst gemieden werden.

Durch die Klassifikation entsteht eine Ordnung, welche die Orientierung und Übersicht im Bereich des technischen Systems erleichtert. Die Ausnutzung der Verwandtschaft der Elemente fördert die Übertragung des Wissens über Elemente untereinander wie auch die Verständlichkeit. Ordnung ist ein wichtiges Prinzip jeder Wissenschaft. Eine vollständige, hierarchische Ordnung (siehe zum Beispiel Kataloge) in technischen Systemen wird besonders in der Methodik oder in Expertensystemen vorausgesetzt.

Die Möglichkeiten der Einteilung von technischen Systemen sind sehr zahlreich und mannigfaltig, schon wegen der vielen Merkmale, wie zum Beispiel nach Funktion, Komplexität, Wirkweise, Strukturmerkmalen, Originalität bis hin zur Herstellungsmenge oder Recyclingcharakteristik.

Die Komplexität von technischen Systemen bildet den Gegenstand von Kapitel 8 und zeigt die Bedeutung und Möglichkeiten stellvertretend für weitere Ordnungsmerkmale.

7.1.3.5 Eigenschaften technischer Systeme

Fragen:

1. Welche Eigenschaften oder Eigenschaftskategorien besitzt ein technisches System? (Eine vollständige Liste wird hier verlangt)
2. Welche Relationen haben einzelne Eigenschaften oder Eigenschaftskategorien zueinander?
3. Wann und wie können die Werte von Eigenschaften während der Entstehung des technischen Systems ermittelt (parametrisiert) werden?
4. Wenn man die kausale Beziehung der Eigenschaften untereinander untersucht, zu welchen „allgemeinen Ursachen" gelangt man?

Grundlegende Terminologie, grundlegende Begriffe

Eigenschaften (Attribute) der technischen Systeme sind alle Merkmale, die dem Objekt wesenhaft zugehören – das Objekt besitzt die Eigenschaft (eignet sie, sie ist dem Objekt eigen). Den Wert der Eigenschaft (Größe, Beschaffenheit, Ausprägung) stellt das Maß der Eigenschaft im konkreten Fall. Der Wert kann nur qualitativ (groß, klein) oder auch quantitativ (x m/s – Maßzahl und Maßeinheit) angegeben werden.

Der *Wertmaßstab* (Wertskala) bildet eine Folge von kontinuierlichen oder diskret definierten Werten. Die Existenz von Maßstäben mit definierten Einheiten stellt die Voraussetzung für quantitative Aussagen dar. Der *Gesamtwert* setzt sich aus mehreren Werten von Eigenschaften für ein Gesamturteil zusammen (zum Beispiel Nutz-, Gebrauchswert).

Eigenschaftstheorie

Die Eigenschaftstheorie ist eine der wichtigsten Teile der Theorie technischer Systeme, denn das technische System wird nur wegen bestimmter gewünschter Eigenschaften gebaut, benutzt und bewertet. Zum Beispiel braucht man im allgemeinen nicht „ein System von Stahlprofilen, die eine Brücke bilden würden". Die Aufgabe verlangt „einen Übergang über einen Fluß", der eine bestimmte Tragfähigkeit besitzt, funktioniert und zuverlässig sicher und dauerhaft ist. Man verlangt von ihm auch ein ästhetisches

Aussehen, Gestaltung nach Vorschriften und eine Reihe weiterer Eigenschaften. (Anmerkung: ein System von Stahlprofilen mit geeigneten Verbindungsteilen kann ein Mittel zur Erfüllung dieser Aufgabe sein).

Der Ruf nach einer vollständigen allgemeinen Liste der Eigenschaften ist alt, er läßt sich aber nicht einfach befriedigen. Einige Versuche, eine komplette Liste zusammenzustellen, sind bekannt (siehe z. B. VDI R 2225 [21]), sie wurden aber zu keinem gelungenen Ende gebracht. Man schätzt z. B. einige Hunderte von Posten in einer solchen Liste, wobei gerade eine solche Postenzahl keine für das Konstruieren brauchbare, praktische Checkliste darstellen würde. Der richtige Ansatz liegt eindeutig in der Ermittlung einer vollständigen Reihe der Eigenschaftsklassen, welche dann für einzelne Fachgebiete oder Eigenschaftsklassen bis hin zu einzelnen Eigenschaften konkretisiert werden können.

Die zwölf Eigenschaftsklassen (vollständige Deckung) in Bild 7–4 entstanden aus den vier übergeordneten Klassen als:

- zweckbezogene Klassen (1. und 2. Klasse);
- auf Lebensphasen bezogene Klassen (3. bis 7. Klasse);
- auf den Menschen und die Gesellschaft bezogene Klassen (8. bis 11. Klasse);
- konstruktionsbezogene Klassen (12. Klasse).

Alle Eigenschaften technischer Systeme lassen sich restlos (nach verschiedenen Gesichtspunkten) in eine übergeordnete Reihe von Klassen einordnen.

Jede solche Klassifizierung dient einem bestimmten Zweck, so z.B. die Klassen der Eigenschaften nach dem Bedarf des Konstruierens (der Konstruktionsarbeit):

1) Funktion —— Verhalten
2) funktionsbedingte Eigenschaften —— Parameter
3) Betriebseigenschaften
4) Fertigungseigenschaften —— Realisierungseigenschaften
5) Distributionseigenschaften
6) Lieferungs- und Planungseigenschaften
7) Auflösungs-, Beseitigungseigenschaften
8) ergonomische Eigenschaften
9) Aussehenseigenschaften
10) Eigenschaften der Gesetzeseinhaltung
11) wirtschaftliche Eigenschaften
12) Konstruktionseigenschaften

Klassen der Eigenschaften technischer Systeme	Bild 7––4

Die Theorie beruht darauf, daß jedes technische System alle Arten von Eigenschaften trägt (siehe Bild 7–5). Man kann zwischen äußeren und inneren Eigenschaften unterscheiden. Das realisierte technische System besitzt (eignet) also alle Eigenschaften/Merkmale, gleich ob sie geplant, überlegt worden sind oder nicht.

Alle Eigenschaften (als Erfüllung von Anforderungen) müssen beim Konstruieren festgelegt werden. Wie ist dies möglich? Die grundlegende wichtige Erkenntnis verbirgt sich in kausalen Relationen der Eigenschaften untereinander. Die Qualität (Wert) der inneren Konstruktionseigenschaften schafft nämlich die Qualität der äußeren Ei-

A) <u>Äußere Eigenschaften</u> (AEi)   Das technische System ist Träger aller Eigenschaften (Ei).

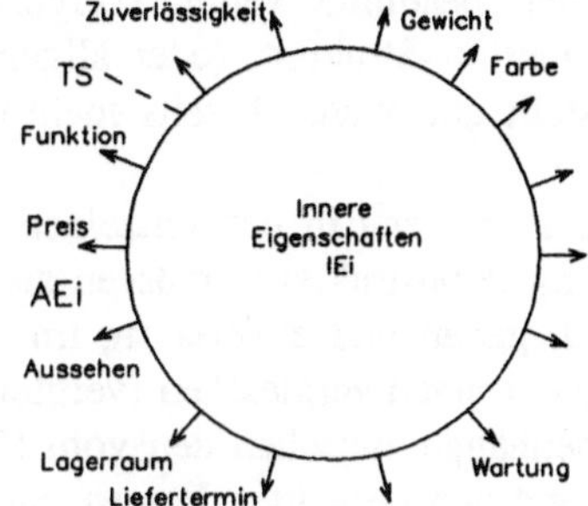

An der Oberfläche sind die vom Benützer feststellbaren äußeren Eigenschaften (AEi). Im Inneren verstecken sich die nur für Fachleute feststellbaren inneren Eigenschaften (IEi).

<u>THESE</u>: Jedes technische System ist Träger aller Arten und Klassen von Eigenschaften; der Wert und die Bedeutung der einzelnen Eigenschaften ist bei den einzelnen Arten technischer Systeme verschieden.

Anforderungen --> von Kunden/Benutzern/usw. verlangte oder erwünschte äußere (manchmal auch innere) Eigenschaften.

B) <u>Kausale Relation zwischen Eigenschaften</u>

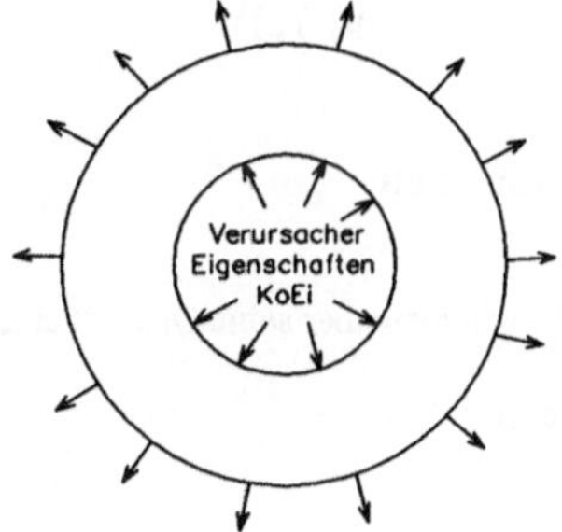

Die "Verursacher Eigenschaften" sind verantwortlich für alle äußeren Eigenschaften eines technischen Systems.

<u>THESE</u>: Alle Arten und Klassen von Eigenschaften werden mittels der elementaren Konstruktionseigenschafen (KoEi —— Struktur, Form, Abmessungen, Toleranzen, Werkstoff, Oberflächengüte, Montagezustand usw.) verwirklicht.

Allgemein: Ei i = f(einiger elementarer Konstruktioneigenschaften)
Beispiel: Festigkeit = f(Werkstoff + Arbeitsverfahren, Geometrie, Größe, Oberflächengüte)

Konstruieren --> Kann auch als 'Bestimmen der Konstruktionseigenschaften zwecks Verwirklichung eines technischen Systems, das den Anforderungen entspricht' definiert werden.

C) <u>Relation (Zuordnung)</u> — *Elemente einer mehr abstrakten (höheren) Struktur zu einer konkreteren Struktur (siehe Bild 7——3).*

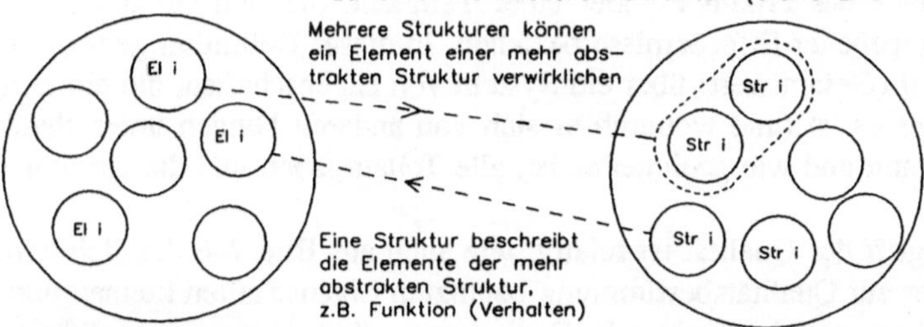

<u>THESE</u>: Das Verhalten eines technischen Systems (TS) ist durch die konkretere Struktur des TS gegeben. Die TS mit identischer Struktur besitzen alle die gleiche Art der Elemente der abstrakteren Struktur, insbesondere des Verhaltens verallgemeinert durch die Elemente.

<u>THESE</u>: Das Verhalten legt nicht eindeutig die Struktur fest. Dasselbe Verhalten (Funktion bzw. Funktionsstruktur) kann durch mehrere unterschiedliche Organ— oder Baustrukturen verwirklicht werden.
Allgemein gilt dies für jedes Element einer mehr abstrakten Struktur in Beziehung zu seiner konkreteren Struktur, also auch für Varianten in einzenen Konstruktionseigenschaften innerhalb einer Baustruktur. Diese These ist die Grundlage für das <u>Gesetz der Variantenbildung</u>.

Eigenschaften technischer Systeme —— Arten	Bild 7——5

genschaften (vergleiche Bild 7–5–B). Auf Grund dieser Beziehung kann das Konstruieren als *Suche nach den geeigneten Konstruktionseigenschaften* gesehen werden. In der ersten Reihe muß dabei die Eigenschaft „Struktur" bestimmt werden (vergleiche Bild 7–2 und 7–3). Die Relation (Zuordnung) „Funktion–Struktur" (oder allgemeiner „Element–Struktur") ist in Bild 7–5–C dargestellt und wurde bereits mehrmals erwähnt.

Die Eigenschaften der gewählten Struktur treten aber erst in den einzelnen Lebensphasen des technischen Systems in Erscheinung. Konstrukteure müssen sie jedoch im Verlauf des Konstruierens möglichst bald, genau und zuverlässig im voraus ermitteln (vorherbestimmen) und mit den Anforderungen vergleichen (vergleiche Bild 7–5). Dies bedingt die Kenntnis der Zusammenhänge zwischen den vom Konstruieren festgelegten und festzulegenden Größen und den gesuchten Eigenschaften. Dieses Fachwissen beruht entweder auf den Gesetzen der Naturwissenschaften oder auf statistischer Ermittlung oder nur auf den Erfahrungen der Konstrukteure und ihrer Berater (einschließlich Expertensystem). Mit diesem Problem werden wir uns in den Abschnitten über Fachwissen näher beschäftigen (7.2.2.6 und 7.3).

7.1.3.6 Qualität (Bewertung) von technischen Systemen

Fragen:

1. Wie kann ein technisches System bewertet werden, d. h. wie kann man über seine Qualität eine Aussage machen?
2. Wie kann die Qualität beeinflußt werden? (Qualitätssicherung)

Grundlegende Terminologie

Das Normenblatt DIN 55350 versteht Qualität als eine Gesamtheit von Eigenschaften (Merkmalen) eines Produktes oder einer Tätigkeit, die sich auf deren Eignung zur Erfüllung gegebener Erfordernisse beziehen. In dieser Definition geht es also um ein Gesamturteil (Gesamtwert) über ein System von Eigenschaften, die ein Ding zu dem machen, was es ist (und wodurch es sich von anderen Dingen unterscheidet), wozu es dienen kann und wie geeignet es ist, alle Teilaufgaben und die Gesamtaufgabe zu erfüllen.

Der Begriff der Qualität ist relativ, wie auch aus Bild 7–6 deutlich wird. Je nach Gruppen der zur Qualitätsbestimmung benutzten Eigenschaften können unterschiedliche Qualitäten entstehen, wie z. B. Fertigungsqualität, Lagerungsqualität – also Qualität in bezug auf etwas.

Qualitätssicherung

Es sind besonders drei Teilgebiete innerhalb des Werdeganges, welche die Qualität eines technischen Systems verursachen:

1. *Qualität der Konstruktion* hat auf die Qualität technischer Systeme den höchsten Einfluß, sie kann durch einen methodischen transparenten Vorgang mit Verifizieren, Prüfen und Bewerten an geeigneten Stellen und nach Abschluß der Konstruktionsarbeit an den erarbeiteten Dokumenten gesichert werden („design audit").

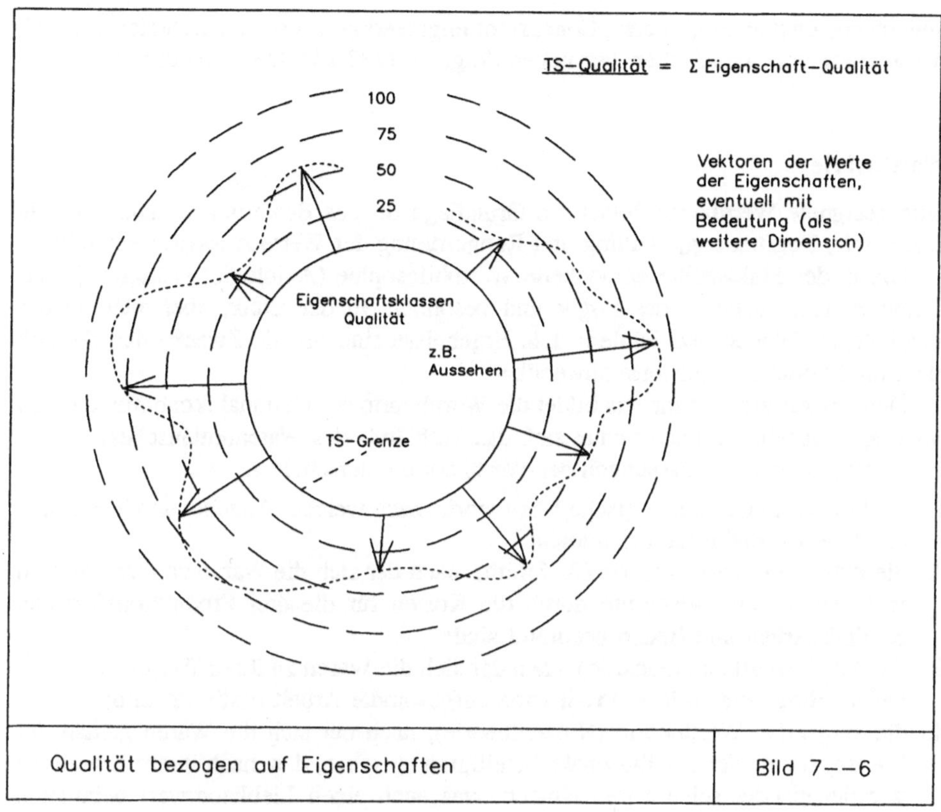

Qualität bezogen auf Eigenschaften	Bild 7—6

Es ist einleuchtend, daß diese Diskussionen unbedingt ein objektives Fachwissen (Konstruktionswissenschaft) verlangen.

2. *Qualität der Ausführung* wird an den erzeugten Teilen (und am Ganzen) des technischen Systems gemessen. Die Frage lautet: Entsprechen sie den Vorschriften der Konstrukteure? Nach Erzeugung der Bauteile zielt Messung dieser Qualität auf Ausscheiden ungeeigneter Teile (oder Systeme), meist mit Hilfe von statistischen Verfahren („quality control"). Vor Erzeugung oder Anlieferung können Verfahren und Regelungen der Betriebsführung zur Anlieferung einer genügend hohen Qualität der Erzeugnisse gelangen, auch aus Händen auswärtiger Zubringer (Programme für „quality assurance" und „zero defects").

3. *Qualität der Anwendung* erscheint erst bei der Inbetriebsetzung des technischen Systems und schließt auch die notwendigen Nebenverfahren ein, zum Beispiel Wartung, Instandsetzung, Reparatur, Beseitigung (auch Recycling) usw.

Selbständige Äußerungen wurden zu jedem dieser drei Teilgebiete entwickelt. Dazu sind auch die Normen ISO 9000, 9001 und 9002 zu nennen.

Es sind auch verschiedene Versuche unternommen worden, diese Gebiete durch Managementmaßnahmen zu regeln, z. B. Methoden QFD („Quality Function Deployment") [281], TQM („Total Quality Management"), gleichzeitige Konstruktion („Simultaneous engineering" oder „Concurrent engineering"), Produktstrategien [40,41], Auswertung von statistischen Versuchen (Taguchi [233,234,275,276]) usw.

Werttheorie

Eine geeignete Werttheorie bildet die Grundlage für das Bewerten, welche über die Erkenntnis, Begründung, Geltung und Rangordnung der Werte Aussagen aufstellt.

Die in der Philosophie entwickelte Wertphilosophie (Axiologie) erörterte die zitierten Fragen zuerst in der Logik und besonders in der Ethik, aber auch in der Psychologie (Wollen und Fühlen). Die Ergebnisse sind für die Zwecke der Technik nicht direkt oder nur teilweise anwendbar.

Den Ausgangspunkt für uns bildet die Werttheorie der Nationalökonomie, die von der Frage ausgeht: Wonach richtet sich das Verhältnis des Warenumtausches?

Es lassen sich vier Fassungen der Werttheorie unterscheiden:

1. die konventionell-tautologische Werttheorie, nach welcher Angebot und Nachfrage die Tauschverhältnisse bestimmen;
2. die klassische Kostentheorie (A. Smith), nach der sich die Waren zu ihren Werten tauschen, welche wiederum durch die Kosten für die drei Produktionsfaktoren Kapital, Arbeit und Boden bestimmt sind;
3. die Arbeitswertlehre (Ricardo), nach der sich die Waren zu ihren Werten tauschen, welche durch die zu ihrer Produktion aufgewandte Arbeit bestimmt sind;
4. die subjektive Werttheorie (Nutzentheorie), nach der sich die Waren gemäß der Wertschätzung der am Tauschakt Beteiligten tauschen, d. h. nach ihrem jeweiligen wirklichen oder scheinbaren Nutzen, was auch einen Liebhaberwert beinhalten kann.

Die Nutzentheorie, kombiniert mit der Kostentheorie, kann für uns eine logische Grundlage für die Beurteilung der Qualität bilden, so wie sie eben mit dem Ziel der Technik: „Bedürfnisse der Gesellschaft befriedigen" direkt übereinstimmt. Dazu ist das Prinzip der Wirtschaftlichkeit (Verhältnis Nutzen/Opfer) einsetzbar, und durch die Kosten sind die Opfer meßbar. Der Hersteller sieht den Nutzen, wenn seine Opfer beglichen werden und eventuell zusätzlicher Gewinn (Profit) entsteht. Gewinn erscheint allerdings erst als errechneter Überrest nach dem Ende einer Abrechnungsperiode, in welcher alle angefallenen Kosten aus den vorhandenen Einnahmen und Guthaben (einschließlich Anleihen) gedeckt wurden.

Für unterschiedliche Nutznießer ist die Bedeutung einzelner Eigenschaften oft nicht die gleiche. Dies wird durch die Gewichtung einzelner Eigenschaften zu lösen versucht. In dieser Hinsicht können auch Ursacher (Hersteller) als Nutzenträger betrachtet werden und eine Bewertung hauptsächlich aus eigener Sicht vornehmen.

Darstellung der Qualität

Neben Beschreibung und tabellenartiger Zusammenstellung läßt sich die Qualität graphisch durch Vektoren der einzelnen Eigenschaften darstellen (siehe Bild 7–6) und ist dadurch optisch schnell erfaßbar.

7.1.3.7 Darstellen von technischen Systemen und ihrer Modelle

Frage:
Auf welche Art und Weise können technische Systeme in allen ihren Zuständen modelliert und dargestellt werden, damit die resultierenden Modelle verschiedene Funktionen des Konstruierens unterstützen?

Hauptanforderungen:

1. Modelle sollen allen für das Konstruieren nötigen Zwecken dienen, wie Kommunikation, Nachricht, Versuch, Berechnung, Denkstütze (Wozu dient das Modell?).
2. Modelle sollen das methodische Vorgehen und die Anwendung des Computers unterstützen.
3. Die Darstellungen von Modellen sollen Eindeutigkeit der Interpretation und effizientes „Lesen" gewährleisten.
4. Die Darstellungen von Modellen sollen die Wirtschaftlichkeit des Modellierungs- und Darstellungsprozesses berücksichtigen (sinnvoll-einfache Modelle).

Grundlegende Terminologie

Es ist mehrmals konstatiert worden, daß sich die Praxis einer ungenauen Fachsprache bedient. Für wissenschaftliche Zwecke braucht man aber eine genaue Terminologie. Diese Notwendigkeit gilt auch für unser Fachgebiet, wo die diesbezügliche Situation demonstrierbar unbefriedigend ist: In der Praxis wird eine Zeichnung oder Skizze des künftigen technischen Systems ausgeführt, die alle Information über das technische System für die Herstellung enthalten muß. Dabei ist man sich nicht bewußt, daß es sich eigentlich um ein Modell handelt. Man vergißt, daß die Beschreibung des Modells auf verschiedene Arten verwirklicht werden kann. Eine (gewiß bewährte) Art ist die Darstellung des Vorausgedachten, z. B. eines Zahnrades, durch eine Zeichnung. Zur Beschreibung, in diesem Fall der Gestalt, stehen aber noch weitere Arten zur Verfügung. Deshalb muß der Begriff „Modell" eingeführt werden, um den genauen Inhalt einer Darstellung zu präzisieren. Das „Modell" definieren wir folgendermaßen:

Modell des technischen Systems ist eine vollständige oder partielle Abbildung eines Originals (Urbilds) der Wirklichkeit oder Vorstellung. Die Ähnlichkeit (Analogie) zwischen Original und Modell kann zwischen Ähnlichkeit (Analogie) in nur einer Eigenschaft bis zur Identität (kompletten Ähnlichkeit) reichen.

Das Zeitwort „modellieren" bringt aber Komplikationen. Es wird nämlich zur Bezeichnung der Herstellung des Modells (also auch der Darstellung) angewendet. Nach unserer Auffassung aber muß „modellieren" alle Tätigkeiten an der Entwicklung des Modells, also auch die Entwicklung der Vorstellung umfassen.

Auf einigen Gebieten haben sich andere Ausdrücke eingebürgert. So spricht man im Bausektor von Plan (Bauplan) statt von Modell.

Darstellungstheorie

Modelle werden nicht nur im Konstruieren, sondern auch in vielen Wissenschaften angewendet, zudem mit recht unterschiedlichen Bedeutungsweisen. Obwohl Modelle je nach Gebiet für bestimmte Zwecke gestaltet werden, kann man gewisse bewährte Erkenntnisse und Erfahrungen für die Konstruktionswissenschaft übernehmen.

Besonders die kybernetische Auffassung des Modellierens nähert sich unserer Auffassung. Kybernetik versucht z. B. den Begriff „Modell" zu präzisieren und unterscheidet zwei grundlegende Modellarten:

- Verhaltensmodelle, welche das Verhalten modellieren;
- Strukturmodelle, welche die Struktur modellieren.

Für das Konstruieren brauchen wir beide Arten: *Verhaltensmodelle* (auch dynamische Modelle) für die Simulation, Überprüfung von Funktion, Berechnung des dynamischen Verhaltens. Bei einem Verhaltensmodell wird die Reaktion eines Systems auf Impulse untersucht (Menge von Varianten in gegebener Zeit oder Zeitintervall) – gegeben sind: die Struktur, Eigenschaften ihrer Elemente und Verhaltensregeln.

Breite Anwendung finden jedoch *Strukturmodelle* (sie wurden auch früher in den Zeichnungen häufig dargestellt). Im Unterschied zu der Zeichnungspraxis, die sich fast ausschließlich mit der Darstellung der Baustruktur beschäftigt, entsteht in der Konstruktionswissenschaft die Aufgabe, auch andere Modelle von weiteren Strukturen (Prozeß-, Funktions- und Organstrukturen, siehe Bild 7–3) zweckmäßig darzustellen und auch ihren gegenseitigen Umwandlungen Rechnung zu tragen. Der Computeranwendung sollte immer hohe Aufmerksamkeit gewidmet werden.

In bezug auf die modellierten Systeme können Strukturmodelle isomorph (gleichgestaltet) oder homomorph (grob-ähnlich) sein.

Jedes Modell, und damit jede Darstellung soll auch die methodische Arbeitsweise unterstützen (siehe Hauptanforderungen 2 oben), d. h. die Bewegung vom abstrakten zum konkreten wie auch vom möglichen zum optimalen, vom unvollständigen zum vollständigen, vom provisorischen zum definitiven Zustand des Modells.

Eine wichtige Stellung unter Modellen nimmt die Kategorie der *idealen Modelle* ein. Das Ziel dieser Kategorie ist die Schaffung eines Musterbildes, eines bedeutungsvollen Urbildes im Vergleich mit Vollkommenheit. Das Idealisieren befreit ein System von seinen Unvollkommenheiten und gleicht es einem (von einem bestimmten Gesichtpunkt her betrachteten) Ideal an. Ein ideales Modell dient als Richtmaß für das Bestreben und als Maßstab für die Beurteilung der Wirklichkeit. Die Idealisierung resultiert in einer Idealstruktur, in der alle wesentlichen funktionalen oder morphologischen Elemente des Systemaufbaus sowie die grundlegenden Verbindungen, welche das System charakterisieren, inbegriffen sind. In unserem Buch werden viele ideale Modelle mit ihren Elementen und idealen Beziehungen angewendet, um die Problematik des Gebietes zu veranschaulichen. Ein anderer Bereich der Anwendung idealer Modelle sind die sogenannten „Masters", welche ein ideales Vorbild einer Struktur oder Anforderungsstruktur repräsentieren.

Die Idealisierung technischer Sachsysteme (TS) bedeutet immer auch die Idealisierung der in diesen Objekten verlaufenden (physikalischen) Prozesse (z. B. die Thermodynamik untersucht nur ideale Wärmemaschinen).

Bezüglich *Anschaulichkeit* als Eigenschaft der Modelle sind nur diejenigen Modelle anschaulich, welche die Anordnung der Elemente und die raum-zeitlichen Verhältnisse derart beachten, daß eine Ähnlichkeit zwischen Modell und Original erkennbar ist. Zu ihnen gehören neben den Ingenieurplänen auch geographische Karten. Demgegenüber fehlt bei mathematischen Modellen in der Regel jede Ähnlichkeit.

Das Modell vertritt entweder einen Einzelgegenstand als System (z. B. Modell der „Pumpe LH5") oder alle einer Gattung zugehörigen Einzelgegenstände (z. B. Modell einer Zentrifugalpumpe). Sobald das Modell eines bestimmten System als repräsentativ für andere Einzelfälle einer bestimmten Gattung anerkannt wird, wird es als „*Modell-Fall*" bezeichnet. Eine solche Situation entsteht öfter für die obenerwähnten „Master-Modelle" (Typen; siehe auch idealisierte Modelle).

Im allgemeinen dienen Modelle den verschiedensten *Zwecken*. Für das Konstruieren sind es besonders:

- Aufzeigen von Eigenschaften eines technischen Systems (Induktion);
- Optimierung der Organisation;
- Überprüfung (Verifikation) einer Hypothese, d. h. auch einer konstruktiven Lösung der Struktur;
- konkrete Planung, Projektierung (Bauplan), Konstruktion.

In der Darstellung (im Modell) werden einzelne Eigenschaften der technischen Systeme abgebildet. Eine komplette Darstellung von technischen Systemen entsteht durch die Abbildung aller Konstruktionseigenschaften (vergleiche Bild 7–5–B).

Abhängig von Zweck, Darstellungsobjekt, Adressat der Nachricht und weiteren Faktoren werden Darstellungsart, -code, -technik, -mittel und -hersteller gewählt, damit das Modellieren auch von wirtschaftlicher Seite her vertretbar ist (Bild 7–7).

In der Konstruktionspraxis werden viele Darstellungs- bzw. Modellarten benutzt. Gewisse Arten werden eher „Darstellung", andere eher „Modell" genannt, wie zum Beispiel normale, isometrische oder perspektivische Darstellung, graphische, ikonische Darstellung, mathematisches Modell, Funktionsmodell und ähnliches.

Normative Aussagen zur Darstellung

Viele Aussagen über die Durchführung der Darstellungen müssen, wegen der Anforderungen 3 und 4, im Betrieb, im staatlichen oder sogar im internationalen Rahmen einheitlich genormt werden. Das betrifft vor allem das Zeichnungswesen und Übertragungsprotokolle für auf Computern erstellten graphikähnlichen Modellen technischer Systeme.

7.1.3.8 Werdegang von technischen Systemen (Entstehungstheorie)

Fragen:

1. Welcher ist der „normale" Werdegang von technischen Systemen und welche sind seine Lebensphasen (Werdegangsstruktur)?
2. Welche Faktoren beeinflussen den Werdegang sowie den Verlauf einzelner Phasen?

Der ganze Werdegang, ausgehend von einer vagen, unscharfen Vorstellung bei der Planung bis zur Beseitigung des technischen Systems, läßt sich durch einzelne Phasen hindurch beschreiben. Die sinnvoll gewählten Lebensphasen als grundlegende Struktur des Werdegangs führen Konstrukteure zur Formulierung der Anforderungen aus jeder dieser Phase, bzw. zur Kontrolle und Bewertung des entworfenen Modells am Verhalten in der betreffenden Phase.

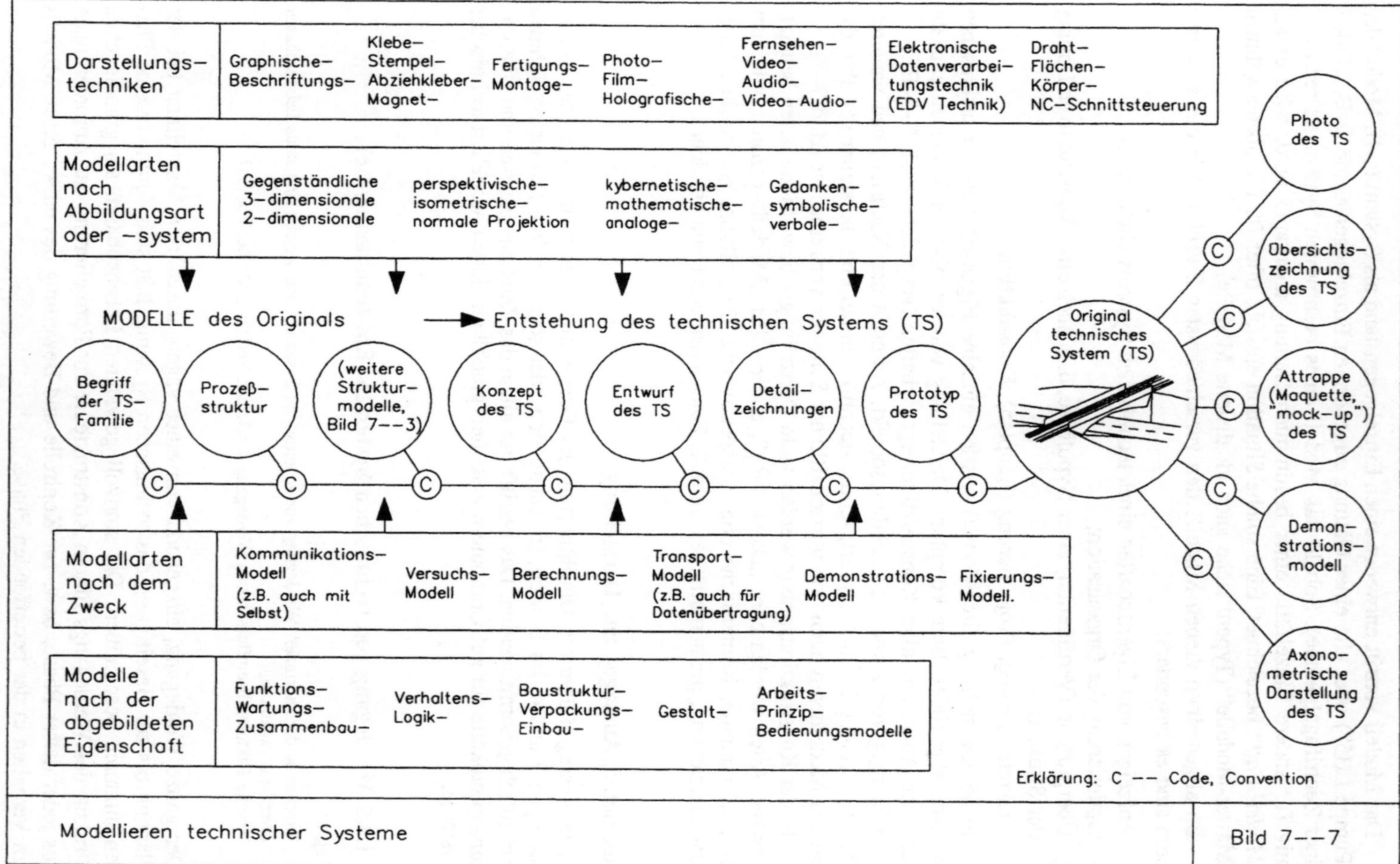

Modellieren technischer Systeme   Bild 7--7

Ein technisches System tritt in einzelnen Phasen in verschiedenen Rollen auf: einmal als Operand (vergleiche Bild 7–2) beim Konstruieren, Fertigen, Lagern oder Beseitigen oder als Operator vom Transformationsprozeß (TS-Einsatz).

Die weiteren Elemente, mit denen ein technisches System die Transformation bestreitet, können wieder dem Transformationssystem entnommen werden, denn die einzelnen Phasen sind doch auch Transformationen. Alle Elemente der einzelnen Transformationen sind für die Qualität des Produktes wichtig und müssen beim Konstruieren berücksichtigt werden. So beeinflußt auch zum Beispiel der Prozeß „Transport an die Einsatzstelle" oder die „Bedienung beim Einsatz des technischen Systems" die definitive Gestalt des zu konstruierenden technischen Systems.

In Anknüpfung an das Transformationsmodell kann der Werdegang als System von Transformationen wie in Bild 7–8 dargestellt werden.

7.1.3.9 Entwicklung von technischen Systemen im Laufe der Zeit (Entwicklungstheorie)

Frage:
Wie entwickelt sich ein technisches System in der Zeit, welche sind die Evolutionsgesetze und ihre Faktoren, und wie kann die Entwicklung gesteuert werden?

Grundlegende Terminologie

Mit Entwicklung (Evolution) bezeichnet man den Prozeß der aufeinanderfolgenden Neubildungen und Differenzierungen der Teile oder des ganzen technischen Systems. Man sucht nach Gesetzmäßigkeiten der Entwicklung, damit die zukünftige Gesamtqualität erhöht werden kann.

Evolutionstheorie

Das Ziel der allgemeinen Evolutionstheorie von technischen Systemen ist die Schaffung eines allgemeinen Evolutionsmodells, in dem spätere Formen als Entfaltung vorgegebener Anlagen zu Wachstum und Reifung von technischen Systemen führen.

Die Evolution der technischen Systeme beruht auf der Reifung ihrer einzelnen Eigenschaften, was zur Steigerung des Gesamtnutzens in bezug auf das Bedürfnisfeld (einschließlich Bedürfnisfeld des Ursachers) und zur Minimalisierung der Kosten (d. h. Opfer, siehe oben) für den Ursacher führen soll.

Die historische Entwicklung von technischen Systemen muß (besonders einschlägig für die TS-Familien) eine wichtige Erfahrungsquelle für das Konstruktions- und Informationssystem bilden. Die Evolutionsreihe einer TS-Art spiegelt Ideen, Tendenzen, aber auch Rückschläge wider, und unterstützt die Bildung von Prognosen für die zukünftige Entwicklung (siehe auch Petroski [232]).

Aber auch allgemeine Entwicklungstendenzen beherrschen oder beeinflussen die Entwicklung eines bestimmten technischen Systems. Besonders die Stufen der technisch-wissenschaftlichen Revolutionen bringen neue Anforderungen an und Impulse für die bestehenden technischen Systeme und rufen neue TS-Arten ins Leben. Beispiele erneuender Tendenzen sind:

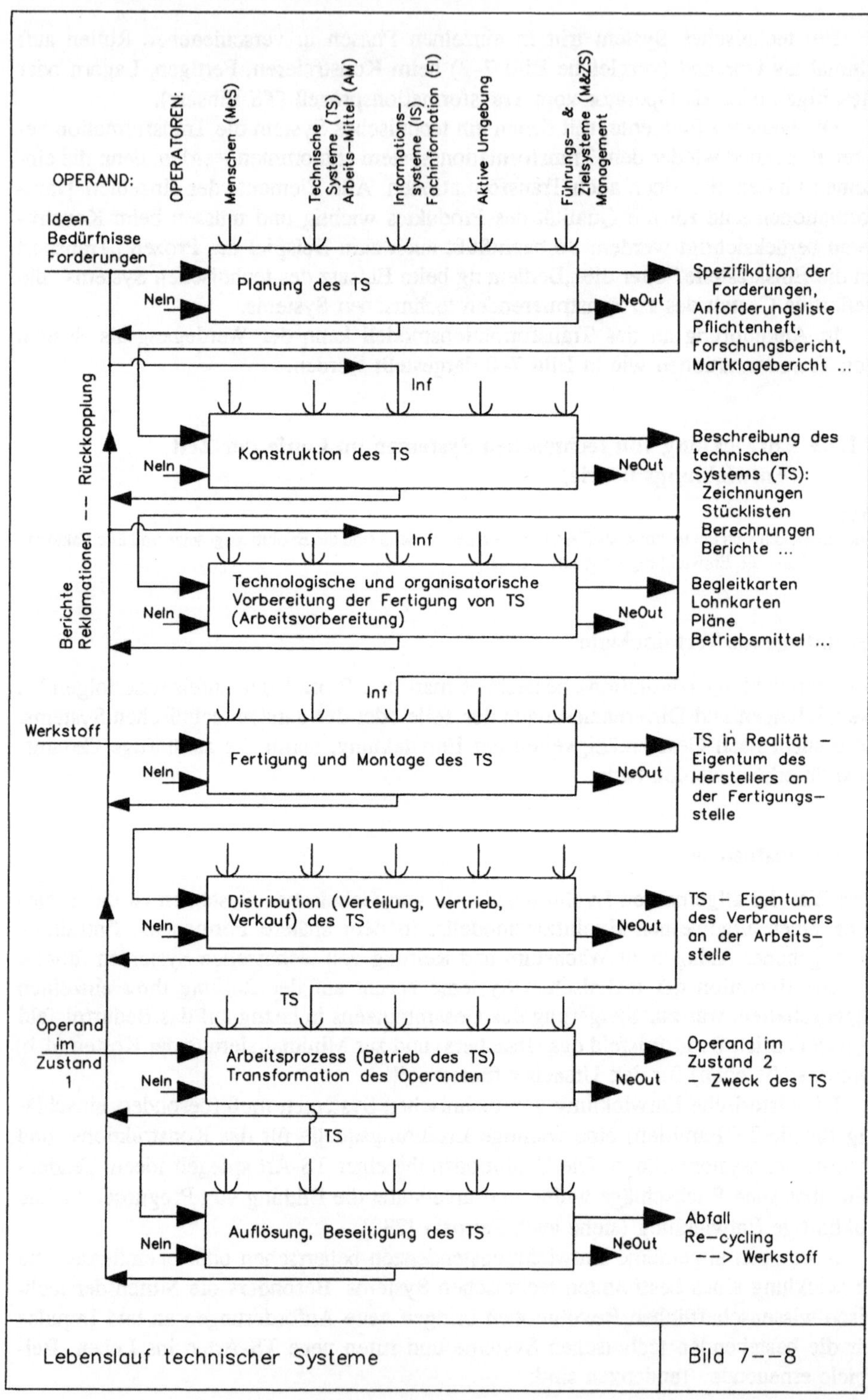

OPERATOREN:
Menschen (MeS)
Technische Systeme (TS) Arbeits-Mittel (AM)
Informations- systeme (IS) Fachinformation (FI)
Aktive Umgebung
Führungs- & Zielsysteme (M&ZS) Management
OPERAND:
Ideen Bedürfnisse Forderungen
Rückkopplung
Berichte Reklamationen
Planung des TS
NeIn
NeOut
Spezifikation der Forderungen, Anforderungsliste Pflichtenheft, Forschungsbericht, Martklagebericht ...
Inf
Konstruktion des TS
NeIn
NeOut
Beschreibung des technischen Systems (TS): Zeichnungen Stücklisten Berechnungen Berichte ...
Inf
Technologische und organisatorische Vorbereitung der Fertigung von TS (Arbeitsvorbereitung)
NeIn
NeOut
Begleitkarten Lohnkarten Pläne Betriebsmittel ...
Inf
Werkstoff
Fertigung und Montage des TS
NeIn
NeOut
TS in Realität – Eigentum des Herstellers an der Fertigungs- stelle
Distribution (Verteilung, Vertrieb, Verkauf) des TS
NeIn
NeOut
TS – Eigentum des Verbrauchers an der Arbeits- stelle
TS
Operand im Zustand 1
Arbeitsprozess (Betrieb des TS) Transformation des Operanden
NeIn
NeOut
Operand im Zustand 2 – Zweck des TS
TS
Auflösung, Beseitigung des TS
NeIn
NeOut
Abfall Re-cycling --> Werkstoff
Lebenslauf technischer Systeme
Bild 7--8

- *Mechanisierung* — Übertragung der Energielieferung vom Menschen auf technische Systeme;
- *Instrumentalisierung* — vermehrte Anwendung von Instrumenten, Meßgeräten;
- *Automatisierung* — Übertragung der Steuer- und Regelfunktionen vom Menschen auf technische Systeme
  - „harte" Automatisierung, mit mechanischen Mitteln,
  - „weiche" Automatisierung, Computerisierung — Übertragung einiger der voraussehbaren Entscheidungen vom Menschen auf technische Systeme, was bis zur flexiblen Automatisierung erweitert werden kann.

Auch andere Einflüsse wie neue Technologien, neue Werkstoffe, neue Arbeitsmittel, neue Bauweisen, neue Steuerungs- und Regelungsmittel, sowohl bezüglich der betreffenden TS-Familie als auch im Konstruktionsprozeß selbst, können die zukünftige Entwicklungslinie von der konventionellen (vorhersagbaren, erwarteten) stark abwenden.

Für die Steuerung der Entwicklung müssen neben den technischen auch die wirtschaftlichen Aspekte ihren Platz unter den Anforderungen finden, was bedeutet, daß das Feld der Einflußfaktoren genau von allen Aspekten her eruiert werden muß.

7.1.4 Zusammenfassung

Bild 7–9 faßt die Teilgebiete der Theorie technischer Systeme – TTS mit ihren Themenkreisen oder Fragen zusammen. Zugleich werden diejenigen Ingenieurwissenschaften angeführt, die sich mit detaillierten Untersuchungen der betreffenden Problematik befassen. Die Tabelle enthält zudem die Beispiele der Wissensgebiete, in denen die betreffende Problematik konkretisiert wird.

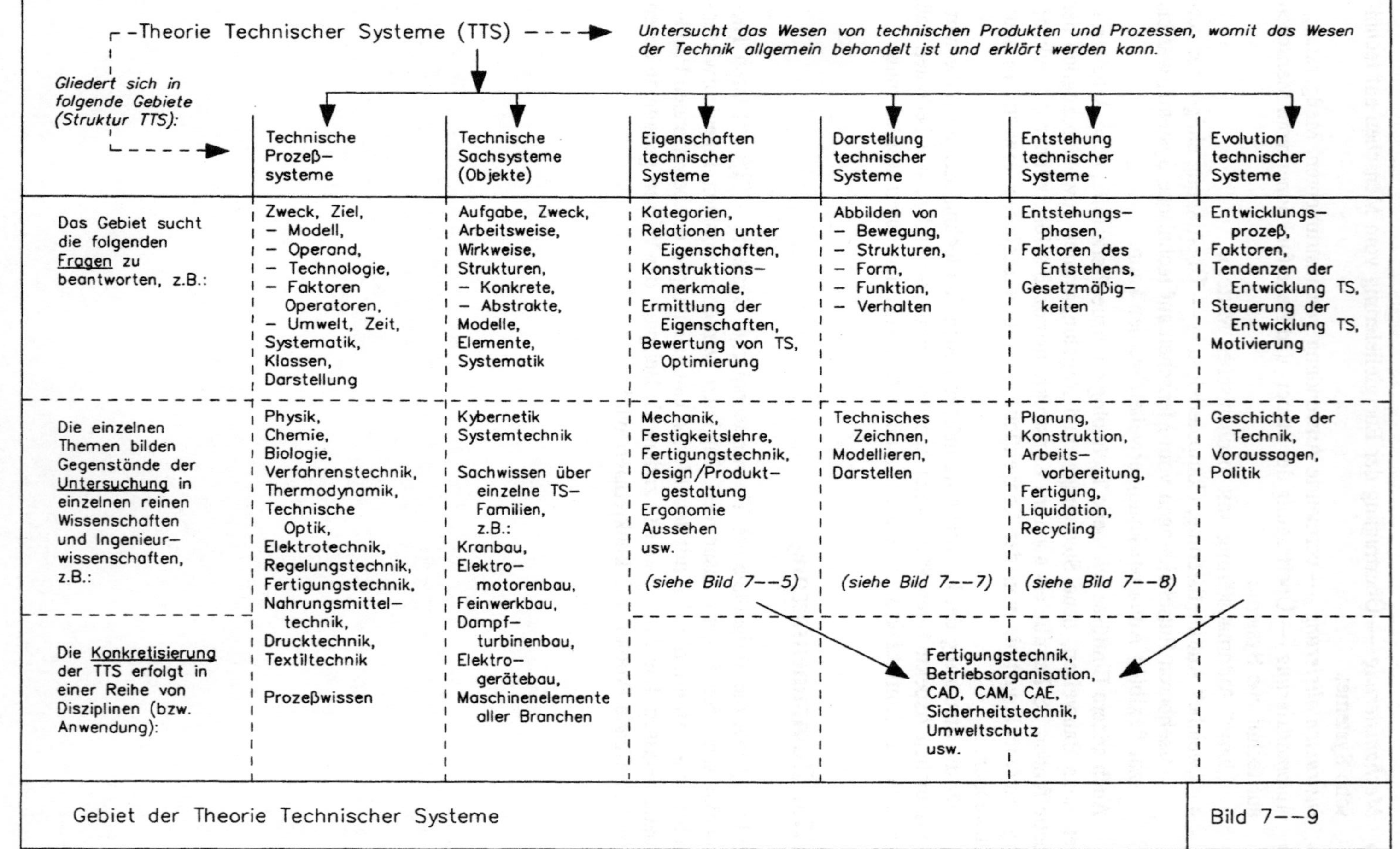

Gebiet der Theorie Technischer Systeme   Bild 7—9

7.2 Theorie der Konstruktionsprozesse (TKoP)

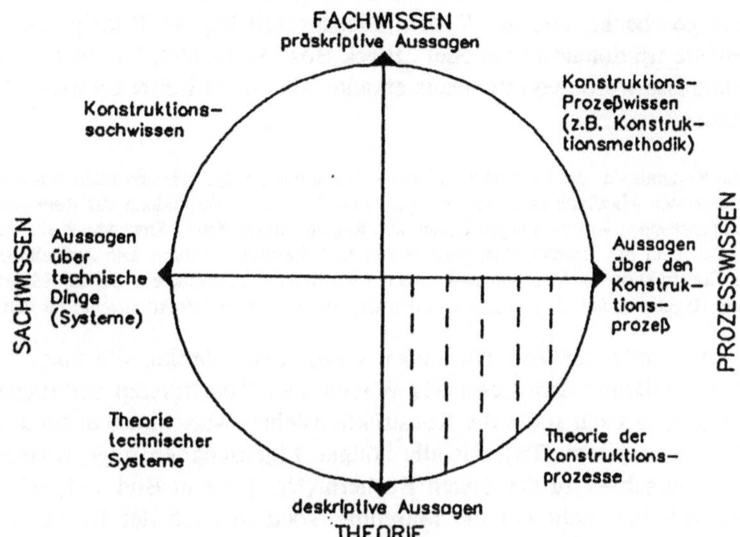

Die Theorie der Konstruktionsprozesse soll das komplette Verfahrenswissen über die
Transformation „Konstruieren" als eine Ganzheit enthalten. Dies bedeutet, im Gegensatz zur Empirie (heutiger Zustand), daß jede wissenschaftliche Wissenseinheit mit
ihren Erkenntnissen (Tatsachen) oder Hypothesen zu einem Ganzen verarbeitet werden soll, wodurch die Beziehungen einzelner Wissenselemente explizit erkannt und
erklärt werden. Die Wissenseinheiten sollen systematisch vervollständigt werden, bis
das komplette Wissenssystem entsteht.

Der Inhalt der Theorie der Konstruktionsprozesse kann durch folgende Themen
umrissen werden:

- Aufgabe und Bedeutung des Konstruktionsprozesses;
- Transformationstechnologien in Konstruktionsprozessen;
- Struktur des Konstruktionsprozesses;
- Vorgehen beim Lösen der Konstruktionsaufgaben durch Konstrukteure und durch
  Computer;
- taktische Instrumente (Methoden, Hilfsmittel) beim Konstruieren;
- Einflußfaktoren auf die Resultate des Konstruktionsprozesses und seine Wirtschaft-
  lichkeit;
- Bewertung, Charakterisierung des Konstruktionsprozesses;
- Wirkungen im Konstruktionsprozeß.

7.2.1 Die früheren Ansichten und Formen des Wissenssystems „Konstruktionsprozeß"

Erinnern wir uns an die Behandlung des Konstruierens in der Geschichte (Kapitel 3). Dabei wurden nur „Konstrukteure" als einzige Operatoren in Betracht gezogen.

Dem Konstruktionsprozeß wurde lange Zeit fast keine wissenschaftliche Beachtung geschenkt, und der Konstruktionsprozeß bis zur Prinzipskizze wurde als eine gewisse irrationale Phase oder „Black Box" betrachtet. Die Notwendigkeit neuer Erkenntnisse wurde von Reuleaux erkannt, aber nicht weiter erforscht. Reuleaux schrieb 1856:

„Die Kenntnis der der Mechanik entlehnten Prinzipien genügt indessen nicht, um den Entwurf einer auszuführenden Maschine zustandezubringen. Erst durch eine Verbindung der theoretischen Ergebnisse mit den praktischen Anforderungen lassen sich Regeln bilden, deren Anwendung eine leichte Sache ist und die dabei für die gewöhnlichen Fälle zu richtigen Resultaten führen. Die Aufstellung solcher Regeln für die Konstruktion der Maschinenteile und der vollständigen Maschinen, und die Erklärung zur Anwendung jener Regeln, bilden die Aufgabe und den Gegenstand der Konstruktionslehre für den Maschinenbau."

Im Laufe der Zeit entstanden einige neue Werke, die unter dem Titel „Konstruktionslehre" dem Leser das Wissen über Konstruieren beibringen wollten. Jener Auffassung nach sollte die Konstruktionslehre (Maschinenbaukunde) lehren, wie ein Maschinensystem (TS), das alle nötigen Eigenschaften trägt, wirtschaftlich entsteht. Im Unterschied zu den ersten Büchern (Nr. 1–19 in Bild 7–1) wird das Objekt der Beobachtung nicht nur die Maschine, sondern auch der Konstruktionsprozeß. Die Kenntnisse der Ingenieurwissenschaften und der theoretischen Maschinenlehre sind in notwendiger Breite beigefügt.

Versuchen wir, vier Werke (Nr. 20–23 in Bild 7–1), welche die Konstruktionslehre behandeln, inhaltsmäßig zu vergleichen, dann bekommen wir folgendes Bild:

- Inhaltlich ist ein sehr breites Spektrum von Themen behandelt, was gute Anhaltspunkte für das Festlegen der gemeinsamen Strukturelemente bietet. Dabei sind – mit wenigen Ausnahmen – viele Themen in einzelnen Arbeiten nur angeschnitten, besonders der Konstruktionsprozeß und die Konstruktionstätigkeit, die Konstruktionsmethodik und die Arbeitstechniken allgemein, die Formgebung (ziemlich erschöpfend und mit Rücksicht auf die Herstellung), die Anforderungen an Konstrukteure, an das Konstruktionsbüro und seine Organisation sowie Probleme der Festigkeit und der Werkstoffe.

- Die Anteile der einzelnen Strukturelemente am Gesamtumfang sind sehr unterschiedlich, je nach Erfahrung und Fachrichtung des Autors. Allgemein sind jedoch die Anteile (z. B. über Konstruktionsmethodik) sehr gering. Mit Ausnahme der „Constructionslehre für den Maschinenbau" (Nr. 20 in Bild 7–1) geht die Absicht der Autoren eher in die Richtung, Wissenslücken (vorwiegend nach eigener Meinung) auszufüllen, als ein möglichst homogenes Informationssystem zu schaffen. Die Gliederung des Stoffes ist nicht einheitlich und läßt kaum übergeordnete Klassen erkennen. Damit ist die Übertragbarkeit erschwert.

7.2.2 Inhalt des Teilgebietes Konstruktionsprozesse

Die inhaltliche Struktur werden wir vom Modell des Konstruktionssystems ableiten, nach Bild 7–10–C.

7.2.2.1 Grundlegende Terminologie

Die Definition (siehe Bild 7–10–A) wird sehr allgemein in Anlehnung an die „Transformation" formuliert. Die vielen vorhandenen Definitionen (zum Beispiel in Kapitel 2) befassen sich zwar mit allen möglichen Aspekten des Konstruierens, operieren aber oft mit gewissen Qualitätsattributen (optimale, günstige Lösung), was grundsätzlich falsch ist, denn das Ergebnis des Konstruierens kann auch ein unvollkommenes, ungünstiges oder sogar unmögliches technisches System sein.

In der Praxis existieren mehrere Bezeichnungen für eine solche Transformation — „Konstruktionsprozeß". Laut unserer Definition zeigt Bild 7–10–B, daß alle diese anderen Bezeichnungen unter „Konstruieren" als Oberbegriff eingeordnet werden können. Denn sogar das Organisieren kann man als Konstruieren von menschlichen Systemen auffassen, womit es der allgemeinen Konstruktionstheorie unterliegt.

Wichtig ist zu unterstreichen, daß unsere Ausführungen die allgemeine Ebene des Konstruierens betreffen (Konsequenz der Definition).

Das Konstruktionsprozeß-Modell (oder Konstruktionssystem in Bild 7–10–C) entsteht aus dem Transformationsmodell, wenn alle Elemente (laut Bild 7–2) für „Konstruieren" konkretisiert werden. Die Interpretation des Modells: Die Transformation der Anforderungen in die Beschreibung von technischen Systemen wird durch Einwirkung von Operatoren erreicht. Die Transformation verläuft in einem bestimmten Raum (Umgebung) in bestimmter Zeit.

Der letzte Teil des Bildes 7–10–D zeigt, daß der Konstruktionsprozeß im weiteren oder engeren Sinne aufgefaßt werden kann (vergleiche Abschnitt 2.2.3 und Bilder 2–1 und 2–2). Im weiteren Sinne, ausgehend von Bedürfnissen, wenn der Planungsprozeß für die Umwandlung dieser Bedürfnisse zu Anforderungen an das technische System in das Konstruktionsprozeß-System integriert wird.

In den nächsten Abschnitten behandeln wir nun die Teilgebiete des Konstruktionsprozesses, wobei wir diese vom „Konstruktionssystem" ableiten.

A: <u>Definition — — Konstruieren</u>   (von vielen Definitionen ausgewählt).

Operand (Information)
im Zustand 1:

Bedürfnisse
Anforderungen an
das TS

[Konstruieren / Konstruktionsprozeß (KoP)]

Operand (Information)
im Zustand 2:

Beschreibung des TS.

<u>Konstruktionsprozeß — — Definition</u>: Konstruieren heißt Umwandeln der Aufgabenstellung
in Beschreibung (Definition) eines technischen Gebildes. Direkt im Konstruktionsprozeß
besteht der Inhalt im Vorausdenken und Beschreiben der Strukturen eines technischen
System (TS), siehe Bild 7——3.

<u>Konsequenzen</u>:
1) Das Operationsgebiet des Konstruktionsprozesses reicht vom einfachsten Bestandteil
   bis zur Ebene der höchsten Komplexität technischer Systeme.
2) Konstruieren umschließt auch eine Menge von "fremden" unterschiedlichen Operationen
   (z.B. Führung usw., siehe auch Bild 7——12).
3) Sowohl die Aufgabenstellung und Bedürfnisse als auch die Beschreibungen sind
   Informationen, weswegen der Konstruktionsprozeß den Charakter der Informations—
   verarbeitung trägt.

B: <u>Verwandte Begriffe</u>:

Konstruieren laut Definition muß als <u>Oberbegriff</u> betrachtet werden für andere, im
Sprachgebrauch verwendete Begriffe wie z.B.:

Konstruieren heißt:	Wenn:
Entwickeln	neue, noch unbekannte TS konstruiert werden
Anpassen	Vorbilder verwandter TS vorhanden sind
Projektieren	komplexe TS (Anlagen) konstruiert werden
Planen	TS—Bausysteme konstruiert werden
(Organisieren)	menschliche Systeme als Operand auftreten
Konzipieren	Konzept (Organstruktur) bearbeitet wird
Entwerfen	Entwurf (Baustruktur) konstruiert wird
Gestalten	Gestalt der Bauelemente das Ziel des Konstruierens ist
Design	äußere Gestalt des Produktes (Aussehen) konstruiert wird

C: <u>Konstruktionsprozeß — — Modell</u> (Konstruktionssystem)

Dieses Modell entsteht wenn alle Elemente der Transformation (vergleiche Bild 7——2)
in das System einbezogen werden.

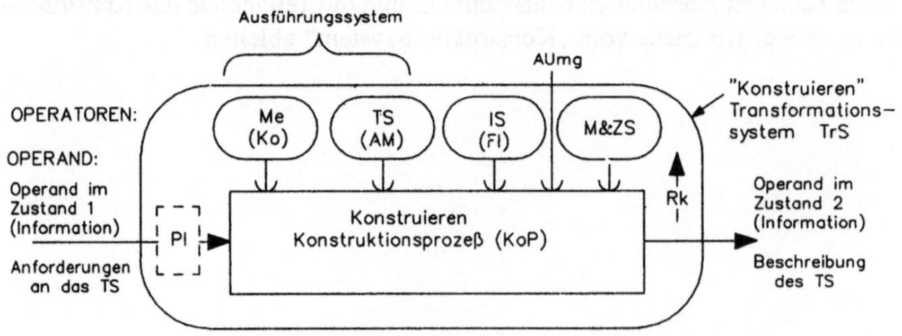

Konstruktionsprozeß — — Definition, Modell	Bild 7——10 Teil 1 von 2

```
Element 1:
   Operand = zu konstruierendes (und ev. herzustellendes) TS
Element 2:
   Technologie = Konstruktionsmethodik
         Konstruktionsmethoden, Strategien, Taktiken, Prinzipien
Element 3: Operatoren:
   Me        ... Konstrukteure            Zusätzliche Elemente
   TS (AM)   ... Arbeitsmittel               Rk   ... Rückkopplung
   IS (FI)   ... Fachinformation             PI   ... Planen des Produktes
   AUmg      ... Konstruktionsbüro, Zeit
   M&ZS      ... Konstruktionsführung


D:  Konstruktionsprozeß nach Umfang:


Im weiteren Sinne (siehe auch Bild 2--2):
                              Bedürfnis + Planung (PI) + eigentliche Konstruktion
Im engeren Sinne (siehe auch Bild 2--1):
                              das eigentliche Konstruieren als Aufgabe
```

Konstruktionsprozeß — — Definition, Modell	Bild 7--10 Teil 2 von 2

7.2.2.2 Konstruktionsprozesse allgemein

Fragen:

1. Welche sind die Aufgaben (Zwecke) und die Bedeutung des Konstruktionsprozesses?
2. Wodurch ist der Konstruktionsprozeß charakterisiert (Eigenschaften, Größen, Kennzeichen)?
3. Wie bewertet man den Konstruktionsprozeß?
4. Welche Klassen (Klassifizierung) von Konstruktionsprozessen existieren?

Auch wenn im Vergleich mit der Problematik des Konstruierens diese Fragen keinen so hohen Stellenwert haben mögen, müssen sie von der Theorie komplett beantwortet und begründet werden, so wie auch Varianten-Antworten ausgewertet werden müssen.

Wir haben in den bisherigen Ausführungen besonders zu diesen Fragen (vergleiche Kapitel 2) viel Konkretes gesagt. Fassen wir zusammen:

- Die *Aufgabe* des Konstruktionsprozesses ist bereits in der Definition (vergleiche Bild 7–10) grundsätzlich erörtert worden, und man kann gleich mit detaillierten Überlegungen hier ansetzen.

- Der *Bedeutung* des Konstruktionsprozesses soll tiefere Aufmerksamkeit gewidmet werden; immer noch sieht man, daß auch von den Fachleuten im Management nicht die richtige Tragweite des Konstruierens für den Betrieb erkannt wird. Dies findet dann seine Konsequenz in vielen Aspekten, inklusive Gehälter der Konstrukteure.

- Als Ansatz zur *Charakterisierung* und *Bewertung* liegt an der ersten Stelle die Frage nach den Ergebnissen des Konstruierens, d. h. nach der Qualität des konstruierten technischen Systems. Weitere Gruppen bilden Prozeßgrößen, sehr charakteristisch sind Prozeßdauer, Prozeßkosten u.a. Eine mögliche Liste solcher Kennzeichen zeigt die erste Spalte von Bild 7–18 (Zielsetzung, respektive Kennzeichnung des Konstruktionsprozesses).

Eine wichtige Charakteristik eines jeden konkreten Prozesses entsteht durch seine Zuordnung zu einer charakteristischen Klasse. Die Klassen können nach mehreren Merkmalen wie Originialitäts- oder Komplexitätsstufe des Operanden, sowie nach Ausprägung einzelner Operatoren gebildet werden. Einige Beispiele bieten Kapitel 2, Bild 7–10, oder Bild 7–16.

7.2.2.3 Transformationen in Konstruktionsprozessen

Fragen:

1. Wie kann eine Transformation im Konstruktionsprozeß verwirklicht werden und welche sind die Klassen der Transformationstechnologien?
2. Welche Operationsstrukturen des Konstruktionsprozesses lassen sich zweckmäßig und zielbewußt ableiten, d. h. in welchen Konstruktionsoperationen läßt sich der Konstruktionsprozeß auflösen?

Anforderung, Ziel:

Als Ergebnis soll die optimale Qualität des technischen Systems in bezug auf Anforderungen erreicht werden, mit einer möglichst kurze Konstruktionsdauer und möglichst niedrigen Konstruktionskosten begleitet.

In dieser Phase soll die Technologie des Konstruktionsverfahrens festgestellt werden, welche nicht nur die Transformation der Information, sondern zugleich auch ihre Optimierung ermöglicht. Man muß die Gesetzmäßigkeiten dieser Transformation wie auch die Einflüsse einzelner Faktoren finden. Um einen effektiven Prozeßablauf zu gewährleisten, müssen alle psychologischen, technischen und organisatorischen Elemente samt ihren Wechselbeziehungen vereinheitlicht werden.

7.2.2.3.1 Terminologie

Das hier behandelte Problem wird in der Literatur über Konstruktion eher unter dem Begriff „Methode" (in verschiedenen Kombinationen) besprochen als unter dem der Technologie. Zwei Gründe führen dazu:

1. man hat vorerst nur die Verbesserung der Konstruktionsarbeit (von Konstrukteuren ausgeführt) durch die Konstruktionsmethodik in Sicht;
2. das Problem wird im methodischen Bereich belassen, und man strebt ein breiteres Lösungsfeld an.

Die Konstruktionswissenschaft hat aber allgemeinere Ziele formuliert, und der Begriff Technologie eignet sich dann als allgemeine Bezeichnung, ein Oberbegriff für die Transformationsweisen.

Noch zwei Bemerkungen sind nützlich. Die erste betrifft das Paar Technik–Technologie:

- Technologie, ursprünglich die Lehre von der Gewinnung und Verarbeitung von Rohstoffen zu technischen Gebilden, strebt heute nicht nur die Bestimmung der Abläufe an, sondern auch die Lösung der gesamten Problematik, d. h. die Festlegung von Transformationsmitteln – Arbeits- und Werkzeugen, Arbeitsorganisation u.a. Dadurch hat der Begriff in den sechziger Jahren eine breitere Auffassung erlangt, nämlich als Wissenschaft von technischen Prozessen. Diese Breite erreicht bereits die Grenzen der Technik (dies im europäischen Bereich), die als Gesamtheit aller technischen Objekte sowie aller Maßnahmen und Verfahren aufgefaßt wird. Demzufolge werden Institute für Konstruieren oft als Institute für Konstruktionstechnik bezeichnet. Anderseits wird aber der Begriff der Technik (in Anlehnung an den englischen Sprachgebrauch) zur Bezeichnung gewisser Fertigkeiten (Meßtechnik, Spieltechnik) benutzt.

Die zweite Bemerkung bezieht sich auf den Begriff Methode:

- Die Bezeichnung „Methode" für einen ganz bestimmten Weg zur Erreichung eines bestimmten Zieles ist nicht einheitlich, weder in der Wissenschaft noch besonders im praktischen Leben. Es werden einerseits als Methode komplexe Unterweisungssysteme genannt, die mehr die Bezeichnung Methodik verdienten, zum Beispiel Wertanalysen, Modellmethode. Anderseits bezeichnet man eine einfache Verhaltensregel auch als Methode, wie beispielsweise „Feldüberdeckung", oder „Zweifel". Für unsere Zwecke wollen wir die Methode besonders an eine Operation (Tätigkeit) binden, in der nur eine Zustandsänderung der Operanden (Information über das zu konstruierende technische System im Konstruktionsprozeß) in einer Eigenschaft geschieht.

Zur Bezeichnung des Inhaltes der Technologie bedient man sich auch anderer Ausdrücke, wie z.B. Algorithmus, welche allerdings nur einige Aspekte des Begriffes decken.

7.2.2.3.2 Transformationstechnologien

Eine Analyse von gegenwärtigen und zukünftigen Konstruktionsprozessen erlaubt, mindestens drei typische Klassen der Transformationstechnologien zu erkennen (vergleiche Bild 7–16 und Abschnitt 7.2.2.8):

- die traditionelle, wie sie in der Praxis vorwiegend geschieht (meist intuitiv, vergleiche Abschnitt 2.4.1);
- die methodische, wenn der Vorgang durch Methoden (-system) gesteuert wird (diskursiv);
- die maschinelle, wenn der Prozeß durch eine Maschine (zum Beispiel Computer) vollzogen wird (z.B. zeichnen, rechnen usw.).

Die Art von Operatoren spielt dabei eindeutig die entscheidende Rolle eines Ordnungsmerkmales für die Bildung dieser Klassen. In den ersten zwei Klassen sind „Konstrukteure" als Hauptoperatoren tätig, in der dritten Klasse dominiert die Maschine (z.B. Computer).

Hinsichtlich der Technologie ist nicht schwierig zu erkennen, daß auch die Technologie der Transformation sich in den drei Prozeßarten unterschiedlich gestaltet. Dabei wirkt sich die Operatorenart typisch aus: Konstrukteure vollbringen Denkprozesse; Maschinen (Computer) produzieren Operationen, welche sie selbst ausführen müssen, um die Transformation zu verwirklichen. Wir werden diesen zwei Gebieten spezielle Abschnitte widmen. Vorher diesbezüglich noch etwas über die Position der Konstruktionswissenschaft:

- Die Konstruktionswissenschaft will vor allem – wie es übrigens auch den Prinzipien entspricht – das methodische und selbstverständlich auch das maschinelle

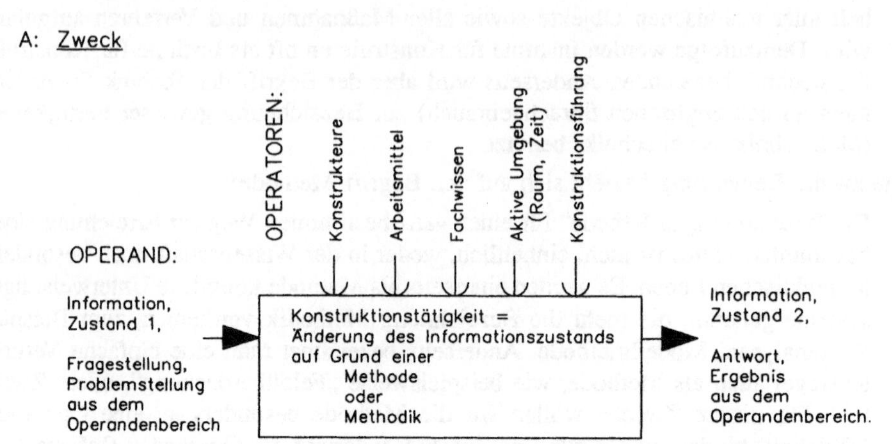

B: __Methode, Methodik, Handlungsplan, Arbeitsweise und Arbeitsgrundsatz__

Als __Konstruktionsmethode__ wollen wir ein System von methodischen Regeln und Unterweisungen verstehen, welche die Art und Weise des Vorgehens bei der Ausführung einer bestimmten Konstruktionstätigkeit bestimmen und das Zusammenwirken mit den verfügbaren technischen Mitteln regelt, und zwar unter den Annahmen, daß ein ganz bestimmter "normaler" Konstrukteur, mit "normalem" Fachwissen in bestimmten "normalen" Umgebungsbedingungen wirkt. Ein Modell, das alle diese Faktoren widerspiegelt, ist in diesem Bild als Prozeßmodell einer Konstruktionstätigkeit dargestellt.

Eine Menge von Methoden wird als eine __Methodik__ bezeichnet. Es kann sich um verschiedene Mengen handeln, wie zum Beispiel für einen Tätigkeits oder Fachbereich (Produktfamilie).

Das Element jeder Methode kann man als einen __Arbeitsgrundsatz__ ansehen. Mit ihm wird eine meistens allgemeingültige Anweisung für das entsprechende Verhalten in bestimmten Situationen gegeben. Solche Arbeitsgrundsätze sind zum Beispiel das Prinzip der gleichen Wandstärke beim Gestalten oder das Bestreben nach minimalen Herstellkosten in allen Konstruktionstätigkeiten. Hierarchisch gesehen, kann ein System von Arbeitsgrundsätzen plus weitere Hinweise eine Arbeitsmethode darstellen, und eine Menge von Methoden bildet wieder eine Methodik.

Die Existenz einer Methode erlaubt das Aufstellen eines __Handlungsplanes__, der das Verhalten in einer Konstruktionstätigkeit für einen konkreten Fall festlegt. Eine Methode kann einen Ausgangspunkt für eine Reihe von Handlungsplänen bilden, die gewisse Änderungen erfahren mit veränderten Aufgabestellungen (bezüglich Fachbereich und Konstruktionsart) sowie Abweichungen von "normalem" Fachwissen und technischen und organisatorischen Bedingungen der Aufgabe.

Die individuelle Art (eines bestimmten Konstrukteurs), in der eine Konstruktionsaufgabe erledigt wird, heißt __Arbeitsweise__. Sie läßt sich von einer Methode oder einem Handlungsplan ableiten mit kleineren oder größeren Abweichungen des bestimmten Konstrukteurs von den "normalen". Das Ausmaß des Könnens (Fähigkeiten) eines Konstrukteurs, die Ermüdung und ähnliche Faktoren haben einen Einfluß auf die angewendete Arbeitsweise.

Jeder Konstruktionsprozeß läßt sich mit Hilfe eines __allgemeinen Vorgehensmodells__ in mehr oder weniger komplexe Teilprozesse, Phasen bis Konstruktionsschritte grundlegend __strukturieren__. Die so entstandenen Vorgehenselemente sind ebenfalls Prozesse, im Rahmen derer die Informationszustände geändert werden. Jedem dieser Elemente steht also ein genau formulierbares Ziel vor, das aus dem Vorgehensmodell ersichtlich ist. Damit auch diese Prozesse methodisch und planmäßig in der Richtung auf das Ziel und in den gegebenen Randbedingungen verlaufen, müssen entsprechende __Verhaltensregeln__ und __methodische Hinweise__ vorhanden sein. Diese sind in den Methoden enthalten oder in den Arbeitsgrundsätzen, die als Sollwerte die Arbeit regeln können.

Methodenlehre -- Konstruktionstaktik	Bild 7--11 Teil 1 von 2

C: <u>Merkmale von Methoden</u>

Jede Methode trägt eine Anzahl von Merkmalen, die sie aus verschiedenen Gesichtspunkten <u>charakterisieren</u>. Einige davon lassen sich außerdem als ordnende Gesichtspunkte
benutzen, die der Klassifizierung dienen. Man kann diese Merkmale grob in zwei Klassen
gliedern:
– Merkmale, die die Methode als <u>Werkzeug</u>, das heißt bei der Anwendung, charakterisieren;
– Merkmale, die die Methode als <u>Information</u> charakterisieren.

Die Merkmale der Anwendung lassen sich durch folgende Stichworte oder Fragen gewinnen:
– Welchem <u>Ziel (Zweck)</u> soll die Methode dienen? Für welche Aktivitätsbereiche des
  Konstrukteurs ist sie verwendbar?
– Wie ist die Breite des <u>Einsatzes</u> von der Produktfamilie her? Ist sie nur für einen
  Fachbereich oder für mehrere einsetzbar?
– Ist sie nur für bestimmte <u>Bedingungen</u> einsetzbar, oder müssen ganz bestimmte
  Voraussetzungen erfüllt werden? Welche Hilfsmittel sind nötig?
– Für <u>wen</u> (Operatorart) ist die Methode bestimmt? Für eine einzelne Person oder für
  eine Gruppe? Welche Voraussetzungen an die Person sind gestellt?
– Welchen <u>Ursprung</u> hat die Methode? In welchem Fachgebiet, Wissensgebiet, Disziplin
  ist sie entstanden?
– Wie <u>wirkt</u> die Methode? Auf welchen Phänomenen ist sie aufgebaut? Was ist der
  "Mechanismus" der Methode?
– Welche <u>Zeitansprüche</u> stellt die Verwendung der Methode?

Die Methode als <u>Information</u> kann man durch Fragen nach Informationseigenschaften
charakterisieren:
– Ist der <u>Inhalt</u> richtig?
– Ist ihre Wirkung <u>beweisbar</u>? (Quellen, Erfahrungen)
– Ist der Inhalt <u>vollständig</u>, nicht nur Ausschnitte? Sind weitere Details erreichbar?
– Ist die Gestaltung der <u>Beschreibung</u> eindeutig, klar verständlich?
– Wie <u>alt</u> ist die Information über diese Methode? Ist sie immer noch auf dem
  neusten Stand?
– Ist die Methode <u>frei</u> anwendbar?

Das System von Konstruktionsmethoden und Arbeitsgrundsätzen bezeichnen wir als
<u>Konstruktionstaktik</u> im Gegensatz zur <u>Konstruktionsstrategie</u>, die die erwähnte grundle-
gende Strukturierung zur Aufgabe hat. Konstruktionstaktik und –strategie sind die
fundamentalen Gebiete der Konstruktionsmethodik.

Methodenlehre — — Konstruktionstaktik	Bild 7—11 Teil 2 von 2

Vorgehen fördern. Diese zwei Klassen stehen dazu in gewisser kausaler Verbindung, denn ein methodischer Vorgang (d. h. ein strukturierter Prozeß) schafft erst
eine mögliche Bedingung für den Computereinsatz. Den traditionellen Weg soll
man in der Theorie erklären und entmythisieren.

7.2.2.3.3 Konstruktionsmethode als Technologie

Ohne Zweifel wurden viele erfolgreiche technische Systeme (Konstruktionen) realisiert, auch als die Konstruktionsmethodik als solche noch nicht existierte. Beobachtungen guter Konstruktionsarbeiten können dabei zu einer gewissen Verallgemeinerung
und zur Einleitung einer Verbesserungstendenz geführt haben. Das war die erste Überlegung der Rationalisierung.

Als man dann versuchte, die einzelnen Tätigkeiten (Operationen) innerhalb der
Vorgängen (Prozesse) des Konstruierens wie auch die Outputs zu beschreiben, mußte

man verschiedene individuelle „Denksprünge" feststellen, die keine Verallgemeinerung erlaubten und nach keiner Methode durchführbar waren. Es zeigt sich dabei,
daß die Technologie der „intuitiven" Prozesse (vergleiche Abschnitt 2.4.1) als erfolg-
versprechende Grundlage unübertragbar (nämlich nicht lehrbar) ist, weil der Prozeß
verschlossen bleibt.

Transparent und wiederholbar sind nur diskursive Operationen. Die Formulierung
des Systems diskursiver Operationen und deren Methoden als Technologie von Konstruktionsprozessen ist zum Ziel der Konstruktionsmethodik geworden. Man spricht
auch vom methodischen, systematischen oder planmäßigen Konstruieren.

Die Methode soll den Vorgang zielbewußt und planmäßig steuern. In den vorhandenen Vorgehensmodellen können drei Klassen nach Art der Steuerung gefunden
werden:

- streng algorithmische Vorschrift, d. h. streng geregeltes Vorgehen;
- heuristische Vorschrift, d. h. relativ flexibles Vorgehen (vergleiche Abschnitt 2.4.6);
- relativ vage Vorschrift mit nicht eindeutigen Hinweisen, d. h. sehr freies Vorgehen.

Ein planmäßiges Verfahren beim Konstruieren kann nicht nur auf den allgemeinen, logischen Methoden bauen, sondern es muß besondere, empirische Methoden
entwickeln, die durch die Eigenart des Gegenstandes (die Tätigkeit des Konstruierens)
bestimmt sind (vergleiche auch Bild 5–4).

Methoden, Unterweisungen haben im Grunde genommen einen eher präskriptiven als deskriptiven Charakter. Deshalb kommen wir im präskriptiven Teil nochmals
dazu, über sie zu sprechen. Demgegenüber muß in der Theorie die Methodenlehre als
Grundlage für das ganze Gebiet behandelt werden. In Bild 7–11 wird versucht, die
wichtigsten Tatsachen der Methode zu präsentieren, besonders die Terminologie.

Um das Gebiet der Methodik übersichtlicher zu gestalten, unterscheiden wir zwischen *Konstruktionsstrategie,* welche die Generallinie des Vorgehens bestimmen soll,
und *Konstruktionstaktik,* welche die Methoden und Arbeitsgrundsätze der einzelnen
Konstruktionsschritte behandelt.

Im Zusammenhang mit der systematischen diskursiven Vorschrift des Vorgehens
muß die Frage auftauchen, ob der ganze Konstruktionsprozeß algorithmisch lösbar
ist. Franke [109] verneint es mit der Begründung, daß man „Algorithmus" nur in
strengstem Sinn auffassen soll. Trotzdem entstanden und entstehen Vorgehensmodelle
des Konstruierens, nicht nur im Bereiche der Konstruktionsstrategie, sondern auch der
Konstruktionstaktik.

Auf welchen Überlegungen, Grundlagen und auf welchem Wissen basieren diese
Methoden? Weil es um Denkprozesse geht, werden Erkenntnisse der Denkpsychologie
angewendet, davon besonders Assoziationen untersucht. Weiter wird nach Maßnahmen
gesucht, um Denkfehler (auch Fixationen) zu beseitigen. Man knüpft auch an allgemeine Arbeiten aus der Erkenntnislehre, der Logik, an, wie in Kapitel 2 berichtet
wurde (Descartes, Polya, siehe auch Kapitel 5).

Auch die wissenschaftliche Arbeitsorganisation wird zur wichtigen Quelle von
Hinweisen. Besonders das Prinzip der Zerlegung komplexer Aufgaben auf zweck-
mäßige Reihen von Teilaufgaben wird konsequent befolgt.

Die wesentlichen, für die Methode anwendbaren Erkenntnisse müssen jedoch vom
technischen System her stammen. Wie Bild 5–4 zeigt, wird die Methode besonders

vom Gegenstand beeinflußt. Weil das Konstruieren Strukturen ermittelt, besteht die wesentliche Aufgabe darin, geeignete Strukturen von technischen Systemen (vergleiche Bild 7–3) wie auch empirische Transformationsgesetze zu finden.

7.2.2.3.4 Weitere Strukturen der Konstruktionsprozesse

Von der strukturellen Seite her gesehen, kann der Konstruktionsprozeß allgemein als System von Operationen bezeichnet werden. Wie gezeigt, hängt die Art, Menge und Anordnung der Operationen von der Technologie ab. Diese Aussage bezieht sich auf die Frage, *wie* die Transformation verläuft.

Eine andere Frage zielt darauf, alle Operationen hinsichtlich ihrer Komplexität zu ermitteln. Eine Möglichkeit dieser Hierarchie (in Bild 7–12 dargestellt) bietet einen günstigen Ausgangspunkt für Überlegungen.

Jede Operation in einer Ebene in Bild 7–12 enthält die Operationen in der nächst niedrigeren Ebene und bildet gleichzeitig einen Bestandteil der Operationen in der nächst höheren Ebene. Ebene 1 stellt den Überblick über den Konstruktionsprozeß dar, mit einer groben Unterteilung in die Hauptetappen: Konzipieren, Entwerfen und Ausarbeiten. Die Konstruktionsoperationen auf Ebene 2 sind mehrmals angewendete Teile der Hauptetappen, welche bestimmte Zwecke der Informationswandlung im Konstruktionsprozeß (einschließlich der Arbeiten des Konstruierens) erfüllen. Ebene 3 enthält die Gruppe der Grundoperationen, welche allgemein als problemlösender Kreislauf bekannt ist (vergleiche Bild 6–1), mit Zusatzoperationen bezüglich Information bereitstellen, verifizieren und darstellen. Die elementaren Tätigkeiten auf Ebene 4 und Operationen auf Ebene 5 sind nicht mehr spezifisch für das Konstruieren und Problemlösen.

Man kann neben hierarchischen auch weitere Beziehungen innerhalb jeder Ebene sehen, nämlich diejenigen zwischen Blöcken, wie auf Ebene 3 der Grundoperationen deutlich ist. Nicht zu vergessen sind auch die Neben- und Führungstätigkeiten als notwendiger Bestandteil des Prozesses.

7.2.2.3.5 Präsentationsformen des Konstruktionswissens

Das konstruktionsmethodische Wissen kann mit Vorteil in Form von *Flußdiagrammen* (mit Erläuterung) präsentiert werden, die übersichtlich den kompletten Vorgang zeigen und die Konstruktionsschritte und ihre Inputs/Outputs definieren. Solche Darstellungen sind besonders für das strategische und teilweise auch für das taktische Konstruktionswissen geeignet. In Bild 7–13 wird diese Darstellungsart am Beispiel eines allgemeinen Vorgehensmodells für das Konstruieren veranschaulicht – dieses Bild stellt eine feinere Unterteilung der Ebene 1 in Bild 7–12 dar, weitere Erklärungen zu diesen Operationen stehen in Hubka [142,152] zur Verfügung. Es sollten alle Bedingungen genau angegeben werden, für die ein solches meist idealisiertes Modell gilt. Weiter sollen die Möglichkeiten des Einstieges in das Vorgehen gezeigt werden, es soll auch gesagt werden, welche Iterationsrunden mit Hilfe von Rückschleifen vollzogen werden können.

Das idealisierte allgemeine Modell mit breiter Gültigkeit betrachtet ein Forscher als befriedigendes Ergebnis. Einem Praktiker kann es jedoch nur als Vorbild für die

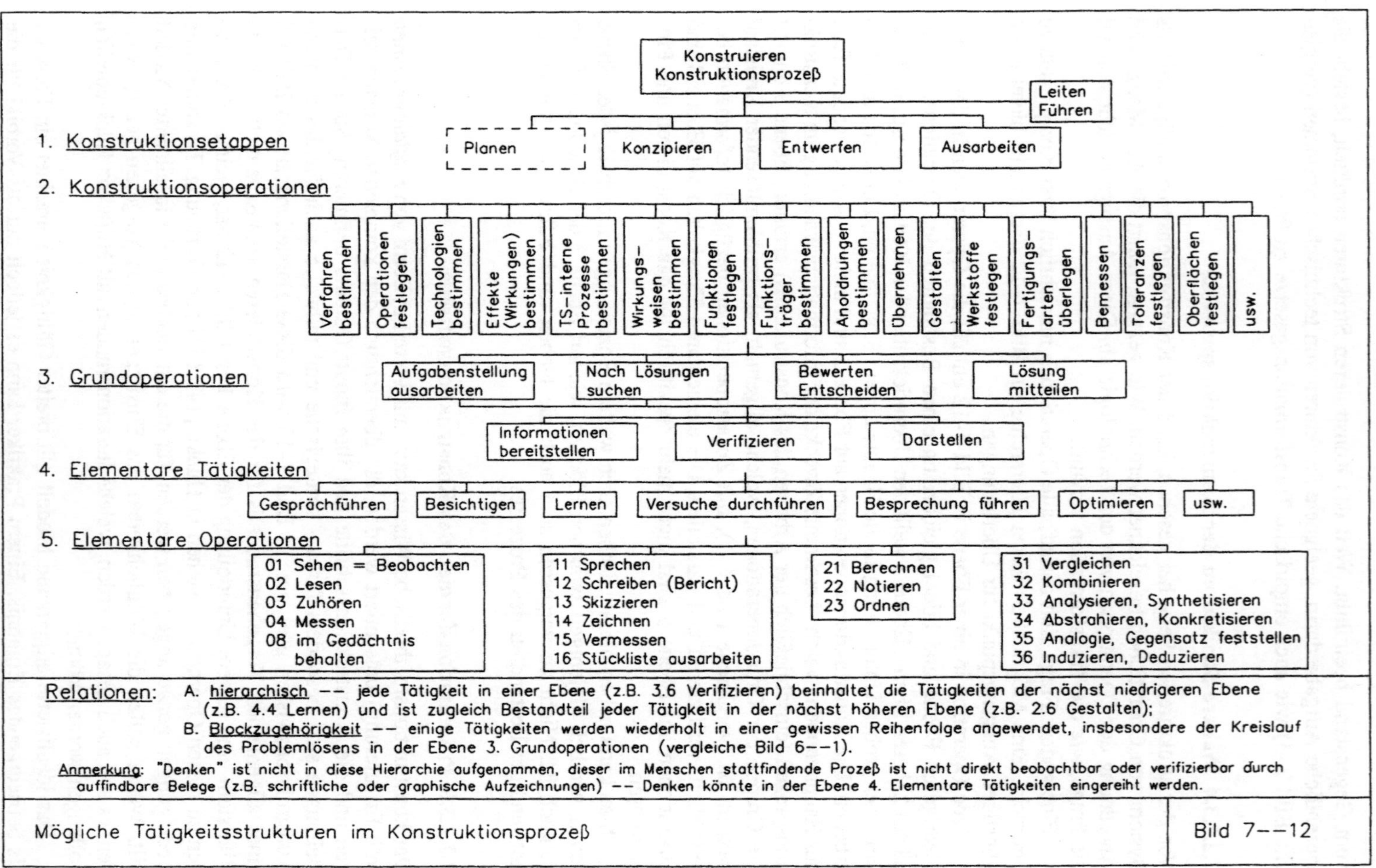
Konstruieren
Konstruktionsprozeß
Leiten
Führen

1. Konstruktionsetappen
Planen   Konzipieren   Entwerfen   Ausarbeiten

2. Konstruktionsoperationen
Verfahren bestimmen
Operationen festlegen
Technologien bestimmen
Effekte (Wirkungen) bestimmen
TS-interne Prozesse bestimmen
Wirkungs-weisen bestimmen
Funktionen festlegen
Funktions-träger bestimmen
Anordnungen bestimmen
Übernehmen
Gestalten
Werkstoffe festlegen
Fertigungs-arten überlegen
Bemessen
Toleranzen festlegen
Oberflächen festlegen
usw.

3. Grundoperationen
Aufgabenstellung ausarbeiten   Nach Lösungen suchen   Bewerten Entscheiden   Lösung mitteilen
Informationen bereitstellen   Verifizieren   Darstellen

4. Elementare Tätigkeiten
Gesprächführen   Besichtigen   Lernen   Versuche durchführen   Besprechung führen   Optimieren   usw.

5. Elementare Operationen
01 Sehen = Beobachten
02 Lesen
03 Zuhören
04 Messen
08 im Gedächtnis behalten
11 Sprechen
12 Schreiben (Bericht)
13 Skizzieren
14 Zeichnen
15 Vermessen
16 Stückliste ausarbeiten
21 Berechnen
22 Notieren
23 Ordnen
31 Vergleichen
32 Kombinieren
33 Analysieren, Synthetisieren
34 Abstrahieren, Konkretisieren
35 Analogie, Gegensatz feststellen
36 Induzieren, Deduzieren

Relationen: A. hierarchisch -- jede Tätigkeit in einer Ebene (z.B. 3.6 Verifizieren) beinhaltet die Tätigkeiten der nächst niedrigeren Ebene (z.B. 4.4 Lernen) und ist zugleich Bestandteil jeder Tätigkeit in der nächst höheren Ebene (z.B. 2.6 Gestalten);
B. Blockzugehörigkeit -- einige Tätigkeiten werden wiederholt in einer gewissen Reihenfolge angewendet, insbesondere der Kreislauf des Problemlösens in der Ebene 3. Grundoperationen (vergleiche Bild 6--1).

Anmerkung: "Denken" ist nicht in diese Hierarchie aufgenommen, dieser im Menschen stattfindende Prozeß ist nicht direkt beobachtbar oder verifizierbar durch auffindbare Belege (z.B. schriftliche oder graphische Aufzeichnungen) -- Denken könnte in der Ebene 4. Elementare Tätigkeiten eingereiht werden.

Mögliche Tätigkeitsstrukturen im Konstruktionsprozeß   Bild 7--12

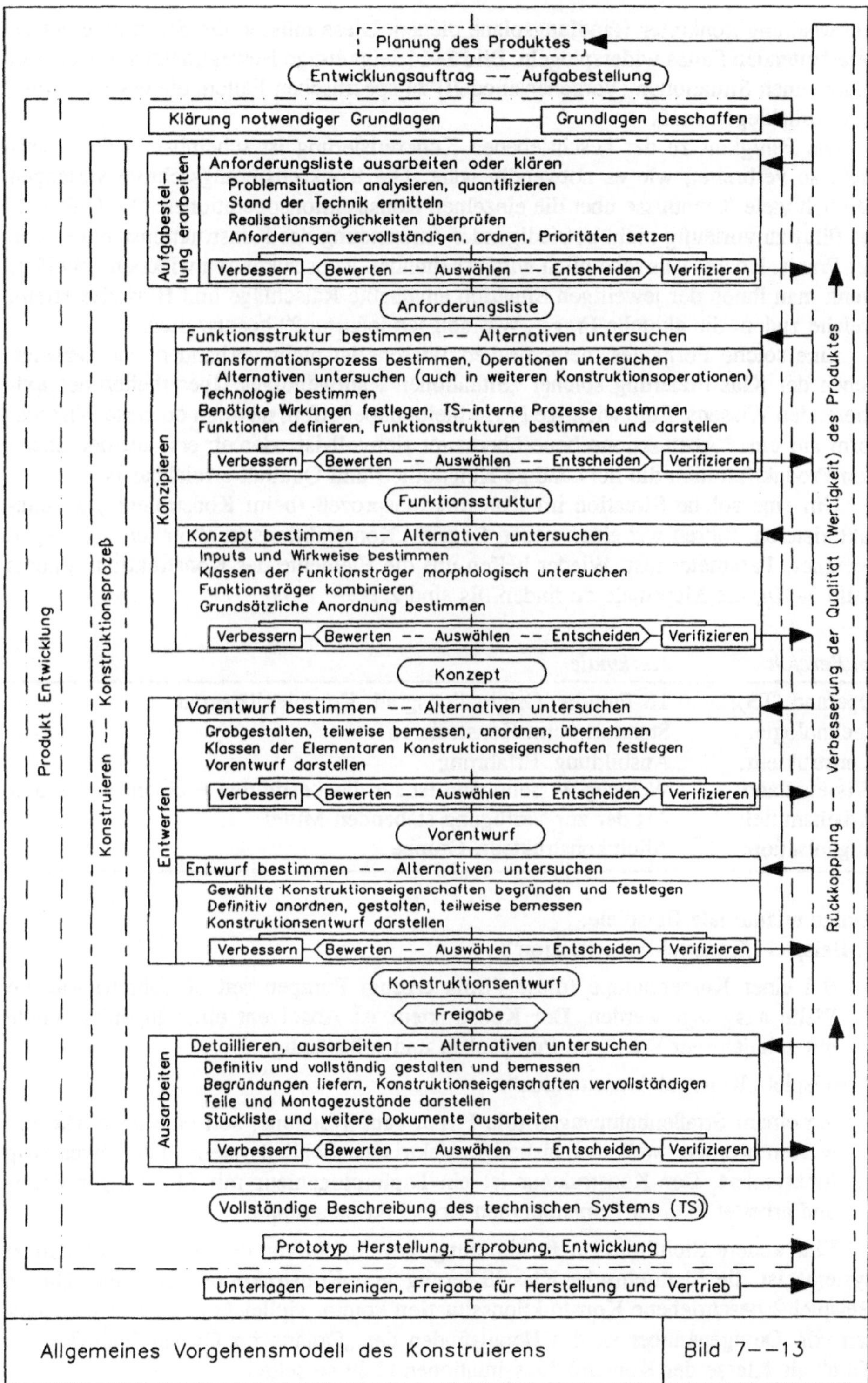

Allgemeines Vorgehensmodell des Konstruierens — Bild 7——13

Ausarbeitung konkreter Handlungspläne dienen. Diese müssen die Situation eines zu verarbeitenden Falles widerspiegeln. Bild 7–14 zeigt einige Bewegungsrichtungen von allgemeinen Situationen (Vorgehensmodell) zu spezifischen Fällen, die der Konstrukteur zurücklegen muß.

Die Fähigkeit zu der beschriebenen Konkretisierung ist scheinbar in der Praxis nicht so verbreitet, wie es notwendig wäre. Die Konkretisierungsschritte verlangen nämlich viele Kenntnisse über die einzelnen Konstruktionsoperationen. Die Unkenntnis führt zu vorläufig nicht befriedigender Anwendung der Konstruktionsmethodik in der Praxis. Höchstwahrscheinlich wird arbeitenden Konstrukteuren wirksam geholfen, wenn man ihnen der jeweiligen Situation angepaßte Ratschläge und Hinweise erteilt, welche zudem die aktuelle Frage „Was soll ich jetzt tun?" beantworten.

Eine solche Form des methodischen Wissens ist nicht vorhanden. Sie verlangt, neben der Klassifizierung solcher „Situationen", aufwendiges Überarbeiten des existierenden Wissens. Eine wichtige Frage bleibt dabei offen, nämlich ob diese Wissensform auf einer Abstraktionsebene überhaupt sinnvoll ist oder ob erst auf der Ebene von Produktfamilien die notwendige Konkretheit und Qualität erreichbar ist.

Um eine solche Situation im Konstruktionsprozeß (beim Konstruieren) zu charakterisieren, führen wir einen neuen Begriff „Konstruktionssituation" ein und legen geeignete Parameter fest. Wieder helfen uns die Elemente des Konstruktionssystems (Bild 7–10), die Merkmale zu finden. Es sind z. B.:

im Bereich	*Merkmale*
Operand (TS):	TS-Familie, Originalitätsgrad, Komplexitätsgrad
Technologie:	Standort beim Konstruieren
Konstrukteur:	Ausbildung, Erfahrung
Wissensstand:	Welcher Wissensstand ist für das bestimmte Problem vorhanden?
Arbeitsmittel:	Art der zur Verfügung stehenden Mittel
Organisation:	Alleinkonstrukteur, Gruppe

Einige erläuternde Beispiele:

1. Beispiel „Konstruktionssituation":

- Bei einer Kolbenpumpe (diese Firma erzeugt Pumpen seit 50 Jahren) soll die Welle ausgelegt werden. Der Konstrukteur ist Absolvent einer Ingenieurschule mit zehnjähriger Praxis im Pumpenbau und selbständig.

2. Beispiel „Konstruktionssituation":

- An einem Straßenbahnwagen (die Firma baut Waggons) soll eine neue Tür entworfen werden, weil das bisherige elektrische Schließsystem nicht zuverlässig funktioniert. Der Konstrukteur ist ein Diplomingenieur mit fünfjähriger Praxis und arbeitet in einer firmeninternen Konstruktionsgruppe.

Eine andere Richtlinie zur Bestimmung eines effektiven derartigen Informationssystems ist die hierarchische Klassifizierung von Konstruktionssituationen. Die in Beispiel 2 beschriebene Konstruktionssituation kommt vielleicht einmal in zehn Jahren vor. Demgegenüber ist das Herausfinden der „Organe für Öffnen/Schließen der Türe" als Klasse der Konstruktionssituationen nicht so selten.

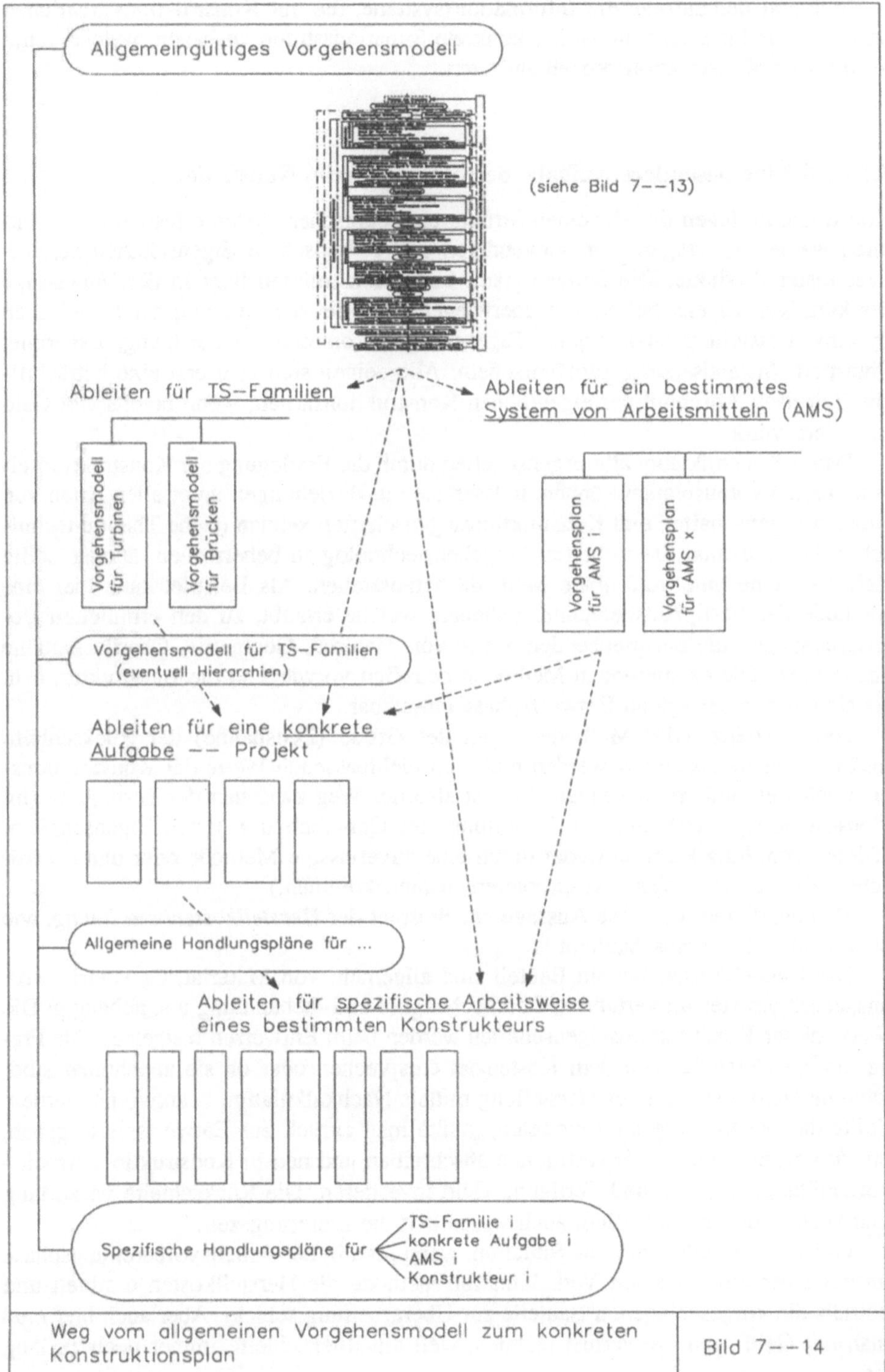
Allgemeingültiges Vorgehensmodell
(siehe Bild 7--13)
Ableiten für TS-Familien
Ableiten für ein bestimmtes System von Arbeitsmitteln (AMS)
Vorgehensmodell für Turbinen
Vorgehensmodell für Brücken
Vorgehensplan für AMS i
Vorgehensplan für AMS x
Vorgehensmodell für TS-Familien (eventuell Hierarchien)
Ableiten für eine konkrete Aufgabe -- Projekt
Allgemeine Handlungspläne für ...
Ableiten für spezifische Arbeitsweise eines bestimmten Konstrukteurs
Spezifische Handlungspläne für
TS-Familie i
konkrete Aufgabe i
AMS i
Konstrukteur i
Weg vom allgemeinen Vorgehensmodell zum konkreten Konstruktionsplan
Bild 7--14

Man soll demzufolge die Informationssysteme, die auf Konstruktionssituationen basieren, nur für solche sinnvolle, konkrete Situationsstufen ausbauen, welche genügend oft im Konstruktionsprozeß auftreten.

7.2.2.3.6 Eine besondere Aufgabe der Methode beim Konstruieren

Konstrukteure legen die einzelnen Strukturen technischer Systeme fest. Diese Strukturen werden zu Trägern der notwendigen und gewünschten Eigenschaften zukünftiger realer Produkte. Die Schwierigkeit beim Konstruieren liegt in der Voraussage der künftigen Eigenschaften, die überwiegend erst bei der Nutzung der technischen Systeme feststellbar sind. Andere Eigenschaften kommen bei Fertigung, Lagerung, Transport, Instandsetzung zum Vorschein. Alle zeigen sich also erst eine beträchtliche Zeit nach Abschluß der eigentlichen Konstruktionsarbeit, wenn bereits viel Geld investiert wurde.

Damit Konstrukteure alle Eigenschaften durch die Festlegung der Konstruktionseigenschaften vorausplanen können, müssen sie die Beziehungen unter allen Arten von äußeren Eigenschaften und Konstruktionseigenschaften kennen (siehe Theorie technischer Systeme) und die richtigen Vorgehenstechnologien beherrschen. Daraus sollte sich dann eine gute verfügbare Methode herausstellen. Als Beispiel kann hier eine Methode der Festigkeitsberechnung dienen, welche erlaubt, zu den ermittelten Beanspruchungen die entsprechenden Werte von Material, Geometrie, Oberflächengüte zuzuordnen. Die existierenden Methoden betreffen vorwiegend die Baustruktur, d. h. sie sind erst in der späten Entwurfsphase einsetzbar.

Die Effizienz jeder Methode ist an der Größe (Zeitspanne) der Rückschleife meßbar, welche absolviert werden muß, um nichtpassende Werte der Konstruktionseigenschaften ändern zu können. Das ist also der Weg zwischen der Festlegung (im Konstruktionsprozeß) und der Ermittlung (im Gebrauch usw.) von Eigenschaften. (Diese Ermittlung kann entweder durch eine zuverlässige Methode oder durch faktisches Messen, Versuchen, Ausprobieren zustandekommen.)

Demonstrieren wir diese Aussage am Beispiel der *Herstellkostenberechnung*, wie es in Bild 7–15 veranschaulicht ist.

Die Herstellkosten für ein Bauteil sind allgemein von Material, Geometrie, vorausgedachtem Herstellverfahren, Oberflächengüte und -behandlung u.a. abhängig. Die Werte dieser Konstruktionseigenschaften werden beim Entwerfen festgelegt. Die Frage, ob die Herstellkosten dem Kostenziel entsprechen oder ob sie annehmbar sind, kann *de facto* erst nach der Herstellung mittels Nachkalkulation beantwortet werden. Sollte das negative Resultat eintreten, müßte man zurück zur Entwurfsphase gehen, erneut konstruieren, alle Investitionen abschreiben und neu in Konstruktion, Arbeitsvorbereitung, Material und Fertigung Geld investieren. Die Rückschleife ist zu lang und kostspielig und beeinflußt auch wesentlich die Lieferungszeit.

Günstiger gestaltet sich die Situation, wenn man in der Arbeitsvorbereitungsphase mittels einer zuverlässigen Vorkalkulationsmethode die Herstellkosten ermittelt und notfalls die vorgeschlagenen Bauteile zur Überarbeitung schickt. Aber auch hier muß man mit Geld- und Zeitverlust rechnen, weil die Rückschleife immer noch zu lang ist.

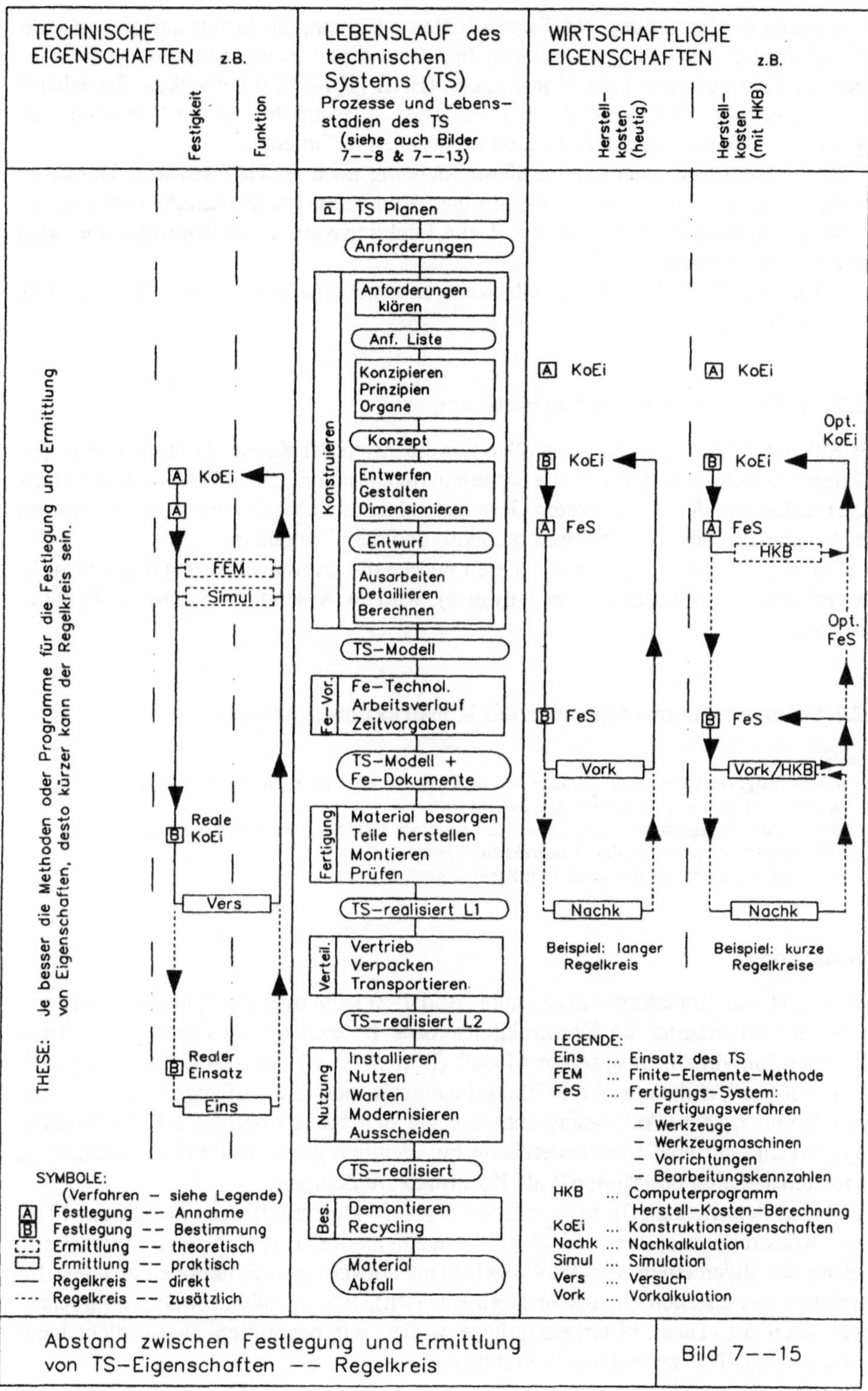

TECHNISCHE EIGENSCHAFTEN z.B.
Festigkeit
Funktion
LEBENSLAUF des technischen Systems (TS)
Prozesse und Lebens-stadien des TS
(siehe auch Bilder 7--8 & 7--13)
WIRTSCHAFTLICHE EIGENSCHAFTEN z.B.
Herstell-kosten (heutig)
Herstell-kosten (mit HKB)
Pl TS Planen
Anforderungen
Anforderungen klären
Anf. Liste
Konzipieren Prinzipien Organe
Konzept
Entwerfen Gestalten Dimensionieren
Entwurf
Ausarbeiten Detaillieren Berechnen
Konstruieren
TS-Modell
Fe-Vor.
Fe-Technol. Arbeitsverlauf Zeitvorgaben
TS-Modell + Fe-Dokumente
Fertigung
Material besorgen Teile herstellen Montieren Prüfen
TS-realisiert L1
Verteil.
Vertrieb Verpacken Transportieren.
TS-realisiert L2
Nutzung
Installieren Nutzen Warten Modernisieren Ausscheiden
TS-realisiert
Bes.
Demontieren Recycling
Material Abfall
THESE: Je besser die Methoden oder Programme für die Festlegung und Ermittlung von Eigenschaften, desto kürzer kann der Regelkreis sein.
A KoEi
A
FEM
Simul
B Reale KoEi
Vers
B Realer Einsatz
Eins
SYMBOLE:
(Verfahren - siehe Legende)
A Festlegung -- Annahme
B Festlegung -- Bestimmung
Ermittlung -- theoretisch
Ermittlung -- praktisch
Regelkreis -- direkt
Regelkreis -- zusätzlich
A KoEi
B KoEi
A FeS
B FeS
Vork
Nachk
Beispiel: langer Regelkreis
A KoEi
B KoEi
Opt. KoEi
A FeS
HKB
Opt. FeS
B FeS
Vork/HKB
Nachk
Beispiel: kurze Regelkreise
LEGENDE:
Eins ... Einsatz des TS
FEM ... Finite-Elemente-Methode
FeS ... Fertigungs-System:
- Fertigungsverfahren
- Werkzeuge
- Werkzeugmaschinen
- Vorrichtungen
- Bearbeitungskennzahlen
HKB ... Computerprogramm Herstell-Kosten-Berechnung
KoEi ... Konstruktionseigenschaften
Nachk ... Nachkalkulation
Simul ... Simulation
Vers ... Versuch
Vork ... Vorkalkulation
Abstand zwischen Festlegung und Ermittlung von TS-Eigenschaften -- Regelkreis
Bild 7--15

Das Ziel der Ermittlung von Eigenschaften muß sein, die Ermittlung so nahe wie möglich an die Festlegung zu bringen. Im Sinne dieser Zielsetzung wurde die Methode der Herstellkosten beim Konstruieren (HKB [101–105]) entwickelt. Sie erlaubt es den Konstrukteuren, direkt die Herstellkosten zu ermitteln und die Konstruktionseigenschaften bezüglich der Kosten unmittelbar zu optimieren.

Dieses Bestreben kann man in dieser Richtung noch weiter fortsetzen, besonders um die möglichen Ursachen der ungünstigen Konstruktionseigenschaften (kausal) zu beseitigen. In unserem Fall müßte z. B. die Funktionsstruktur kostenmäßig überprüft werden (Funktionskosten [101]).

Die gleiche Richtlinie gilt für alle weiteren Eigenschaften, wie wir sie aufgezählt haben (Bild 7–4).

7.2.2.3.7 Rekapitulation und Erweiterung

Als Rekapitulation dieses Teiles wollen wir die Arten der Konstruktionsprozesse spezifizieren, welche charakteristische Eigenschaften besitzen. Die in Bild 7–16 angeführten Prozeßarten sind von mehreren Gesichtspunkten her charakterisiert, besonders von der Anwendung der Konstruktionsmethodik und des Computers.

Der maschinelle Vorgang, mit anderen Worten die „Automatisierung des Konstruktionsprozesses" (vollständig oder teilweise), wird in Abschnitt 7.5 über CAD näher besprochen.

7.2.2.4 Konstrukteur – Operator des Konstruktionsprozesses

Fragen:

1. Welche Aufgaben haben Konstrukteure bei der Transformation im Konstruktionsprozeß?
2. Welche Arten von Konstrukteuren gibt es?
3. Welche Qualifikationen erwartet man von den einzelnen Gattungen der Konstrukteure?
4. Nach welchen Kriterien werden Konstrukteure bewertet?
5. Wie erreicht man die Qualifikation zum Konstruieren?

Terminologie

Ausgehend vom Transformationssystem (Bild 7–2) kann man als Operator „Konstrukteure" alle Mitarbeiter im Konstruktionsprozeß bezeichnen, welche bei der Transformation mitwirken. In unserem Modell (Bild 7–10–C) deckt also der Oberbegriff „Konstrukteur" nicht nur Entwicklungsingenieure und Entwurfsingenieure, sondern auch Zeichner. Diese Auffassung unterscheidet sich von der normalen Berufsbezeichnung, welche nur eine Mitarbeiterklasse mit ziemlich genauem Pflichtenheft („terms of reference", „job description") als Konstrukteure definiert.

Neben den direkten Transformationstätigen (= Konstrukteuren) enthält das komplette Konstruktionssystem (Bild 7–10–C) auch eine Reihe von weiteren Mitarbeitern, welche die allgemeinen, für den Prozeßablauf notwendigen Funktionen erfüllen: Information bereitstellen (inklusive Normenwesen), führen, administrativ verarbeiten, archivieren u.a. Diese Mitarbeitergruppe wollen wir begreiflicherweise nicht unter den Oberbegriff „Konstrukteur" einordnen.

Konstruktionsprozesse (KoP), Arten		Allgemeine Charakteristik des Vorgehens	Ergebnisse
A	Versuch −− Irrtum Trial −− Error	Eine Serie von Versuchen soll die Lösung für einzelne Schritte finden. Bewertung der Lösung nach Eignung ist dann notwendig.	TS: zufällige Qualität, eventuell kein Ergebnis KoP: zeitraubend Vorb: keine
B	Intuitiver KoP (traditioneller)	Der erfahrene Konstrukteur findet spontan eine ziemlich brauchbare (nicht optimale) Lösung. Dieses Vorgehen wird meist mit Kreativität, Inspiration, Gefühl verbunden.	TS: brauchbar, nicht optimal KoP: sehr schnell Vorb: lange Erfahrung
C	Methodischer KoP	Vorgehen eines Konstrukteurs, systematisch nach Methoden und Plan fortzuschreiten, mit Berücksichtigung aller Aspekte des zu konstruierenden Gegenstandes und Randbedingungen.	TS: gute Qualität möglich KoP: eventuell langsam Vorb: Schulung, Training
D	Methodisch− intuitiver KoP	Kombination der Arten "B" und "C", in dem einige Schritte intuitiv und sprunghaft, andere methodisch und planmäßig durchgeführt werden.	TS: brauchbar bis optimal KoP: schnell Vorb: Erfahrung, Schulung
E	Teilweise rechnerunterstützter KoP	Es wird ein Computer eingesetzt, von dem einige Operationen des KoP unterstützt werden, zum Beispiel berechnen, zeichnen, speichern. Mehr für methodisches Konstruieren geeignet.	TS: ziemlich gute Qualität KoP: eventuell schneller Vorb: Schulung, fachliche Schulung
F	Integriert− rechnerunterstützter KoP	Computer wird intensiv eingesetzt, und die Mehrheit der Schritte werden durch den Computer unterstützt. Der Konstrukteur bleibt Schlüsseloperator des KoP.	TS: ziemlich optimale Qualität KoP: schneller Vorb: länger, fachlich und organisatorisch
G	Automatisierter KoP	Automatisierter Gesamt− oder Teilprozeß des Konstruierens, in dem nur Daten des Falles eingegeben werden und die Lösung automatisch ausgegeben wird.	TS: optimale Qualität KoP: schnell Vorb: lange, fachlich und organisatorisch

Legenden:
TS ... technisches System,   KoP ... Konstruktionsprozeß,   Vorb ... notwendige Vorbereitung

Charakterisierung der Konstruktionsprozesse −− Arten	Bild 7−−16

7.2.2.4.1 Aufgaben der Konstrukteure

Der Konstruktionsprozeß (Konstruieren) als Vollzug der Transformation verlangt von den Operatoren eine Fülle von verschiedenen Auswirkungen, die in Bild 7−12 durch die Tätigkeiten der Konstrukteure beschrieben sind. Die Eigenart der Konstrukteure verursachte, daß der überwiegende Anteil der Auswirkungen von Konstrukteuren selbst durchgeführt wurden. Die Erfüllung von allen qualitativen Merkmalen des Konstruktionsprozesses beeinflußte gerade den Konstrukteur-Operator maßgebend. Erst in den späteren Phasen der Automatisierung des Konstruktionsprozesses (siehe CAD, Abschnitt 7.5) erwartet man, daß ein Teil dieser Aufgaben vom Computer übernommen wird. Aus diesem Grund fällt auch die hohe Bedeutung des Konstruierens für die Gesellschaft den Konstrukteuren zu. (Dieser Umstand steht jedoch in krassem Gegensatz zur Wirklichkeit, wo das Ansehen der Konstrukteure sehr gering ist, wie schon früher erwähnt. Trotzdem ist eine positive Weltanschauung seitens der Konstrukteure sowohl gesellschaftlich als auch technisch unentbehrlich.)

Die Pflichten der Konstrukteure beschränken sich jedoch nicht nur auf die Konstruktions-Transformation selbst. Es existieren viele andere Tätigkeiten, welche wohl das Konstruieren unterstützen, aber nicht direkt zum eigentlichen Prozeß gezählt werden können (siehe auch Kapitel 2 und Bild 7–11, auf den untersten zwei Ebenen). Weitere Aufgabenkreise bilden in diesem Sinne die Tätigkeiten wie Planen, Informationsbeschaffen, Konsultation mit Arbeitsvorbereitung oder Montage, Versuchsabteilung oder Betrieb [127].

Das Streben nach Minimalisierung dieser Anteile in der Konstruktionsarbeit sollte von der Theorie durch entsprechende Erkenntnisse unterstützt werden.

Von der Theorie wird auch erwartet, daß sie alle Aufgabenkreise der Konstrukteure genau untersucht und ihnen damit für konkrete Fälle eine Basis (oder ein Muster) zur Verfügung stellt.

7.2.2.4.2 Arten der Konstrukteure als Operatoren

Die Beantwortung dieser Frage kann besonders unter Betrachtung zweier Gesichtspunkte zustandekommen. Einerseits ist der Operateur-Konstrukteur vom Gesichtspunkt der Ausführenden her geprägt als:

- einzelner Konstrukteur, der eine Aufgabe oder Teilaufgabe lösen soll;
- eine Gruppe von Konstrukteuren, die unterschiedlich spezialisiert sind;
- ein Team von Konstrukteuren, die ziemlich gleichwertig sind und als Gemeinschaft die Aufgabe lösen sollen.

Anderseits ist es möglich, nach dem Einsatz und der Qualifikation der Konstrukteure bestimmte Gattungen zu bilden. Das Ergebnis wird in verschiedenen Orten oder Ländern nicht gleich sein. Im deutschen Sprachgebiet werden meist folgende Gattungen genannt:

- Konstruktionsingenieure;
- Konstruktionstechniker (Teilkonstrukteure);
- technische Zeichner;
- Teilzeichner.

Die Definitionen beinhalten zudem ganz bestimmte Bedingungen für jede Gattung.

Einen anderen Gesichtspunkt bildet die Hierarchie in der Leitung bzw. in der Bezeichnung nach den Gehaltsgruppen.

Die Gattungen und Klassen der Konstrukteure stehen in enger Beziehung zum Problem der Spezialisierung und Organisation im Konstruktionsbüro, welche im Operator „Führung" (Abschnitt 7.2.2.7) besprochen werden.

7.2.2.4.3 Anforderungen an die Konstrukteure und deren Bewertung

Die anspruchsvolle Tätigkeit der Konstrukteure stellt dementsprechend auch hohe Anforderungen an sie. In diesem Teil der Theorie geht es besonders um die allgemeine Spezifizierung aller Kenntnisse (um die allgemeinen und um die Fachkenntnisse), Fähigkeiten und Fertigkeiten sowie um persönliche Eigenschaften und Einstellungen, die für den Beruf notwendig sind. Dieses „Modell des idealen Konstrukteurs" sollte zur Ableitung von Berufsbildern und Pflichtenheften dienen. Eine Möglichkeit eines solchen Modells enthält Bild 7–17, in welchem die notwendigen Kenntnisse, Fähigkeiten und persönliche Eigenschaften spezifiziert sind.

Ideale Konstrukteure besitzen:		
Wissen, Kenntnisse	Fähigkeiten, Fertigkeiten, Können	Persönliche Eigenschaften, Einstellungen

Allgemeines Wissen
  Sprachen
  Literatur
  Geschichte
  Geographie
  usw.
 	
Mathematik
Geometrie
Physik
Chemie
usw.
 	
Technisches Fachwissen
  Grundlagenwissen
  Fachgebietswissen
  Konstruktionswissen
    (Konstruktionslehre)
  Herstellungswissen
    (mechan. Technologie)
  Werkstofflehre
  usw.
 	
Volkswirtschaft
Rechtskunde
Psychologie
Technische Ästhetik
Ergonomie
usw.
	Gedächtnis
	Logisches Denken
	Synthesefähigkeit
	Kostendenken
	Vorstellungsvermögen
	Kombinationsgabe
	Kreativität
	Geistige Flexibilität
	Methodische Arbeitsweise
	Informationen beschaffen
	Entscheidungsfähigkeit
	Darstellungsfähigkeit
	Beobachtungsfähigkeit
	Konzentrationsfähigkeit
	Planmäßigkeit
	Führungsgabe
	Organisationsgabe
	Ordnungsgabe
	Persönliches Auftreten
	Präzise Ausdrucksweise
	Überzeugungskraft
	usw.
		Leistungsfähigkeit
		Ausdauer
		Willensstärke
		Ehrlichkeit
		Verantwortungsbewußtsein
		Pflichtbewußtsein
		Aufgeschlossenheit
		Gründlichkeit
		Gewissenhaftigkeit
		Sorgfalt
		Kontaktbereitschaft
		Breiter Horizont
		Objektivität
		Kritische Einstellung
		  (inkl. Selbstkritik)
		Selbstvertrauen
		Begeisterung, Freude am
		  Konstruieren
		Bereitschaft für
		  Zusammenarbeit
		Ständiges Studium
		Fairneß
		usw.

Modell der idealen Konstrukteure		Bild 7—17

7.2.2.4.4 Die Ausbildung der Konstrukteure

Der Werdegang eines Schülers zum erfolgreichen Konstrukteur sollte gesteuert werden und darf nicht dem Zufall überlassen werden (vergleiche Abschnitt 2.5). Deshalb muß es eines der Ziele der Theorie sein, geeignete Modelle und Didaktika vorzuschlagen, die alle Elemente (Schule, Praxis usw.) berücksichtigen und in ein Gesamtsystem integrieren. Die Hauptaufgabe bleibt jedoch die Verarbeitung der Konstruktionswissenschaft allgemein und speziell für die Studenten (näheres erscheint in Kapitel 9) und ihre Didaktik.

Man könnte die Zuordnung dieser Aufgabenstellung zur Konstruktionswissenschaft anzweifeln (gehört sie nicht eher in die Bildungssphäre?). Die Aufgabe ist jedoch so speziell, daß sie nur durch Konstruktionsspezialisten gelöst werden kann. Selbstverständlich müssen auch Pädagogen zur Mitarbeit einbezogen werden.

7.2.2.5 Arbeitsmittel – Operator des Konstruktionsprozesses

Fragen:

1. Wodurch können die Konstrukteure bei der Ausführung ihrer Arbeit unterstützt werden?
2. Unter welchen geeigneten Umständen können einzelne Arbeitsmittel eingesetzt werden?
3. Welche Auswirkungen im Konstruktionsprozeß können maschinell übernommen oder erfüllt werden?
4. Welche sind die Voraussetzungen und Bedingungen für den maschinellen Einsatz solcher technischer Mittel?

Der Einsatz von Arbeitsmitteln ist für einzelne Transformationsarten im allgemeinen sehr unterschiedlich, denn er ist insbesonders abhängig von der Transformationsart, von der Qualität der vorhandenen technischen Mittel, wie auch von der Kenntnis der Technologie. Von allen diesen Aspekten her gesehen, beschränkt sich der Einsatz von Arbeitsmitteln im Konstruktionsprozeß vor der Entstehung der Konstruktionswissenschaft und vor der Computererfindung auf Hilfsmittel für die eigenen Tätigkeiten (vergleiche Bild 7–11).

Die Bedeutung des Operators-„Arbeitsmittel" steigt nun mit den neuen Hilfsmitteln, besonders mit dem Computer als selbständigem Lieferanten von Auswirkungen.

In der Theorie sollten Frage 2 und 4 besonders beachtet werden. Die Schaffung von Bedingungen und Voraussetzungen gehört zu den wichtigsten Aufgaben der Konstruktionswissenschaft. Die Regelung der konventionellen Mittel (zum Beispiel durch gute Klassifizierung) bringt auch positive Auswirkungen im Rationalisierungsprozeß. Näheres noch im Abschnitt über CAD (Abschnitt 7.5).

7.2.2.6 Fachinformation – Operator des Konstruktionsprozesses

Fragen:

1. Welches Wissen benötigen Konstrukteure für das Konstruieren?
2. Welche Form des Wissens ist wichtig für Konstrukteure?
3. Wo findet man das bestimmte Wissen?
4. Wie bewertet man die Qualität der Information (des Wissens)?
5. Wie kann die Informationstätigkeit rationell organisiert werden?

Fachinformation stellt neben den Konstrukteuren den wichtigsten Operator des Konstruktionsprozesses dar. Man kann nämlich beim Konstruieren unter Umständen ohne Methodik, ohne Arbeitsmittel und ohne Führung auskommen, keineswegs aber ohne Kenntnis der Naturgesetzmäßigkeiten, Werkstoffe und ihrer Eigenschaften und Verarbeitung, ohne Normen, Patente usw. Zudem entscheidet auch eine schnelle Bereitstellung wichtiger Informationen über die Effizienz des Konstruktionsprozesses.

Wie bereits erwähnt, werden vom Standpunkt der Terminologie her gesehen *Information* (geisteswissenschaftlich und umgangssprachlich), Kenntnis und Wissen als praktische Synonyme angewendet, auch wenn dabei nuancierte Inhaltsabweichungen vorkommen.

Als *Fachinformation* (Fachwissen) betrachten wir vor allem den Inhalt der speziellen Konstruktionswissenschaft auf dem bestimmten Gebiet (siehe Kapitel 8). Das allgemeine Wissen und Können wird als allgemeine Voraussetzung aufgefaßt.

Das Fachwissen wird in *Sachwissen* und *Konstruktionsprozeßwissen* aufgeteilt. Sachwissen betrifft das Objekt des Konstruierens (das technische System, welches konstruiert werden soll), Prozeßwissen betrifft das Konstruieren selbst (als Tätigkeit oder Technologie).

Diese Definitionen beantworten die Fragen 1, 2 und 3, weil wir hier bereits zu dem diskutierten Inhalt der Konstruktionswissenschaft gelangt sind (siehe Kapitel 5). Wesentliche Ideen zur Problematik der Fachinformation werden auch in den nächsten Abschnitten untersucht, welche das Sach- und Konstruktionsprozeßwissen behandeln, vor allem die Form und die Quellen des Wissens (siehe Bild 6–2).

In diesem Zusammenhang müssen wir auf ein weiteres Gebiet aufmerksam machen, nämlich auf die *Informations-* und *Dokumentationswissenschaft*. Auch ihr Objekt ist Information, sie sucht nach optimalen Methoden und Mitteln der Darbietung, Erfassung, Bearbeitung, Speicherung, Recherchen (Nachforschungen), Bewertung und Verarbeitung von Informationen (fast ohne Rücksicht auf den Inhalt und dessen Bedeutung für ein Fachgebiet). Die Technik dieser Tätigkeiten wird im Fach Dokumentation behandelt. Es werden besonders die Operationen Erfassen, Ordnen und Erschließen von Dokumenten und deren Bereitstellung untersucht. Weil es sich um Operationen handelt, die auch von Konstrukteuren ausgeführt werden, sollten ihnen diese Kenntnisse nicht fremd bleiben. Dies besonders aus dem Grunde, daß sie mit Bibliotheken Kontakte unterhalten müssen, für welche die Information/Dokumentation eine grundlegende Disziplin darstellt. Die Fragen nach Informationsquellen und dem Bewerten werden dort beantwortet und weitere wichtige Informationen wie Ordnungssysteme, Informationsbanken und -träger geliefert (Antwort auf Fragen 4 und 5).

Alle rational arbeitenden Konstrukteure kommen unausweichlich einmal dazu, daß sie ihr eigenes *Informationssystem* aufbauen müssen. Ob sie Computer oder Karteien oder andere Arbeitsmittel dabei benutzen, sei dahingestellt. Sie sollten jedoch von der Konstruktionswissenschaft Anweisungen bekommen, wie eine Datenbank aufgebaut werden kann, weil schon das Ordnungssystem mit den Erkenntnissen der Konstruktionswissenschaft harmonisiert werden soll.

7.2.2.7 Führung des Konstruktionsprozesses – Operator des Konstruktionsprozesses

Fragen:

1. Welche sind die speziellen Aufgaben der Führung im Konstruktionsprozeß?
2. Welche sind die Aufgaben im Unternehmen bezüglich der Konstruktionsprozesse?
3. Welche Organisationsarten des Konstruktionsbüros und welche Führungsstrategien sind möglich? Welche sind die Bedingungen?
4. Welche sind die Spezialisierungsprobleme und -möglichkeiten?
5. Wie wird die Arbeit des Konstruierens geplant?

Die Führungssysteme und -techniken werden sehr unterschiedlich gestaltet, je nach Art des Konstruktionsprozesses (siehe Bild 7–16) und Stand der einzelnen Elemente des Konstruktionssystems (Bild 7–10). Besonders schwierig ist es, die Menschen zu führen und zu organisieren.

Konstruktionsarbeit ist sicher eine besondere Art der menschlichen Tätigkeit, die auch mit Attributen wie schöpferisch, künstlerisch usw. charakterisiert werden kann (vergleiche Kapitel 2). Die Führungsstrategie im Konstruktionsprozeß muß folglich anders sein als bei anderen Menschensystemen und wird kaum in einem Management-Handbuch auffindbar sein. Führende Konstrukteure müssen darüber hinaus bis zur höchsten Position Fachleute sein, welche die Arbeit verstehen und „am Zeichenbrett" sich der Diskussion zu stellen bereit sind, denn sonst können sie kaum bei den Mitarbeitern die notwendige Anerkennung finden.

Alle Tätigkeiten der Konstruktionsführer, wie Aufgabe festlegen und zuteilen, planen, Anweisungen erteilen, Arbeitsmethoden festlegen, Arbeit koordinieren, organisieren und andere, müssen von einer bewußten Führungstaktik geleitet und beeinflußt werden. Es soll dabei die Weiterbildung der Mitarbeiter nicht vergessen werden, im Sachwissen, im Prozeßwissen und in der Persönlichkeitsentfaltung.

Es ist eine weitere Aufgabe der Konstruktionswissenschaft, durch entsprechendes Wissen den Konstruktionsmanager zu unterstützen und die für Konstruktionsprozesse besonderen Theorien der Spezialisierung, der Organisation und der Planung zur Verfügung zu stellen. Die folgenden oft gegensätzlichen charakteristischen Merkmale des Konstruktionsprozesses sind dabei zu berücksichtigen:

- schöpferisch-innovative Aufgaben, die sehr komplex sein können;
- lange Durchlaufzeit der Projekte mit Zwischenstadien, die oft schwer kontrollierbar sind;
- Mitarbeiter, welche oft Individualisten mit ausgeprägtem Charakter sind;
- oft unter Zeitdruck abgewickelte Arbeit;
- verantwortungsvolle, mit Risiken (Haftung) verbundene Arbeit;
- Mangel an fähigen Mitarbeitern (der Arbeitsplatz „am Zeichenbrett" wird nicht bevorzugt);
- psychische Barrieren anläßlich eingeführter neuer Methoden und Techniken (Technologien);
- Raum für Persönlichkeitsentfaltung, Karriere und Gelegenheiten zur Beförderung (Aufstieg ohne Umstieg, zum Beispiel in die Unternehmensführung);
- gleichzeitige Bearbeitung mehrerer Aufgaben, welche jeweils in verschiedenen Stadien der Entstehung (Konstruktionsreife) sind.

7.2.2.8 Aktive Umwelt des Konstruktionsprozesses – Operator des Konstruktionsprozesses

Frage:
Womit und wie beeinflußt die aktive Umwelt Leistung und Verlauf des Konstruktionsprozesses?

Der Konstruktionsprozeß verläuft in einer materiellen und sozialen Umwelt. Die Einflüsse, welche diese auf den Konstruktionsprozeß ausübt, besonders auf den Menschen, werden mit Begriffen wie Arbeitsbedingungen, Arbeitsmilieu oder Arbeitsklima umfaßt und allgemein in der Arbeitswissenschaft untersucht. In ihr sind Psychologie, Physiologie, Technologie der Arbeit, sowie Arbeitsmedizin und Kulturlehre einbezogen – dadurch wird auch die Breite der Problematik angedeutet. Bei der Erörterung dieses Gebietes muß diese an den Arbeitsplatz gebundene Problematik bewußt als Mikrosituation im breiten Rahmen der Makrosituation (d. h. der Gesellschaft) erkannt werden. Der Einfluß der Makrosituation auf den Konstruktionsprozeß kann in gewissen Phasen (Krieg, ökonomische Krise) stark an Bedeutung gewinnen. In unseren Untersuchungen beschränken wir uns auf die Mikrosituation. Dabei lassen sich drei Fälle unterscheiden, die ganz unterschiedliche Randbedingungen schaffen:

1. Fall des traditionellen Konstruierens – umfaßt die Arten A bis D der Konstruktionsprozesse in Bild 7–16 (siehe auch Abschnitt 7.2.2.3.5);
2. Fall der Computeranwendung – umfaßt die Arten E und F der Konstruktionsprozesse;
3. Fall der Automatisierung – umfaßt die Art G der Konstruktionsprozesse.

Die zur Zeit aktuelle Situation ist diejenige der Computeranwendung (in einigen wenigen TS-Familien schon übergreifend auf Automatisierung einiger Teile des Konstruktionsprozesses), eine Etappe, welche neben den physikalischen und organisatorischen Arbeitsbedingungen (Lage, Größe, Ausstattung und Anordnung, Beleuchtung, klimatische Verhältnisse, Lärm in den Konstruktionsbüros) und neben den psychologischen Arbeitsbedingungen auch die Problematik der Arbeit mit dem Computer aufnimmt (Beziehung Mensch–Computer).

Die Bedeutung der diskutierten Arbeitsbedingungen ist größer als man vermuten könnte. Dies beweist auch eine Befragung der Konstrukteure, welche diese Faktoren oft relativ sehr hoch ansetzen. Die Einflüsse der aktiven Umwelt wirken sich auch indirekt aus, denn Arbeitsbedingungen stehen in wichtigen Beziehungen zu anderen Faktoren (z. B. zur Führung, zu Arbeitsmitteln, zur Information), deren Einflüsse sie entweder verstärken oder mindern (bremsen).

Die Konstruktionswissenschaft soll dem Konstruktionsprozeß angepaßte Ergebnisse der Arbeitswissenschaft und der speziellen Forschung zur Verfügung stellen und dabei ihre Kopplung betonen.

7.2.2.9 Zusammenfassung Konstruktionsprozesse

Die Behandlung des Konstruktionssystems mit dem Konstruktionsprozeß im Zentrum (Bild 7–10) zeigt die in die Breite auslaufende Problematik mit allen ihren Elementen und Relationen. Eine Orientierung bietet die Matrix, welche die Beziehungen zwischen den Zielen und Merkmalen des Konstruktionsprozesses und seiner

Einflußfaktoren darstellt. In Bild 7–18 sind diese Beziehungen nach einem vierstufigen Maßstab (großer, mittelgroßer, kleiner, oder kein Einfluß) bewertet. Daraus wird ersichtlich, wie sie mehr oder weniger die Stellenwerte einzelner Faktoren für die gewählten Merkmale bestimmen.

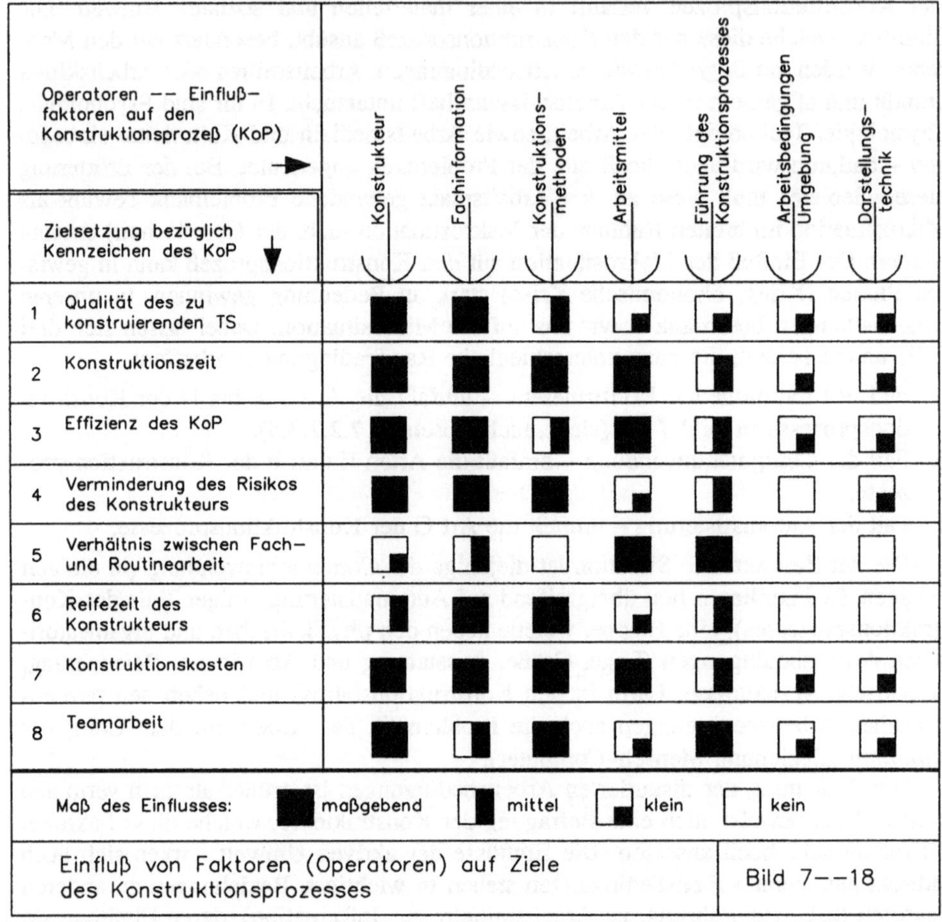

Einfluß von Faktoren (Operatoren) auf Ziele des Konstruktionsprozesses

Bild 7––18

7.3 Sachwissen

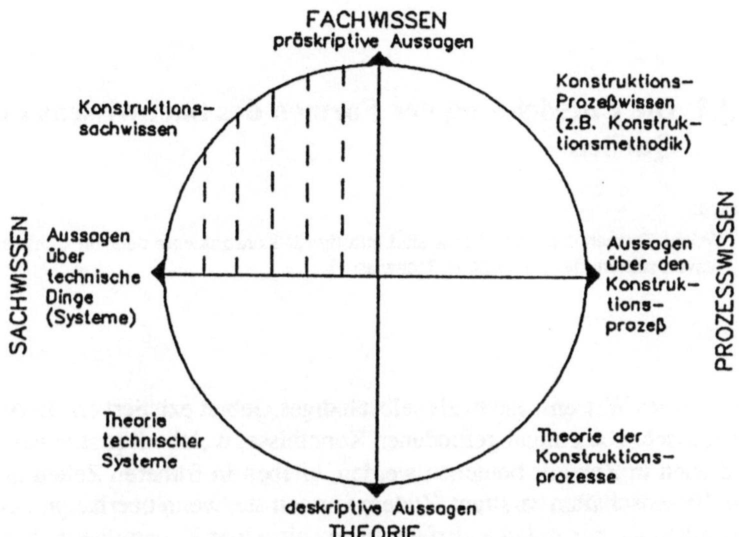

Mit den zwei folgenden Teilgebieten der Konstruktionswissenschaft verlegen wir unsere Überlegungen von der Theorie (deskriptive Aussagen, siehe Abschnitte 7.1 und 7.2) zum Gebiet der *präskriptiven Aussagen,* das in engerer Relation zur Praxis steht (vergleiche Bild 5–2 obere nördliche Hälfte). Die präskriptiven Gebiete (zusammen präskriptives Konstruktions-Fachwissen genannt) sollen das praktische Wissen enthalten, das Konstrukteuren in allen Situationen beim Konstruieren die aufgetauchten Fragen direkt und schnell beantworten soll. Analog zur Theorie wird das präskriptive Fachwissen in seinen zwei Teilgebieten behandelt:

1. im Sachwissen (Wissen über technische Systeme) und
2. im Konstruktionsprozeßwissen (Wissen über das Konstruieren).

Konstrukteuren stellen sich bei ihrem Schaffen wiederholt die Fragen:

- Welche ist die Problemstellung,
- „wie" und
- „womit" kann ich ein Problem lösen?

Die Vielfältigkeit der Probleme entspricht der Breite der Konstruktionstätigkeiten (vergleiche Bild 7–12). Deshalb soll das notwendige Fachwissen nicht nur vorhanden, sondern auch schnell auffindbar sein und die Fragen direkt beantworten (sowohl im Sach- als auch im Prozeßwissen), wie sie beim Konstruieren auftauchen. Besonders in der Verwirklichung der einzelnen Anforderungen (welche später als Eigenschaften der technischen Systeme erscheinen) müssen alle Einflußfaktoren bekannt und ihre Beziehungen in quantifizierter Form verfügbar sein.

7.3.1 Die Entwicklung der Formen des Sachwissens und dessen Quellen

Fragen:

1. Welche Formen des Sachwissens sind günstig für Konstrukteure oder für Computer?
2. Wovon stammt das präskriptive Sachwissen?

Ein solches Wissenssystem als selbständiges Gebiet existiert erst in Ansätzen und fragmentarisch. Die einmal gefundenen Kenntnisse, welche Konstrukteure heute brauchen und auch in Zukunft brauchen werden, blieben in früheren Zeiten in einigen relevanten Wissenschaften zerstreut. Zudem wurden sie, wenn überhaupt, nur vage formuliert und als bloße persönliche „Erfahrungen" einzelner Konstrukteure in kein System integriert. Die Wiederauffindung oder Übertragung in andere Fachgebiete wurde dadurch wesentlich erschwert. Erfahrung war der Ursprung des Wissens. Erst später, circa in den zwanziger Jahren unseres Jahrhunderts, wurden die Ingenieurwissenschaften zur dominierenden Quelle dieses Wissens (Bild 7–19, Weg 1).

Für Konstrukteure bedeutete das aber, daß sie (d. h. jeder Konstrukteur für sich) ihre konkreten spezifischen Kenntnisse für ihr eigenes Fachgebiet vom allgemeinen Wissen (und teilweise von ihren Kollegen) ableiten mußten. Dort, wo keine Ingenieurwissenschaften entstanden waren, gelangte man in der Suche nach Fachwissen eventuell bis in die Naturwissenschaften (Physik, Chemie, Biologie) und in weitere Gebiete. Das „Suchfeld" der Konstrukteure bildeten also – und bilden immer noch – die zwei hierarchischen Wissensebenen, wie sie in Bild 7–19 (Weg 2) in den Spalten 1 und 2 gezeigt sind, und selbstverständlich auch das Erfahrungswissen (Spalte 4) und Normen (Spalte 3). Es soll noch erwähnt werden, daß nicht jedes TS-Merkmal oder jede TS-Eigenschaft (Bild 7–4) einem bereits existierenden Wissensgebiet zugeordnet werden konnte und kann. In weiterem wird dies an Beispielen erläutert.

Ungefähr in den vierziger Jahren kam der Nachteil deutlich zum Vorschein, daß nämlich ein zu großer Transfer von Kenntnissen für Konstrukteure zu bewältigen war, damit eine Information aus den Ingenieurwissenschaften beim Konstruieren angewendet werden konnte. Es war das Gebiet der Realisation von technischen Systemen, auf welchem sich die Disziplin „Fertigungsgerechtes Konstruieren" entfaltete und wegweisend wirkte (vergleiche Quellen 23 und 24 in Bild 7–1). So entstand tatsächlich die Grundlage für das Teilgebiet präskriptives Sachwissen, das in der Spalte 6, Bild 7–19, situiert ist. Für die Konstruktionspraxis soll dieses Wissenssystem als substantielles Reservoir notwendigen Wissens dienen (Weg 3).

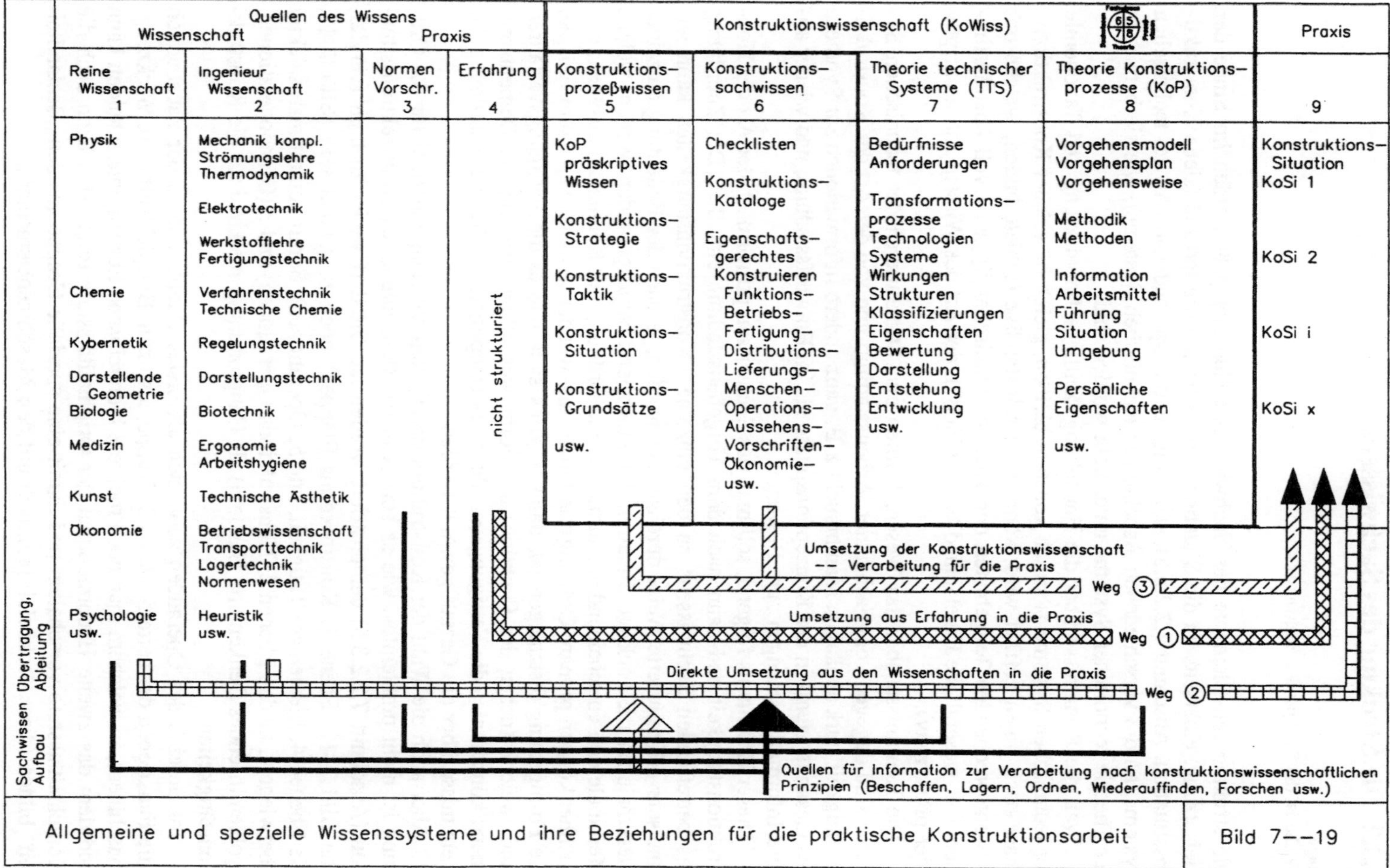

Allgemeine und spezielle Wissenssysteme und ihre Beziehungen für die praktische Konstruktionsarbeit

Bild 7--19

7.3.2 Die Struktur des Sachwissens

Frage:
Welche ist die Struktur des Sachwissens?

Die strukturellen Elemente des Sachwissens sollen angepaßt werden im Sinne der Zielsetzung, einerseits an die Situationen im Konstruktionsprozeß (siehe Konstruktionssituation, Abschnitt 7.2.2.3.5), anderseits an die Operandenart (Art des technischen Systems, an die verschiedenen Aspekte der technischen Systeme), wie sie bereits in der Theorie technischer Systeme untersucht worden sind.

Weil die Kenntnisse über die Entstehung, zeitliche Entwicklung und Taxonomie der technischen Systeme ziemlich konstant bleiben, gleich in welcher Konstruktionsphase nach ihnen gefragt wird, können sie selbständige Gebiete bilden, welche mit den entsprechenden Teilgebieten der Theorie technischer Systeme voll übereinstimmen. Der wesentliche Unterschied besteht bloß in der Art des Wissens (ob deskriptiv oder präskriptiv).

Die Kenntnisse über das Wesen, Wirken und Strukturieren der technischen Systeme sind dagegen vom Fachgebiet, Arbeitsstadium und von der Art der Konstruktionstätigkeit stark abhängig. Man braucht z. B. ganz andere Informationen zur Synthese des Gesamtsystems in der Konzeptionsphase als im Entwurfsstadium, und wieder andere Informationsmengen zum Bewerten.

Dieser Erkenntnis folgend, soll man das Sachwissen primär nach der Art der Konstruktionstätigkeit und dann nach dem Vorgehensstadium einteilen. Die Zuordnung des betreffenden Sachwissens zu den einzelnen Konstruktionstätigkeiten kann auf eine sehr differenzierte Weise durchgeführt werden, je nach der Bedeutung einzelner Merkmale für die konkrete Situation. Es muß zuerst herausgefunden werden, welche Merkmale den entscheidenden Einfluß auf die Ordnung der Kenntnisse ausüben; erst nachher können primäre Ordnungsmerkmale angewendet werden. Wenn zum Beispiel die Formgebung festzulegen ist, dann zeigt es sich, daß es die Fertigungsverfahren sind, welche (neben der Funktion) die Form wesentlich beeinflussen. Dementsprechend können also die Fertigungsverfahren als Hauptmerkmal für die Anordnung der Kenntnisse über die Gestalt gewählt werden.

Aber auch die Wahl der Konstruktionstätigkeiten als Hauptmerkmal für die Ordnung ist nicht problemlos, wie es bereits in der Behandlung der Konstruktionssituation (Abschnitt 7.2.2.3.5) demonstriert worden ist. Sie darf weder zu breit (vergleiche Bild 7–12, Ebene 1, Konstruktions Etappen) noch zu schmal sein (Bild 7–12, die Ebenen 4, Elementare Tätigkeit, und 5, Operationen). Somit kommt man selektiv überwiegend zu den Ebenen 2 (Konstruktions-Operationen) und 3 (Grundoperationen, problemlösendes Denken und Handeln) als Hauptordnungsmerkmal für die Konstruktionstätigkeiten.

Im Bereich des Operanden zeigt sich als erstes Hauptmerkmal der Fachbereich (die Funktionen der betreffenden TS-Gruppe, also zum Beispiel Turbinen, Werkzeugmaschinen), in welchem man noch mehrere hierarchische Ebenen unterscheiden kann und dem das zweite Hauptmerkmal der Originalitätsstufe folgt. Man kann auch die Komplexitätsstufe vorschalten und damit eine spezielle Gruppe aus den „Bestandteilen" bilden (diese deckt sich praktisch mit den Maschinenelementen).

Die möglichen Anordnungen der Konstruktionssituationen und der zugeordneten strukturellen Elemente des Sachwissens sind aus Bild 7–20 ersichtlich. Sehr pragmatisch, entsprechend dem Gebrauch des Konstruierens, werden Konstruktionssituationen (vergleiche Abschnitt 7.2.2.3.5) entweder von den Konstruktionsoperationen und Grundoperationen oder von den bestimmten Merkmalen des Operanden bestimmt. Man kann das strukturelle Element in diesem Bereich (A) folgendermaßen beschreiben:

- Einer bestimmten Konstruktionssituation – z. B. beim Suchen nach Lösungen für das bestimmte Organ – wird auf einem bestimmten Fachgebiet und auf einer bestimmten Originalitätsstufe ein bestimmtes Wissenselement zugeordnet. In diesem Fall ist auch die Lage der Konstruktionssituationen im Vorgehen eindeutig festgelegt.

Eine andere Klasse von Konstruktionssituationen entsteht mit den Operationen Bemessen, Gestalten, Festlegen der Werkstoffe und anderen. Diese wiederholen sich mehrmals während des Konstruierens (auch als Iterationsvorgang), und neben den unterschiedlichen Methoden wird auch ein unterschiedliches Wissen in jeder Situation angewendet. Das bedeutet, unterschiedliche Elemente des Sachwissens müssen je nach der Lage der betreffenden Konstruktionssituation dem Konstrukteur zur Verfügung stehen. So werden zum Beispiel in der Konzeptionsphase bei den ersten Annahmen über Form, Abmessungen oder Werkstoffe ganz andere Ansätze benutzt als bei der Lösung dieser Probleme im Vorentwurf oder beim Detaillieren. In Abschnitt 7.2 über die Konstruktionsmethoden haben wir die Bedeutung möglichst exakter Ermittlungen in den frühen Konstruktionsphasen unterstrichen (kürzerer oder längerer Regelkreis, vergleiche Bild 7–15).

Wenn das Sachwissen von Konstruktionsoperationen unabhängig ist, dann kann ein Aspekt des Operanden zum Ordnungs-Hauptmerkmal werden. Der Bereich (B) von Bild 7–20 enthält solche Fälle. So kann zum Beispiel das von der allgemeinen Entstehungstheorie abgeleitete Sachwissen im Rahmen eines bestimmten Fachgebiets weiter für verschiedene Originalitätsstufen, und noch weiter für verschiedene Produktionsarten (Massen-, Serien- und Stückproduktion) zu bestimmten Elementen des Sachwissens werden.

Eine wichtige Kategorisierung technischer Systeme bildet sich auch nach dem Komplexitätsgrad. Anlagen, Maschinen, Gruppen und einzelne Bauteile belegen die vier Stufen der Maschinensysteme (vergleiche Abschnitt 8.1), wobei jede Stufe mehrere Besonderheiten aufweist. Besonders die zwei letzten Stufen enthalten Baueinheiten, die auf vielen Fachgebieten sehr allgemein verwendbar sind. Für diesen Fall wäre es ungünstig, das Sachwissen über Baueinheiten gemäß Konstruktionstätigkeiten anzuordnen, dagegen bietet sich da als besseres Ordnungsmerkmal die Anordnung nach Organen an. Darum werden Elemente des Sachwissens nach elementaren Organen oder Organismen (wie Verbindungen, Übertragungen) eingeordnet und können das komplette Wissen über diese bestimmte Baueinheiten beinhalten. Die Konstruktionssituation, welche für die Anwendung solcher Elemente des Sachwissens in Frage kommt, läßt sich folgendermaßen beschreiben:

- Man hat eine Organstruktur (Lösungskonzept) und soll die Baustruktur festlegen.

	Konstruktionssituation					Konstruktions–sachwissen	z.B. Bild
	Konstruktionstätigkeit		Operand –– zu konstruierendes TS				
	Konstruktions–Operation	Grundoperation	Fachgebiet	Originalitäts–stufe	Weitere Aspekte Merkmale		
A	Wirkweise bestimmen	Entweder alle (beim Optimieren) oder einzelne				Kataloge von Wirkweisen	7––21
	Funktion festlegen						
	Funktionsträger, Organe bestimmen	Aufgabestellung ausarbeiten Lösungssuche Anordnung bestimmen Bewerten usw.	für jedes Fachgebiet	für jede Originalitätsstufe		Liste von Anforderungen (Master–Checkliste) Kataloge von Lösungen Anordnung	
	Werkstoffe festlegen + Bemessen + Gestalten + ...		ziemlich unabhängig vom Fachgebiet, nur seine "Spezialitäten"	unabhängig von Originalitätsstufe, nur spezielle Methoden		Werkstoff– und Fertigungs–gerechtes Konstruieren (nach Fertigungsverfahren gegliedert) z.B. Schweißteile Konstruktionsrichtlinien	7––22 7––23
B	für jede Operation oder Komplex		für jedes Fachgebiet	für jede Stufe	Entstehungsplan, Handlungsplan		7––8 7––14 7––11
					Entwicklungsplan – meist extrapoliert		
					Taxonomie		8––4
C	jede		beliebig	ziemlich unabhängig	Bauelemente, Taxonomie		8––11
			beliebig		Anlageplanung		8––2

Konstruktionssituationen und die Formen des Sachwissens   Bild 7––20

Man kann auch in diesem Bereich die Kenntnisse ziemlich allgemein verarbeiten, etwa auf die Weise, wie sie Bücher über Maschinenelemente anwenden, oder für ein bestimmtes Fachgebiet und einen bestimmten Hersteller in der konkreten Form einer Richtlinie oder sogar einer Norm erscheinen lassen.

Die bisherigen Betrachtungen über die Struktur des Sachwissens beweisen deutlich, daß keine allgemein gültige Lösung dieses Problems empfohlen werden kann. Einige ziemlich klare Kategorien der Elemente haben sich herausgebildet, sie überdecken aber keineswegs den ganzen Inhalt des Gebietes. Es ist also eine gemischte Lösung, die für die Praxis zu erwarten ist; und dies schon aus dem Grunde, daß man sich nicht auf eine Gesamtkonzeption, sondern auf einen sukzessiven Vorgang richtet (das bedeutet Entstehung einzelner Gebiete nacheinander), der mit anderen Gebieten, besonders mit dem des Aufbaus von wissensbasierten Systemen (Expertensystemen) zusammenhängt.

7.3.3 Die Form des Sachwissens

Frage:
Welche Formen des Sachwissens sind für die Anwendung im Konstruktionsprozeß (beim Konstruieren) günstig?

Die günstige Form des Sachwissens bildet die Voraussetzung für eine effektive Anwendung. Das Wissen soll auf die gestellte Frage immer eine direkte Antwort bringen, gleich ob sie von Konstrukteuren oder vom Computer gestellt wird. Die Serie von Konstruktionsfragen wird nicht nur durch das Vorgehen, sondern auch durch die Konstruktionstätigkeiten gebildet (siehe Bild 7–12). Glücklicherweise führt die Vielfalt der Fragen nicht auf die gleiche Vielfalt von Formen. Diese treten zufälligerweise nur in einigen Kategorien auf. Man kann also nur von einigen Kategorien der Fragestellung das Gesamtgebiet überdecken. Wir behandeln hier die wichtigsten und häufigsten Formen.

A) Kategorie „Welche sind … ?"
In vielen Konstruktionsschritten wird nach Lösungen eines bestimmten Problems gefragt, z. B.: Welche Anforderungen, welche Wirkprinzipien, welche Organe usw., erfüllen diese Funktion?

Das Sachwissen soll also für die gegebenen Randbedingungen alle Lösungsmöglichkeiten dem Konstrukteur oder Computer zur Verfügung stellen. Da kann man verschiedene Stufen eines solchen Zustellungsmaterials differenzieren, zum Beispiel:

- Aufzählung (eine bloße Aufzählung ohne weitere Angaben);
- Aufzählung mit Angaben der Bedingungen;
- Aufzählung samt weiteren Unterlagen, z. B. Formeln;
- Aufzählung mit den Eigenschaften einer Lösung für Bewertung und Vergleich.

Solches Wissen wird zum Beispiel in Konstruktionskatalogen (auch Leitblättern) gespeichert, welche dazu meist Tabellenform benutzen. Sie bestehen aus einem Gliederungs-, Haupt-, Zugriffteil und eventuell noch aus einem Anhang (nach Roth [251]). Weitere Details darüber findet man im Bild 7–21, wo auch einige Beispiele die

Möglichkeiten dieses Wissenssystems veranschaulichen. Die erfolgreiche Anwendung von Konstruktionskatalogen wird durch die systematische Ordnung ihrer Gliederungsteile wesentlich bedingt. Oft sind es nämlich nicht die konkreten Lösungen, sondern die Klassen des Wissens, die weitere bedeutende Anregungen bringen. Denn man kann eher die vollständige Aufzählung der Klassen vollziehen als die komplette Aufzählung der Lösungen (Beispiele: Eigenschaftsklassen oder mechanische, hydraulische, elektrische Verstärker).

Es wäre denkbar, solches Wissen auch in wissensbasierten Systemen so zu speichern, daß die notwendige Information (einschließlich Beratung) vom Computer abrufbar ist. Beratung könnte auch heuristische Anleitungen zur Auswahl von Werten für Eigenschaften beinhalten, z. B. als Regeln. Ein Teil dieser Anleitungen sind schon innerhalb der Konstruktionskataloge vorhanden, der Umfang könnte aber viel weiter ausgebaut werden.

B) Kategorie „Wie soll man gestalten?" (Oder eine andere Fachtätigkeit ausüben?)

Besonders beim Gestalten kommen die Fragen, die sich auf Konstruktionseigenschaften beziehen, am häufigsten vor. Wie soll man gestalten, dimensionieren, Werkstoffe wählen und Oberflächengüte bestimmen, damit die gestellten Anforderungen (Funktion, Festigkeit, Fertigungs-, Transport-, Lagerungs- oder Betriebsfreundlichkeit usw.) erfüllt werden? Die Instruktionen und Informationen dafür sind als Sachwissen in den bereits bekannten Disziplinen „eigenschaftsgerechtes Konstruieren" für die einzelnen Eigenschaften von technischen Systemen erfaßt (z. B. fertigungsgerechtes, montagegerechtes [42,43,64], ergonomiegerechtes [22] oder wartungsgerechtes Konstruieren). Man kann auch die Bezeichnung „eigenschaftsfreundliches Konstruieren" benutzen, so wie man z. B. Bedienungs- oder Transportfreundlichkeit als einzelne Eigenschaften bezeichnet.

Am Beispiel des Metallgußverfahrens (Bild 7–22) wird auf demselben Gebiet der große inhaltliche und formale Unterschied zwischen der Fertigungstechnik (im Abschnitt A dieser Aufzählung) und dem gußgerechten Konstruieren (Abschnitt C) deutlich gemacht. Konstrukteure (oder Computer) bekommen einen direkten Hinweis, wie die Form und die Abmessungen zu bestimmen sind, damit ein zum Modellieren (Gußmodell anfertigen), Formen, Gießen, Putzen und Bearbeiten günstiges Gußstück vorliegt. Die vorwiegende Wissensform auf diesem Gebiet sind die „Regeln" als Text und dann die Bilder (entweder gute Beispiele oder gute und schlechte zum Vergleich) sowie Diagramme oder Gleichungen.

C) Kategorie „Man soll es so tun."

Zwischen den präskriptiven und normativen Aussagen besteht oft kein großer Unterschied, es sei denn, die Verbindlichkeit und Tiefe der Vorschrift seien anders. Als eine weitere Musterform des Sachwissens kann die Vorschrift für die Konstruktionseigenschaften eines bestimmten technischen Systems betrachtet werden (Bild 7–23). Die einzelnen Eigenschaften – Form, Abmessung, Werkstoff oder Oberflächenbearbeitung – können empfohlen (Richtlinien – präskriptive Aussagen) oder vorgeschrieben (Norm – normative Aussagen) sein.

Konstruktionskatalog: Ein für die Konstruktion nutzbarer, außerhalb des Gedächtnisses, meist in Tabellenform vorliegender Wissensspeicher, der nach methodischen Gesichtspunkten erstellt wird, innerhalb eines gegebenen Rahmens weitestgehend vollständig sowie systematisch gegliedert ist. Er ermöglicht einen gezielten Zugriff auf seinen Inhalt und besteht aus einem Gliederungs-, einem Haupt- und einem Zugriffsteil und gegebenenfalls aus einem Anhang. Bei Operationskatalogen entfällt der Zugriffsteil.

Gliederungsteil: Der Teil eines Konstruktionskatalogs, der die systematische Ordnung des Inhalts und die Vollständigkeit des Katalogs bestimmt. Er soll bei Aufstellung des Katalogs endgültig sein und auch den Rahmen für theoretisch mögliche, aber zur Zeit noch nicht bekannte Inhalte bilden; (weiße Felder im Hauptteil). Der Gliederungsteil enthält ausschließlich die Gliederungsmerkmale.

Hauptteil: Der Teil eines Konstruktionskatalogs, der den Inhalt des Katalogs, d.h. die Objekte, die Lösungen oder die Operationen enthält. Der Inhalt wird in Form von Begriffen, Sätzen, Symbolen, Formeln, Skizzen, Zeichnungen u.s.w. dargestellt. Die bekannten Inhalte füllen häufig nicht alle berücksichtigten Felder des Hauptteils aus. Sie können nachträglich ergänzt werden.

Zugriffsteil: Der Teil eines Konstruktionskatalogs, in dem man nach besonderen, im Gliederungsteil meist nicht enthaltene Gesichtspunkten Teile des Inhalts aufsuchen kann. Der Zugriffsteil (eindimensionaler Konstruktionskatalog) ist, den Bedürfnissen des Anwenders angepaßt, beliebig erweiterbar, ohne daß man den Gliederungs- und Hauptteil ändern muß.

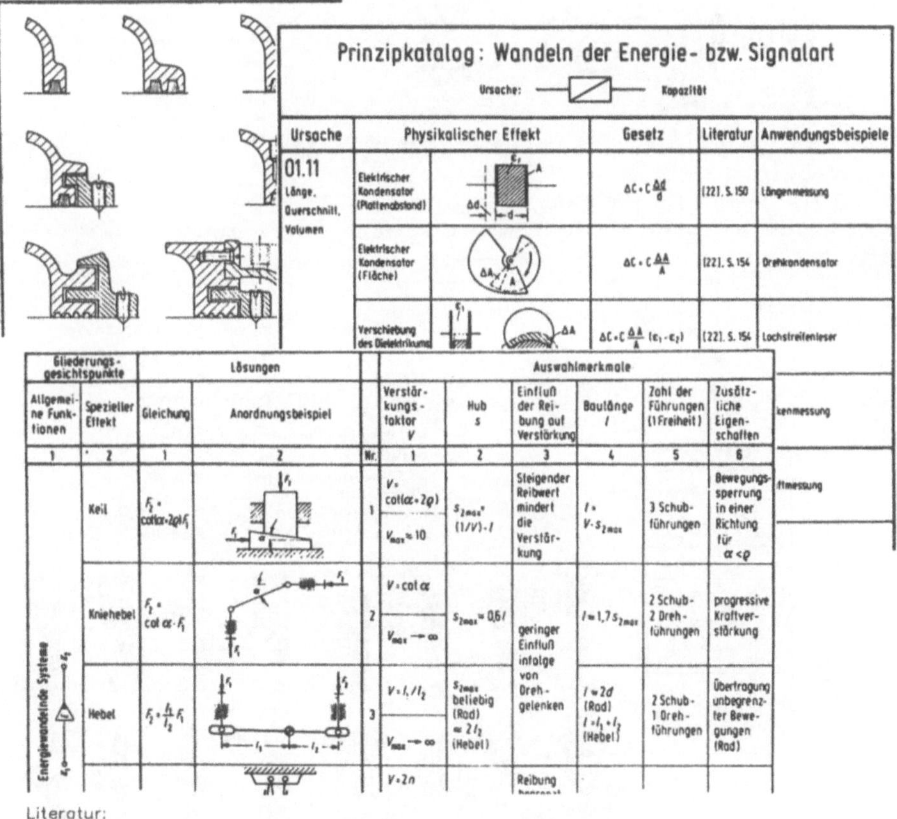

Literatur:
Roth, K., *Konstruieren mit Konstruktionskatalogen*, Berlin: Springer-Verlag, 1982

Konstruktionskataloge -- Formen   Bild 7--21

A —— Kenntnisse der <u>Fertigungstechnik</u> und <u>Fehler</u>:

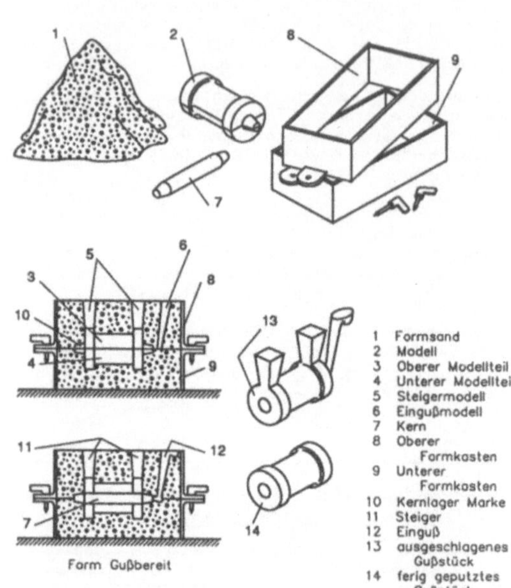

<u>Gußfehler</u>, Fehlstellen am fertigen Gußstück. Gußfehler und deren Ursachen sind so vielfältig, daß eine vollständige Aufstellung mit Kennzeichen und Abhilferezepten hier nicht möglich ist. Gußfehler können, abgesehen von Gestalt- und Maßabweichungen, die Festigkeitseigenschaften des Gußstückes herabsetzen, Undichtigkeiten hervorrufen, die Bearbeitung und Oberflächenbehandlung erschweren, die Korrosionsbeständigkeit und das Aussehen beeinflussen und damit zu Ausschuß führen. Das häufige Zusammenwirken mehrerer Ursachen erschwert oft die Erkennung und Bekämpfung der Gußfehler. Die Höhe des Gießerei-Ausschusses kann auch bei sorgfältiger Arbeitsweise beträchtlich schwanken, sie hängt stark von Gußwerkstoff und Form des Gußstückes ab.

Gußfehler sind z.B.:
Gestaltfehler folgend aus
        Formfehlern,
Kernverlagerungen,
Putzfehler.

B —— führen zu den <u>Anforderungen</u> an Gußstücke:
d.h. an Struktur + Form + Abmessungen + Werkstoff + Toleranz + Oberfläche

Gußgerecht

Modell- gerecht	Formerei- gerecht	Gießgerecht	Erstarrungs- Spannungsgerecht	Putz- gerecht	Bearbeitungs- gerecht

C —— führen zu den Regeln für <u>Gestaltung</u> und Empfehlungen
     für <u>Dimensionierung</u>:

— Konstante Wanddicke einhalten,
— Scharfe Kurven vermeiden,
— Materialanhäufungen vermeiden,
— Übergänge stetig gestalten,
— Unterteilen von großen Bearbeitungsflächen,
— Anzug für Abheben der Modelle vorsehen.

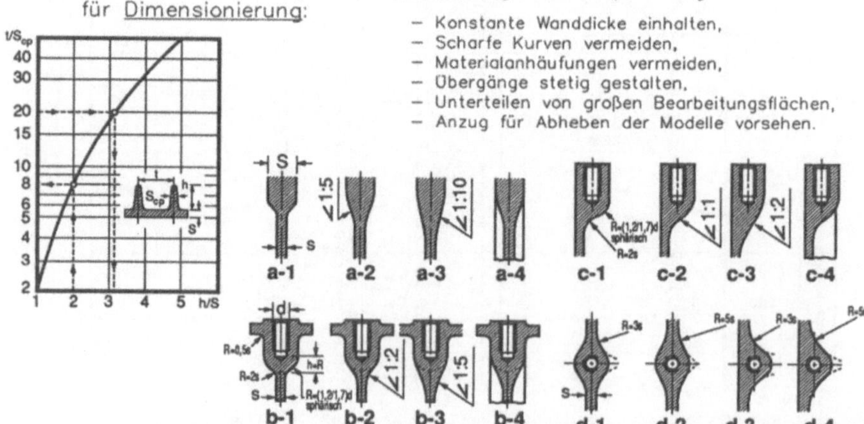

Wissen —— Gußgerechtes Konstruieren | Bild 7—-22

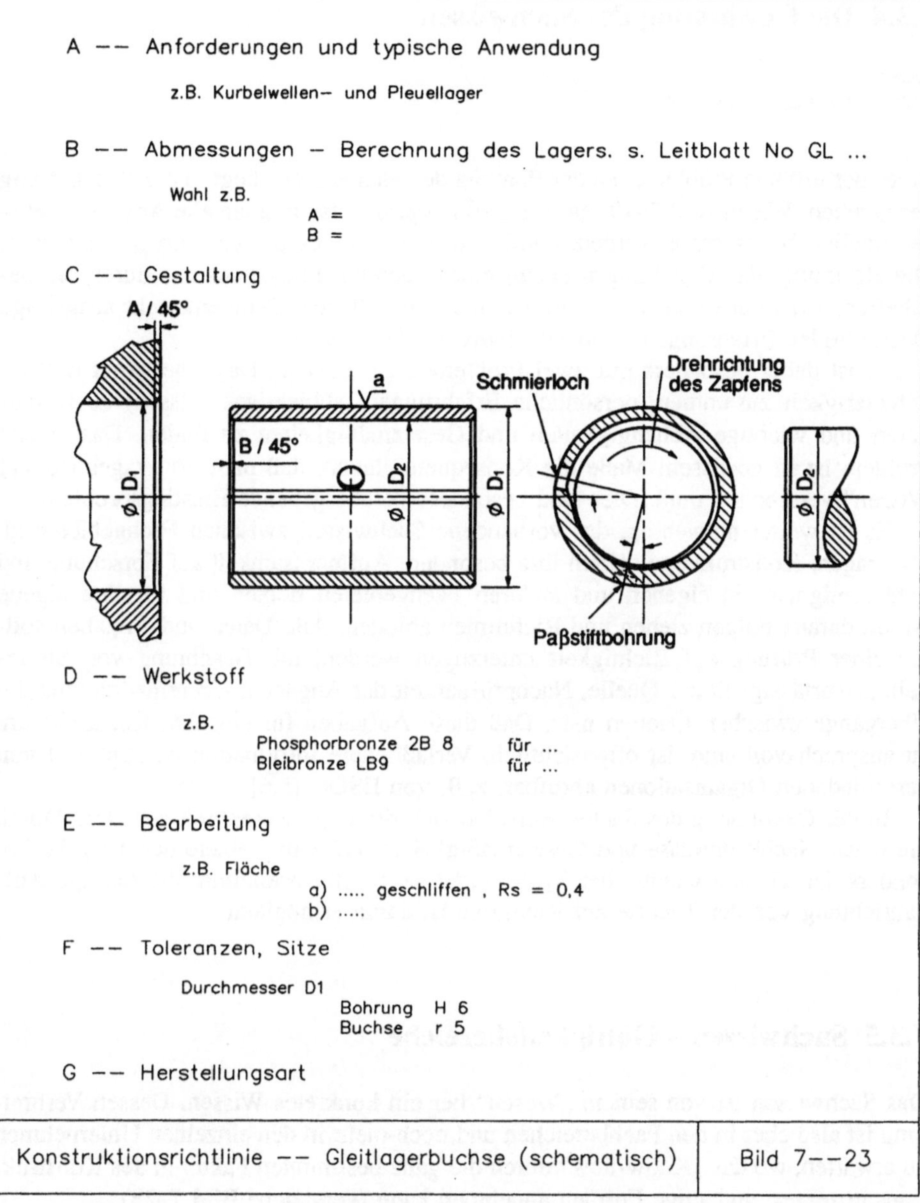

Diese drei Kategorien des Sachwissens und die gezeigten Beispiele der Formen erschöpfen keineswegs die Möglichkeiten. Man wird im Zusammenhang mit dem Inhalt immer neue Formen finden, die noch vollständiger das Sachwissen darstellen und das Herausfinden noch effektiver machen. Der andere Faktor, der Computer, wird seine Anforderungen stellen und das Angebot durch seine Fähigkeiten anreichern, gleich ob er Konstrukteuren dient oder in einem wissensbasierten System eingebaut ist.

7.3.4 Die Gewinnung des Sachwissens

Frage:
Woher stammt das Sachwissen?

Eines der größten Probleme bei der Planung des Sachwissens liegt in der Beschaffung der Quellen. Wie in Bild 7–19 (ganz unten) ausgeführt ist, müssen alle Arten von Wissensquellen beansprucht werden, damit ein vollständiges System verwirklicht wird. Die Hoffnung, das Erstellungsproblem eines Sachwissenssystems nur durch die beschaffene Literatur lösen zu können, ist eine reine Illusion. Denn eine sehr ausgiebige Quelle bilden Erfahrungen – ein sehr individuelles System.

Es ist dabei besonders mit zwei Problemen zu rechnen. Das eine hängt mit der Schwierigkeit zusammen, persönliche Erfahrungen (subjektives Wissen) zu formulieren und wichtige Abhängigkeiten und Gesetzmäßigkeiten zu finden. Das zweite Problem ist in gewissem Maße die Konsequenz davon, daß man oft „vages (fuzzy) Wissen" verarbeiten muß. Dies sind besonders vorübergehende Einstiegsprobleme.

Es ist weiter notwendig, das vorhandene Sachwissen zwischen Fachgebieten zu übertragen. Konstrukteure sollten ihre besondere Aufmerksamkeit auf Forschung und Fehlerereignisse in eigenen und anderen Fachgebieten richten und für ihre eigene Arbeit daraus Folgen ziehen und Richtlinien ableiten. Alle Daten und Angaben sollten einer Prüfung auf Richtigkeit unterzogen werden, mit Beachtung von Stetigkeit, Zuverlässigkeit der Quelle, Nachprüfbarkeit der Angaben, Übereinstimmung der Übergänge zwischen Quellen usw. Daß diese Aufgaben für einzelne Konstrukteure zu anspruchsvoll sind, ist offensichtlich. Verläßlichere Information ist zum Teil von verschiedenen Organisationen abrufbar, z. B. von ESDU [5,6].

In der Gewinnung des Sachwissens hat sich die Lage wesentlich geändert. Durch die neuen Sachkenntnisse und Gesetzmäßigkeiten auf dem Gebiete der Theorie, besonders der Theorie technischer Systeme, ist sie positiv beeinflußt; die richtige Aufbaurichtung von der Theorie zur Richtlinie ist damit ermöglicht.

7.3.5 Sachwissen – Gültigkeitsbereiche

Das Sachwissen ist von seinem „Wesen" her ein konkretes Wissen. Dessen Verbreitung ist also eher in den Fachbereichen und noch mehr in den einzelnen Unternehmen zu erwarten, wo das „Know-how" durch die ganz bestimmten Faktoren des Konstruktionsprozesses eindeutige Formen annehmen kann (vergleiche Bild 7–23).

Es existieren aber auch Bereiche, die konkrete Hinweise enthalten können, obwohl sie auf einer allgemeinen Ebene entwickelt wurden und mit ziemlich beschränkten „Spezialitäten" einem breiten Verbraucherkreis dienen können. Als Beispiel kämen die Gebiete „eigenschaftsgerechtes Konstruieren" in Frage, wie sie in Abschnitt 7.3.3 beschrieben worden sind. Bild 7–22 veranschaulicht, wie die Hinweise, aus den Kenntnissen der Fertigungstechnik gewonnen, als Regeln oder Gestaltempfehlungen (Teil C) eine umfangreiche Gültigkeit haben und, mit den bestimmten Unternehmensspezialitäten ausgestattet, ein sehr konkretes Wissen repräsentieren.

7.3.6 Stand und Entwicklungsaussichten des Sachwissens

Das Sachwissen erscheint allen Konstrukteuren als etwas Selbstverständliches, wenn sie über ihre Anforderungen an das Fachwissen nachdenken. Jedoch ist nur ein Bruchteil dieses Wissens vor der Einführung des methodischen Konstruierens entstanden. Der allgemein schwierige Aufbau dieser Systeme bremst ihre breitere Anwendung, von der Tatsache ganz zu schweigen, daß erfahrene Konstrukteure vom Sinn dieser Aufarbeitung nicht immer überzeugt sind. Dabei könnte die Anwendung des Sachwissens, neben anderen (hier besprochenen) Auswirkungen, auch die „Reifezeit" der Konstrukteure wesentlich verkürzen.

Praktisch ist unserer Ansicht nach eine wesentliche Änderung erst dann zu erwarten, wenn die wissensbasierten Systeme einen Wissensspeicher verlangen und das Sachwissen als einen wesentlichen Bestandteil des notwendigen Wissens „entdecken".

7.4 Wissen über Konstruktionsprozesse

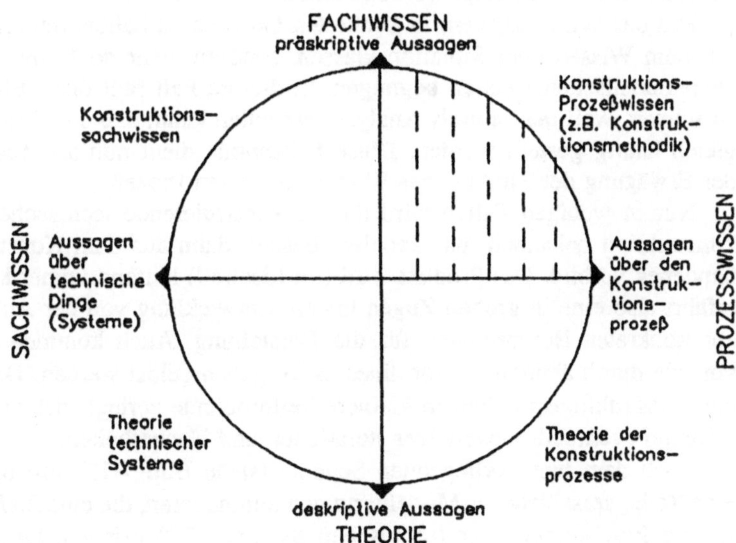

Das zweite Teilgebiet des Fachwissens – Wissen über Konstruktionsprozesse – befaßt sich mit der Transformation laut Bild 7–10. In Abschnitt 7.2 wurde die Theorie des Konstruktionsprozesses behandelt, und die für die Theorie relevanten Fragen wurden gestellt. Dagegen nehmen diese Fragen eines Konstrukteurs in der Praxis eine andere, konkrete Form an. Je nach der Funktion und dem Rang der einzelnen Konstrukteure liegt der Schwerpunkt der Arbeit und damit auch die Fragestellung an unterschiedlichen Stellen. Im Durchschnitt wiederholen sich folgende Fragestellungen häufig:

1. Wie soll man bei einer konkreten Konstruktionsaufgabe vorgehen?
2. Welche Methode (Hinweis Abschnitt 7.2) soll man zur Lösung eines bestimmten Problems (in gegebenen Bedingungen) wählen, oder wie soll man sich verhalten?
3. Welche Arbeitsmittel kann man in einer bestimmten Konstruktionssituation benutzen?
4. Welche Fachinformationen werden für bestimmte Konstruktionssituationen gebraucht, und wo findet man sie? (Koordinieren mit Sachwissen)
5. Wie sollen bestimmte Konstruktionsaufgaben geführt und organisiert werden?
6. Wie kann man besser bewerten?
7. Wie kann man die Arbeit der Konstrukteure verbessern?

Der Unterschied zu den Fragen in der Theorie ist deutlich. Es wird nicht nach einer systematischen Behandlung eines Wissensgebietes gefragt, sondern nach einer Empfehlung, wie ein Problem in einer bestimmten Situation (oder bestimmten Situationsklasse) gelöst werden kann, oder wie man sich verhalten und welche Maßnahmen man treffen soll. Eine solche Aufgabenstellung an ein Wissenssystem ist im Vergleich zur Theorie schwierig, schon wegen der sehr großen Zahl von Situationen (falls alle Variationen berücksichtigt werden sollen).

Um das Wissenssystem in konkreten Grenzen zu halten, muß man sich nicht nur mit dem Wissen über Situationsklassen, sondern mehr noch mit den ausgewählten, charakteristischen Klassen begnügen. In diesem Fall fällt diese Einschränkung nicht zu schwer, weil man mittels Analyse feststellen kann, daß die einzelnen Fragen nicht gleich häufig gestellt werden. Diese Erkenntnis dient nun als Ausgangsposition bei der Erwägung der Struktur des Wissens über den Prozeß.

Nur in wenigen Fällen wird das zu konstruierende technische System als Neukonstruktion behandelt, das Problem besteht dann aus dem Konstruieren ohne vorhandenes Vorbild. Das Produkt wird (im Idealfall) laufend immer konkreter definiert, erfährt also eine in groben Zügen lineare Entwicklung von der Aufgabenstellung bis zur konkreten Beschreibung für die Herstellung. Auch kommen weitere Probleme vor, die durch ähnliches, grob-lineares Vorgehen gelöst werden. Dies gilt auch wenn ein Konstruktionsproblem in kleinere Teilprobleme zerlegt (dekomponiert) wird und während eventuell notwendiger Iterationen und Nacharbeiten.

Nach dem hier vorliegenden Schema (siehe Bild 7-13) soll dieser Lösungsweg eine Reihe verschiedener Modellierungen durchqueren, die eine fließende, immer konkretere Beschreibung des technischen Systems (TS) bringen. Das grob-lineare Vorgehen wird von zahlreichen kürzeren Zyklen von Detailproblemlösungen unterstützt (siehe Bild 7-12, Ebene 3: Grundoperationen): Die Teilaufgabe wird definiert, Informationen werden beschafft, verschiedene Lösungsmöglichkeiten werden gesucht, untersucht (analysiert), bewertet, ausgewählt, verifiziert, verbessert, dargestellt, dann in den Hauptstrom der Lösung eingebaut, mitgeteilt usw.

Die überwiegende Zahl der Fälle des Konstruierens behandelt Abänderungen, Anpassungen, Variantenbildungen usw.: Eine Lösung existiert bereits, sie soll aber in dem einen oder anderen Aspekt der Aufgabenstellung angepaßt oder verbessert werden. Auch hier bedarf es vorher einer Aufgabenstellung und deren Abklärung. Dann kann man entweder vom bestehenden Vorbild eine konkretere Struktur (siehe Bild 7-3) übernehmen (Sprung im Vorgehen) oder sie durch Abstrahieren aus dem schon konstruierten Vorbild gewinnen. Danach kann man sich wieder bis zu der erneuerten Herstellungsdokumentation am Vorgehensmodell (siehe Bild 7-13) halten. Durch Abstrahieren und darauffolgendes Konkretisieren entsteht eine rückläufige Schleife durch die Strukturmodelle.

Für eine Abänderung der Bauteiledetails (Konfiguration und/oder Parametrisierung) und deren Zusammenbau ist eine durch Abstraktion von einem Vorbild entstandene rückläufige Schleife kurz (oder ein so entstandener Sprung aus der Aufgabenstellung sehr lang). Wenn größere Partien der Baustruktur geändert werden, besonders wenn neuentwickelte Bauteile oder Organismen zur Verfügung stehen, kann die rückläufige Schleife sich zeitlich verlängern und höher in die Abstraktion der Struktur reichen. Noch länger und höher verläuft die Schleife dann, wenn Änderungen in der Organstruktur verlangt werden, wenn z. B. die Funktionen des technischen Systems statt mechanisch nun elektronisch gelöst werden sollen. Es können Abänderungen sogar in der Funktionsstruktur oder in der gewählten Technologie vorkommen, wodurch die Schleife für einige Teilgebiete noch länger und höher wird. Durch Übernahme oder Neuentwicklung einer höheren Struktur (kleiner Sprung) kann der Weg unter den letzteren Bedingungen rationeller sein als der des Abstrahierens.

7.4.1 Die Struktur des Wissens über Konstruktionsprozesse

Wenn unser Fragenkatalog zum Abschnitt 7.4 als Grundlage für die Ermittlung der Struktur benutzt wird, bietet sich die Möglichkeit an, die Fragen in drei Kategorien zu ordnen, nämlich:

1. Fragen methodischen Charakters, mit denen nach Methoden, Verhalten gefragt wird (z. B. Fragen 1, 2);
2. Fragen nach Beziehungen im Konstruktionsprozeß, nach seiner Charakterisierung, Bewertung, besonders nach Operatoren des Konstruktionsprozesses (z. B. Fragen 3, 5);
3. spezielle Fragen, die an eine bestimmte Situation gebunden sind (z. B. Fragen 6, 7).

Die Kategorie „1" kann als eine viele Konstrukteure (oder auch Programatore) interessierende Problematik charakterisiert werden. In bezug auf diese Problematik werden häufig Fragen gestellt. Die Antworten, das bedeutet das Wissen, lassen sich dabei ziemlich zuverlässig nach den Konstruktionstätigkeiten als Klassen ordnen. (Diese Erkenntnis nähert sich dem Sachwissen – vergleiche Bild 7–20).

Das Wissen in der Kategorie „2" ist vorwiegend für eine kleinere Gruppe – die führende Schicht der Konstrukteure – von Interesse. Der Abruf dieses Wissens ist rar und an ganz bestimmte, spezielle Situationen gebunden, d. h. nicht auf den tagtäglichen Gebrauch.

Daneben tauchen ab und zu besondere, einmalige Situationen auf, die wenig Ähnlichkeit mit anderen Situationen aufweisen. Allgemeines Wissen für solche Fälle genügt nicht, es ist notwendig, spezielle Kenntnisse dafür zu gewinnen.

Aus der vorherigen Analyse können bereits die drei Kategorien 1–3 als grundsätzliche Strukturelemente und weiter auch die Tätigkeitsmerkmale als Ordnungsmerkmale der Kategorie „1" übernommen werden.

Die Analyse hat auch die Aufmerksamkeit auf die Häufigkeit der Anwendung des Wissens gelenkt. Aus der Sicht der Effizienz lohnt es nicht, den Aufbau der Informationssysteme für selten gestellte Fragen und rare Situationen zu planen.

7.4.2 Die Form des Wissens über Konstruktionsprozesse

Die Bedeutung der Form, in der das Wissen präsentiert wird, haben wir schon mehrmals betont. Für das Wissen über Konstruktionsprozesse können folgende Formen vorteilhaft benutzt werden:

1. Kataloge – Die Konstruktionskataloge, wie wir sie auf dem Gebiet des Sachwissens kennengelernt haben (vergleiche Bild 7–21), können auch das Wissen über Prozesse repräsentieren, und zwar in Form der Operationskataloge. Sie enthalten vorwiegend das Verfahren oder dessen Schritte und Regeln sowie die Anwendungsbedingungen und Einsatzkriterien. Im Unterschied zu Objektkatalogen enthalten sie keinen Zugriffsteil.
2. Modelle – Es ist empfehlenswert – die Erfahrung bestätigt es – das Vorgehen und andere methodische Anweisungen eher in Form von Modellen darzustellen, nicht nur mit einem Text. Der Ingenieur versteht und „liest" Bilder bedeutend leichter als einen Text (oder als eine mathematische Beziehung) und behält Elemente und Beziehungen besser im Gedächtnis als Worte (vergleiche Bild 7–13).
3. Tabellen, Entscheidungstabellen – Die Darstellung komplizierter Beziehungen oder Kombinationsmöglichkeiten ist in Form einer Tabelle (Matrix) sehr klar aufgezeichnet. Deshalb wird diese Form oft angewendet (vergleiche morphologischen Kasten, oder „Haus der Qualität" in der QFD-Methode [281]). Eine besondere Form der Tabelle ist die Entscheidungstabelle, die für Vorfestlegung von Entscheidungen, aber auch für die Vorbereitung von Programmen eingesetzt wird. Der Ausbau der Entscheidungstabellen kann unterschiedlich sein, jedoch müssen sie Regeln und Maßnahmen nach dem Muster „Wenn-Dann" enthalten.

7.5 Quasi-Hauptgebiete

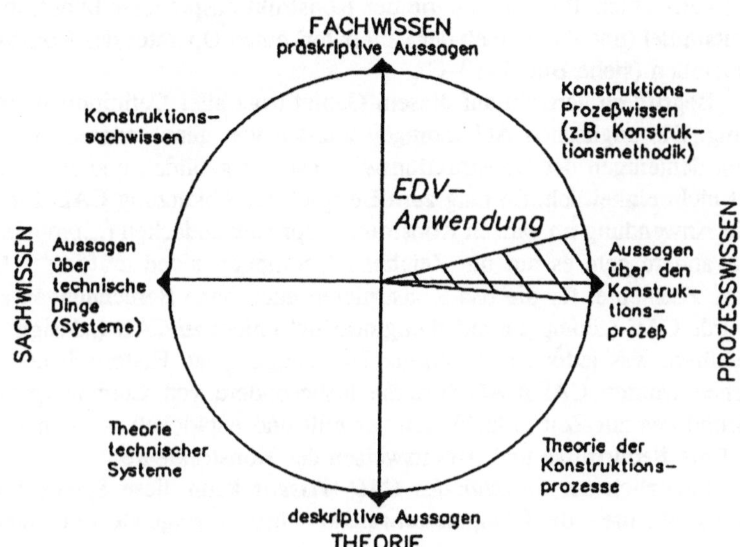

Die vier Hauptgebiete der Konstruktionswissenschaft decken mit ihrem Wissen auf jeder Konkretisationsebene technischer Systeme den Bedarf (und Gebrauch) an Wissen für Konstruieren. In gewissen Bedingungen kann es vorteilhaft sein, ein oder mehrere Teilgebiete dieser vier Hauptgebiete zu einem weiteren Quasi-Hauptgebiet zu erheben. In dieser Art kann ein Teilgebiet pragmatisch in die höchste hierarchische Ebene eingereiht werden — wegen dessen momentaner Bedeutung, Aktualität oder auch wegen der Ansprüche an Wissen aus mehreren Hauptgebieten. Als Beispiel ist in den folgenden Abschnitten das „CAD-Wissen" vorgestellt.

7.5.1 Wissen über rechnerunterstütztes Konstruieren – CAD-Wissen

Dieses Teilgebiet der Konstruktionswissenschaft wird aus pragmatischen Gründen wegen der Bedeutung der Computeranwendung wie auch wegen der Neuigkeit der Problematik als Beispiel vertieft besprochen. Um die Problematik möglichst übersichtlich darzustellen, sind die deskriptiven und präskriptiven Aussagen in eine Einheit zusammengeschlossen, wobei der Schwerpunkt des nutzbaren Wissens für Konstrukteure eindeutig im präskriptiven Bereich liegt. Da muß das Wissen immer den Anwendern vorgelegt werden, und es wird auch keine tiefgreifende Theorie erwartet. Die Theorie wird hauptsächlich in der Informatik behandelt und so weit als notwendig auch aus ihr übernommen.

Um absolute Klarheit zu schaffen, möchten wir hier wiederholen, daß diese Problematik einen Teil der Theorie der Konstruktionsprozesse bildet, in welcher die Arbeitsmittel (und damit auch der Computer) einen Operator des Konstruktionsprozesses darstellen (siehe Bild 7–10–C).

Begrifflich herrscht auf diesem Gebiet trotz aller Definitionen eine große Verwirrung. Die englischen Abkürzungen wurden von ganz anderen Standpunkten her als von denjenigen der Konstruktionswissenschaft gebildet, und auch ihre Interpretation ist nicht einheitlich. So mag zum Beispiel die Abkürzung CAD für einige Fachleute die Anwendung im ganzen Konstruktionsprozeß abdecken („computer aided design"), für andere geht es nur um Zeichnen („computer aided drafting"). Es gibt auch andere Fachleute, für die das Konstruieren auch ohne Berechnungen auskommt; somit würde CAE („computer aided engineering") nicht zu CAD („design" oder „drafting") gehören, was jedoch nicht unsere Überzeugung ist. Historisch und pragmatisch gesehen wurden CAD/CAE-Systeme insbesondere von Computerprogrammierern auf Grund des zur Zeit „Machbaren" erstellt und entwickelt – mit nur wenig Rücksicht auf die Bedürfnisse und Arbeitsweisen der Konstrukteure.

Bezüglich der *Struktur des CAD-Wissens* kann diese Sphäre von der Sicht der Konstrukteure – der Computer*anwender* – her auf folgende Teilgebiete unterteilt werden:

7.5.1.1 Wissen über Datenverarbeitung

A) Grundlagen der Informatik
Um die Informationsverarbeitung grundsätzlich zu verstehen und mit den Informatikern kommunizieren zu können, müssen Konstrukteure die grundlegenden Kenntnisse der Informatik beherrschen.

Wenn man in dieser Hinsicht an Digitalrechner denkt, meinen wir damit zum Beispiel das Verständnis des zweiziffrigen Zahlensystems (= binäres System) und dessen Realisierung durch zwei Zustände einer physikalischen Größe, das Verständnis der Informationsdarstellung mit Bits, Codes zur Zeichendarstellung und zur rechnerinternen Darstellung von Objekten, ihrer Modellarten und ähnlichem. Weiter muß man verschiedene Arten der Daten (z. B. alphanumerische, graphische), Dateien, Datenverwaltung, Datenbanksysteme, unterscheiden. Daß die Daten aufgenommen, gespeichert, verarbeitet und an bestimmte Datenträger abgegeben werden müssen, ist ein weiteres nützliches Wissenselement.

B) Grundwissen über Hardware und ihre Funktionen
Als Hardware werden Gerät und Material bezeichnet, alle materiellen, physikalischen Teile des Rechnersystems, die angefaßt werden können.

Die verschiedenen Geräte können zu mehreren, voneinander verschiedenen Systemen zusammengesetzt werden (man spricht von „Architektur" und „Konfiguration"), in welchen die periphären Geräte zur Ein- und Ausgabe sowie zur Speicherung und die Zentraleinheit zur Verarbeitung von Daten, zur Steuerung und Speicherung dienen.

C) Grundwissen über Software

Unter Software versteht man alle Programme und Daten eines Datenverarbeitungssystems. Das Programm schreibt dem Rechner eine Reihenfolge von Operationen, Vereinbarungen und Anweisungen vor, die auszuführen sind, um ein gestelltes Problem zu lösen. Dies gilt auch im allgemeinen, z. B. wenn diese Anweisungen in zwei oder mehreren parallelen Prozessoren ablaufen. Programme können auch in „Firmware" abrufbar gespeichert sein.

Für die Ausarbeitung von Programmen muß zuerst der Lösungsweg mit Voraussetzungen und Randbedingungen beschrieben werden (man spricht vom Algorithmus). Die erwünschte Transformation muß also algorithmisierbar sein, die Beschreibung läßt sich mathematisieren und formalisieren.

Das Programm muß den Rechner in der eigentlichen Maschinensprache steuern und instruieren. Diese rechnerspezifische Sprache, welche die Befehle der Zentraleinheit überträgt, wäre für das Programmieren ungeeignet. Für das Programmieren benutzt man deswegen die höheren Sprachen, die in einer Vielfalt vorhanden und auf Grund ihrer Fähigkeiten für ganz bestimmte Gebiete geeignet sind (z. B. Fortran mehr für mathematische und Pascal mehr für logische Operationen, LISP und Prolog für wissensbasierte Systeme, mnemotechnische Symbolsprache oder C++ für Operationssysteme und programmierbare Prozeßregler). Der gewöhnliche Benutzer beschäftigt sich normalerweise nicht mit dem Programmieren. Die heutige Entwicklung geht eher in die Richtung, daß auch Verwalter des Programms ihre Instruktionen durch Textverarbeitung (das bedeutet ohne oder nur mittelbar durch eine Programmsprache) eingeben können. Diese höheren Sprachen werden dann direkt von der Maschine in die Maschinensprache übersetzt (mit einem Interpreter direkt aus der höheren Sprache oder mit einem Compiler, der ein direkt laufendes Programm in der Maschinensprache herzustellen geeignet ist).

Von verschiedenen Gesichtspunkten her kann man Programme auf verschiedene Arten aufteilen, zum Beispiel auf Systemprogramme, Anwendungsprogramme oder Betriebssysteme. Es behauptet sich die Tendenz, daß einzelne Programme (Nachrechnungs-, Auslegungs-, Such- oder Optimierungsprogramme) zu Programmsystemen verbunden werden, welche auch das notwendige Wissen gespeichert haben (wissensbasierte Systeme, Expertensysteme) und die gleiche Datenbasis ansprechen (Integration).

Bei allen Programmen muß auf Durchsichtigkeit der Programmierung, Nachprüfbarkeit und Hinweise auf Ablauf und Rechnungswege geachtet werden. Eine Besonderheit der wissensbasierten Systeme ist die Separierung von Ablauf (die Inferenzmaschine) und Daten (Wissen, Regeln und so weiter). In solche Systeme können weitere Fähigkeiten eingebaut werden, wie zum Beispiel Lernfähigkeit, Regelungen des Ablaufs nach Wahrscheinlichkeiten und die Nachfrage darüber, wie das Ergebnis erreicht worden ist.

7.5.1.2 Programme

Die eigentlichen Werkzeuge für das Konstruieren sind dann die einzelnen Programme oder die Programmsysteme, die je nach Gebrauch eingesetzt werden können. Der Einsatz ist nicht problemlos, die Handhabung oder Beherrschung dieser Programme ist nicht so selbstverständlich. Die Begleitdokumentation (auch Hilfe für „On-line"-Befragung) läßt generell (sprachlich und inhaltlich) viel zu wünschen übrig, man spricht im einschlägigen Volksmund über „IBM-esisch" (unklarer Sprachgebrauch, Zunftsprache, wie sie von der Firma IBM angeblich erfunden wurde) als typische Art unlesbarer Anweisungen. Die „Anpflanzung" (Installierung, Wartung, Inbetriebsetzung und Benützung) auf einen bestimmten Computer ist auch nicht problemlos. Erfahrungen zeigen weiter, daß die Fähigkeiten eines Programms nur ausnahmsweise vollständig genutzt werden. Es ist auch die Verläßlichkeit der Resultate zu beachten, die nicht unbedingt durch die vorgenommenen Prüfungen des Programms gewährleistet ist.

Eine weitere Frage ist die Effizienz des Einsatzes der Programme. Programme für Einzeloperationen können sehr leistungsvoll sein und technisch sehr günstige Lösungen anbieten. Die Arbeit mit ihnen kann sich aber als sehr anspruchsvoll und zeitraubend herausstellen. Deshalb setzt sich die bereits erwähnte Tendenz durch, Programmsysteme anzuwenden, welche die gleiche Datenbank ausnützen und nur eine einmalige Eingabe einzelner Daten verlangen.

Die meisten Programmsysteme sind offene Systeme, die viele betriebsspezifische Daten für den Einsatz in konkreten Situationen (z. B. in einem Betrieb) gebrauchen. Die volle Ausnützung hängt dann von der Lieferung dieser Daten an den Computer ab (Shell-Programm).

7.5.2 Aquisition des Wissens für Programme

Die betriebsspezifischen, für die Programme gebrauchten Daten beziehen sich einerseits auf das Produktprogramm mit allen Lebensphasen der Produkte. Im Gegensatz zu den Erwägungen im Fachwissensbereich wird hier nach dem Sachwissen gefragt. Anderseits betreffen diese Daten Vorgehenskenntnisse (Algorithmen) als Prozeßwissen. Das Programm folgt der Arbeit der Konstrukteure und in ähnlichen Konstruktionssituationen stellt das Programm dieselben Fragen wie die Konstrukteure. Folglich bleibt das Wissen im Inhalt gleich, nur die Form könnte für die Computeranwendung differieren. Damit gelten die Aussagen in den Abschnitten 7.3 und 7.4 auch für dieses Gebiet. Wenn diese engen Beziehungen entdeckt werden, bestätigt sich auch die Auffassung der Konstruktionswissenschaft als System als richtig und vorteilhaft.

7.5.3 Zusammenfassung

Das CAD-Wissen ist vom Charakter her ein neues und ziemlich fremdes Element in dem ganzen Wissenssystem. Die Tiefe der Kenntnisse der einzelnen Konstrukteure und

-gruppen wird sehr unterschiedlich. Es lohnt sich, in bezug auf Computer-Spezialisten unter den Konstrukteuren auszuwählen.

In den vorherigen Abschnitten wurde die Computertechnik in groben Zügen beschrieben mit dem Ziel, wichtige Begriffe und Prozesse zu nennen und zum Studium (Aneignung des Wissens) anzuregen.

In Bild 7–24 haben wir das Gebiet der einzelnen Operationen und Hardware-Elemente der Computertechnik (Teil B) mit der Sphäre der Entstehung und dem Leben technischer Systeme (Teil A) sowie mit der Konstruktionswissenschaft in Beziehung gebracht. Es besteht hier nicht die Absicht, alle dort dargestellten Prozesse zu beschreiben – weil der interessierte Leser es selber vollziehen und das relativ komplizierte System auf diese Weise durchforschen kann –, sondern nur das System (mit Hardware, Software, Benutzer usw.) als Ganzes darzustellen.

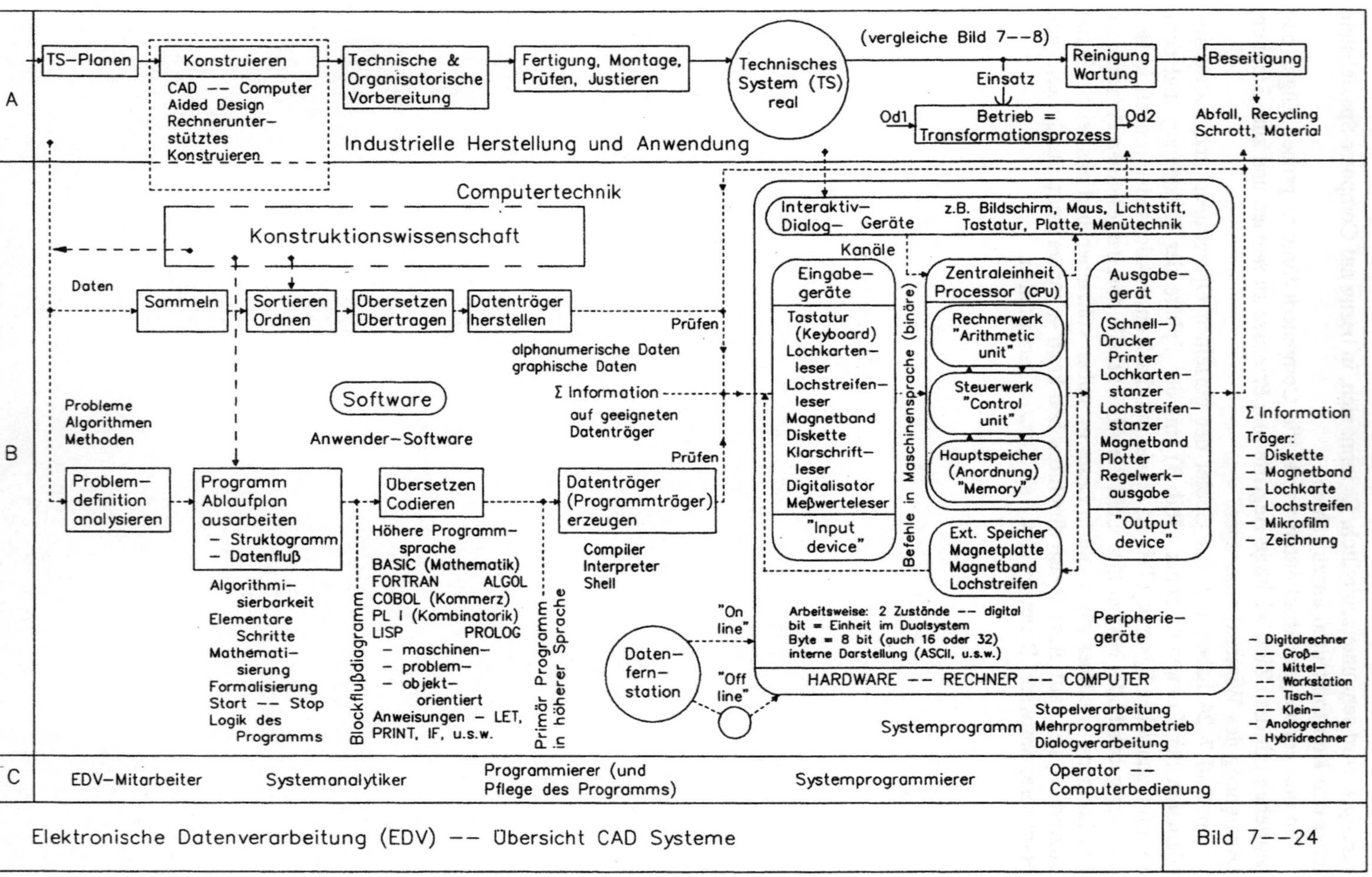
A
TS-Planen
Konstruieren
CAD -- Computer Aided Design Rechnerunterstütztes Konstruieren
Technische & Organisatorische Vorbereitung
Fertigung, Montage, Prüfen, Justieren
Technisches System (TS) real
(vergleiche Bild 7--8)
Einsatz
Reinigung Wartung
Beseitigung
Od1
Betrieb = Transformationsprozess
Od2
Abfall, Recycling Schrott, Material
Industrielle Herstellung und Anwendung
B
Computertechnik
Konstruktionswissenschaft
Daten
Sammeln
Sortieren Ordnen
Übersetzen Übertragen
Datenträger herstellen
Prüfen
alphanumerische Daten graphische Daten
Σ Information auf geeigneten Datenträger
Prüfen
Software
Anwender-Software
Probleme Algorithmen Methoden
Problem-definition analysieren
Programm Ablaufplan ausarbeiten
- Struktogramm
- Datenfluß
Algorithmisierbarkeit
Elementare Schritte
Mathematisierung
Formalisierung
Start -- Stop
Logik des Programms
Blockflußdiagramm
Übersetzen Codieren
Höhere Programmsprache
BASIC (Mathematik)
FORTRAN   ALGOL
COBOL (Kommerz)
PL I (Kombinatorik)
LISP   PROLOG
- maschinen-
- problem-
- objekt-orientiert
Anweisungen - LET, PRINT, IF, u.s.w.
Primär Programm in höherer Sprache
Datenträger (Programmträger) erzeugen
Compiler Interpreter Shell
Interaktiv-Dialog- Geräte
z.B. Bildschirm, Maus, Lichtstift, Tastatur, Platte, Menütechnik
Kanäle
Eingabegeräte
Tastatur (Keyboard)
Lochkartenleser
Lochstreifenleser
Magnetband
Diskette
Klarschriftleser
Digitalisator
Meßwerteleser
"Input device"
Befehle in Maschinensprache (binäre)
Zentraleinheit Processor (CPU)
Rechnerwerk "Arithmetic unit"
Steuerwerk "Control unit"
Hauptspeicher (Anordnung) "Memory"
Ext. Speicher Magnetplatte Magnetband Lochstreifen
Ausgabegerät
(Schnell--) Drucker Printer Lochkartenstanzer Lochstreifenstanzer Magnetband Plotter Regelwerkausgabe
"Output device"
Σ Information
Träger:
- Diskette
- Magnetband
- Lochkarte
- Lochstreifen
- Mikrofilm
- Zeichnung
"On line"
"Off line"
Daten-fern-station
Arbeitsweise: 2 Zustände -- digital
bit = Einheit im Dualsystem
Byte = 8 bit (auch 16 oder 32)
interne Darstellung (ASCII, u.s.w.)
HARDWARE -- RECHNER -- COMPUTER
Peripheriegeräte
Systemprogramm
Stapelverarbeitung Mehrprogrammbetrieb Dialogverarbeitung
- Digitalrechner
-- Groß-
-- Mittel-
-- Workstation
-- Tisch-
-- Klein-
- Analogrechner
- Hybridrechner
C
EDV-Mitarbeiter
Systemanalytiker
Programmierer (und Pflege des Programms)
Systemprogrammierer
Operator -- Computerbedienung
Elektronische Datenverarbeitung (EDV) -- Übersicht CAD Systeme
Bild 7--24

Teil III
Die Ableitung der Konstruktionswissenschaft in weitere Disziplinen – spezielle Konstruktionswissenschaften

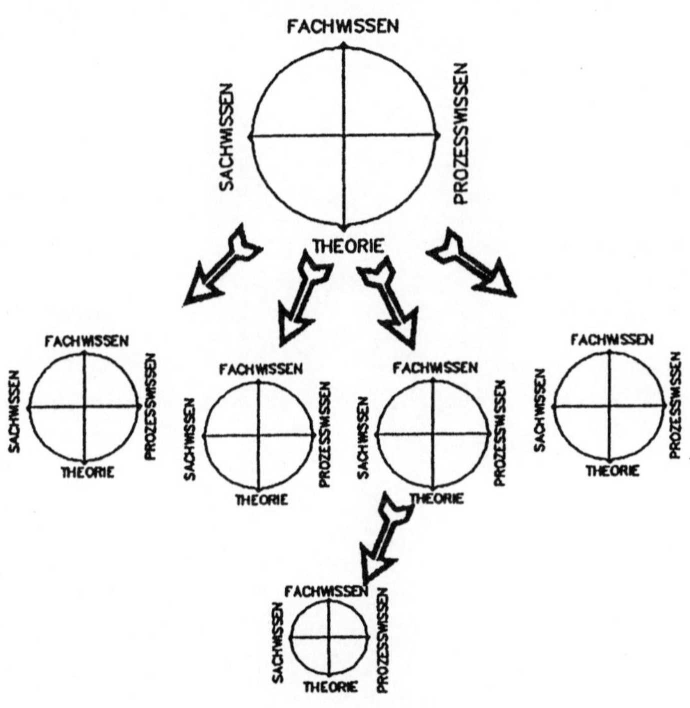

Die allgemeine Konstruktionswissenschaft ist nicht nur Verbraucher des Wissens anderer Wissenschaften, sie dient auch als Quelle für die Ableitung, Ordnung und Bereitstellung des Wissens für andere Disziplinen (sei es in Gedanken oder in schriftlicher Verarbeitung).

Erinnern wir uns, daß der Aufbau der allgemeinen Konstruktionswissenschaft (d. h. auf der Ebene technischer Systeme) als erstes Ziel gesetzt wurde (siehe Teil II). Als nächstes Ziel möchte man dieses Wissen für verschiedene Anwendungsbereiche transformieren. Man kann im Deduktionsprozeß eine (spezielle) Konstruktionswissenschaft für einzelne Arten von TS und/oder weitere Merkmale gewinnen.

Es geht um Ableitungen aus der Konstruktionswissenschaft, besonders nach zwei Merkmalen laut unserem morphologischen Schema, Bild 5–1. Eine Ableitung kann nach Merkmal 3 – Empfänger geschehen. Es entstehen ganz andere Wissenssysteme für:

- Studenten – als Konstruktionslehre, in welcher die Konstruktionskenntnisse nach didaktischem Konzept ausgewählt und angeordnet sind;
- Lehrer oder Forscher – als wissenschaftliche Behandlung mit allen Begründungen;
- Praktiker – z. B. als Konstruktionsmanual, in dem besonders die präskriptiven Aussagen ihren Platz finden und die Anordnung nach pragmatischen Kriterien geschehen muß (vergleiche Konstruktionssituationen, Abschnitt 7.2.2.3.5).

Wenn heute noch über die geringe praktische Anwendung der Konstruktionswissenschaft geklagt wird, dann besteht die wichtige Ursache darin, daß solche Ableitungen für Praktiker nicht in dem Umfang existieren, wie sie gebraucht würden.

Eine weitere Ableitung kann am Merkmal 5 – Objektcharakter geschehen. Für jede Art von TS kann das entsprechende Wissen abgeleitet und konkretisiert werden. Man schöpft einmal aus dem Wissen der Konstruktionswissenschaft wie auch aus dem entsprechenden Fachwissen des Gebietes. Das heutige Wissen z. B. über Maschinenelemente verbindet sich mit dem der Konstruktionswissenschaft in der speziellen Konstruktionswissenschaft für Maschinenelemente. Behandeln wir zuerst die zweite dieser Klassen von Konstruktionswissenschaft.

8 Konstruktionswissenschaft für die TS-Arten

In den Kapiteln von Teil II (Kapiteln 4–7) haben wir die allgemeine Konstruktionswissenschaft besprochen, die der Ebene der technischen Systeme zugeordnet ist. So wurde auch ein allgemeiner Konstruktionsvorgang gefunden (Bild 7–13). Jeder Konstruktionsprozeß ist jedoch von dem zu konstruierenden Objekt – dem technischen System – stark abhängig. Alle Arten technischer Systeme, wie sie in der Theorie technischer Systeme besprochen worden sind (Abschnitt 7.1.3.4 usw.), weisen also spezifische Konstruktionsprozesse auf und verlangen neben dem allgemeinen auch konkretes, spezifisches Fachwissen.

Die ersten zwei Kategorien technischer Systeme sind Prozeß- und Sachsysteme, die wesentlich den Konstruktionsprozeß beeinflussen.

In den früheren Kapiteln haben wir viele Klassifikationsmerkmale vorgeführt, siehe Bilder 5–1, 7–4, 7–9 und Abschnitt 7.1. Im Bereich der Sachsysteme, dem wir mehr Aufmerksamkeit gewähren, werden die Besonderheiten eines einzelnen Konstruktionsprozesses besonders durch die folgenden Klassifikationsmerkmale verursacht:

- Funktion und Arbeitsweise (Wirkprinzip) des technischen Systems (TS) (Merkmal einzelner Fachgebiete oder Industriezweige);
- Komplexitätsgrad (Anlage bis Teil);
- Originalitätsstufe des TS (Neuentwicklung, Anpassung bis Übernahme);
- Stückzahl hergestellter TS (Massen- bis Einzelfertigung);
- Betriebsgröße, wo TS hergestellt worden sind (TS hergestellt in kleineren, mittleren oder größeren Betrieben).

Einige Beispiele:

- Beim Konstruieren von Verbrennungsmotoren oder Kaplanturbinen und von vielen weiteren TS-Familien wird die Konzeptionsphase eher selten in Frage kommen, da diese TS jeweils auf der gleichen Arbeitsweise beruhen. Man kann sagen, daß ihr Prinzip-Schema (Organstruktur) vorgegeben ist. Anders kann sich die Situation entwickeln bei ihren einzelnen Teilorganen, die gewiß auch neu konzipiert werden können.

- Bei den stoffverarbeitenden TS und speziellen Maschinen bildet die Konzeption die entscheidende Phase des Konstruktionsablaufes, in dem über die Qualität des TS entschieden wird.
- Die Struktur von Anlagen besteht bekanntlich vorwiegend aus vorhandenen, teilweise käuflichen Elementen. Somit geht es beim Konstruieren von Anlagen (hier „Projektieren" genannt) besonders um die Auswahl der Elemente und Herstellung von Relationen.
- Der Konstruktionsverlauf eines Autos in Massen- oder Serienproduktion differiert bei der Herstellung von Hunderttausenden von Stücken stark vom Konstruieren für Einzelherstellung.
- Nur ein Teil des allgemeinen Konstruktionsprozesses, nämlich die letzten Gestaltungsphasen, wird appliziert, wenn es um eine Anpassungskonstruktion geht. In diesem Fall werden nur einige Daten gegenüber einer vorhandenen Konstruktion des TS verändert.
- Großbetriebe besitzen meist bessere technische und finanzielle Möglichkeiten (inklusive Computersystemen). Auch die Arbeitsteilung geht tiefer und somit auch das Kenntnisniveau.

Wenn diese unterschiedlichen Klassen des Konstruierens als Beispiele potentieller „spezieller Konstruktionswissenschaft" aufgefaßt werden, kommt man folgerichtig zu unterschiedlichen Vorschlägen, je nachdem, welche Kriterien als maßgebend übergeordnet gewählt werden. Eines steht fest, nämlich daß auf jeder dieser Klassen eine spezielle Wissenschaft (also ein spezielles Wissenssystem) aufgebaut werden kann. Diese Aussage ist durch die Erkenntnis unterstützt, daß in einzelnen Bereichen die „Know-how"-Informationen geläufig geworden sind (auch wenn man hier kaum von übergeordneten Wissenssystemen sprechen kann).

Wir empfehlen jedoch, die speziellen Konstruktionswissenschaften so vollständig wie die allgemeine Konstruktionswissenschaft zu definieren, damit sie möglichst vielen Fachleuten dienen und auch eventuell für den Unterricht eine sinnvolle Einheit darstellen können.

Von diesem Standpunkt gesehen, scheint uns die folgende Hierarchie der Ordnungsmerkmale angemessen:

- Komplexität technischer Systeme: der Unterschied zwischen dem Projektieren der Anlagen und dem Konstruieren von Teilen ist groß;
- Fachbereich: TS-Familien unterscheiden sich oft stark voneinander bezüglich der Fachwissenssysteme. Die Komplexitätsstufe der „Maschinen" kommt hier meist in Betracht;
- Originalitätsstufe technischer Systeme: Jedes technische System beliebiger Komplexitätsstufe und beliebiger Fachbereiche kann als Neuentwicklung oder Anpassung erscheinen. Je nach Art der Anpassung können die Abänderungen verschiedentlich sein – Änderungen nur der Abmessungen (innerhalb der Baustruktur), Änderungen der Baustruktur (z. B. Anordnungen), bis Änderungen in höheren (abstrakteren) Strukturen (vergleiche Bild 7–3 und Abschnitt 7.4);
- Produktionsart: Jedes technische System kann entweder in Massen- oder Einzelfertigungen hergestellt werden (auch wenn bekanntlich Bestandteile von Anlagen massenmäßig erzeugt werden).

Streng logisch gesehen kann also eine „Fachbereich-Konstruktionswissenschaft" als Element der Teilmenge jeder Komplexitätsstufe betrachtet werden und gleichermaßen auch eine „Originalitäts-Konstruktionswissenschaft" als Element der Teilmenge jedes Fachbereiches und eine „Produktionsart-Konstruktionswissenschaft" als Element der Teilmenge jeder Originalitätsstufe.

Diese Aussage kann man veranschaulichen (siehe Bild 8–1), indem zuerst die Maschinensysteme nach dem Komplexitätsgrad (grob) unterteilt und die TS-Familien den einzelnen Stufen zugeordnet und durch Beispiele verdeutlicht werden.

In bezug auf die Vollständigkeit der Konstruktionswissenschaft in einzelnen Gebieten muß jedoch klar sein, daß die einzelnen Ausprägungen der Ordnungsmerkmale ein immer noch allgemeines Wissenssystem ermöglichen, das breiter anwendbar ist und sich nur durch eine gewisse Spezialität von den anderen Wissenssystemen in der Umgebung unterscheidet. So können Wissenssysteme entstehen, die als Element mehreren Stufen und Arten von Wissenschaften zugehören. Als Beispiel seien hier die Gebiete des eigenschaftsgerechten Konstruieren erwähnt. Somit kann auch eine vollständige spezielle Konstruktionswissenschaft aus mehreren ziemlich „selbständigen" Elementen zusammengesetzt werden, die sich dem Kern des Fachgebietswissens anschließen (vergleiche Bild 8–5).

8.1 Konstruktionswissenschaft für einzelne Komplexitätsstufen technischer Systeme

Die Hierarchie technischer Systeme läßt sich nach dem Komplexitätsgrad im Grunde auf vier Ebenen errichten, auch wenn auf jeder dieser Stufen weitere Teileinheiten existieren können. Es handelt sich um Stufen IV – Anlagen, III – Maschinen (Geräte, Apparate), II – Gruppen und I – Elemente, Bauteile.

Die bekannteste Einheit dieser Hierarchie stellen die Maschine-, Gerät- und Appareinheit dar, die den Nutzern einen ganz bestimmten Komplex von Einwirkungen liefern und eine materielle Einheit bilden, z. B. Lokomotive, Staubsauger, Fernsehgerät, Haus oder Meßgerät. Die Maschinen können je nach der Komplexität ihrer Struktur gemäß verschiedenen Kriterien in viele Teilgruppen zerlegt werden, die jedoch fließende Grenzen aufweisen. Diese Teilgruppen bestehen wiederum aus Gruppen bis hin zu Bestandteilen – auch Elemente genannt.

Behandeln wir nun die spezifischen Merkmale der einzelnen Stufen und stellen uns dabei die Frage, wie vorteilhaft die Konstruktionswissenschaft sein kann und an welcher Stufe der Konkretisierung sie optimal situiert sein könnte.

8.1.1 Konstruktionswissenschaft für Anlagen

Als Anlagen, Einrichtungen bezeichnen wir technische Systeme höchster Komplexität (Stufe IV), die aus Maschinen bis hin zu den Elementen bestehen. Man spricht von

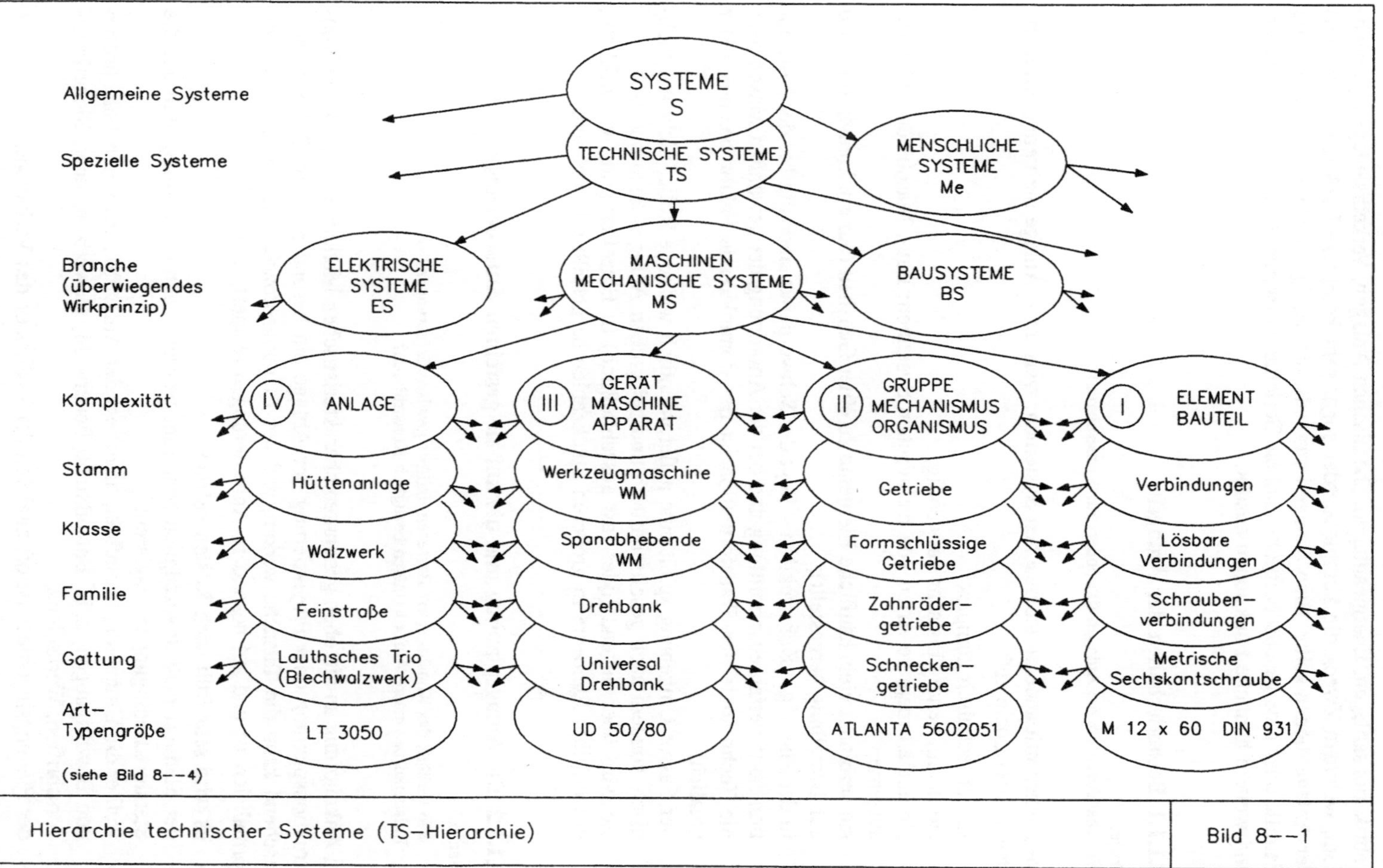

Hierarchie technischer Systeme (TS-Hierarchie)

Bild 8--1

Fabrikationsanlagen, Energieanlagen, chemischen Anlagen, Verkehrsanlagen, je nachdem, welchem Zweck die komplexe oder sogar sehr komplexe Funktion (Fähigkeit) der Anlage dienen sollte. Eine Anlage kann z. B. die heutige Küche sein, die für eine Familie oder eine gesellschaftliche Einheit Gerichte zubereitet, Nahrungsmittel lagert und weitere ähnliche Funktionen ausübt.

8.1.1.1 Besonderheiten der Anlagen

Frage:
Was charakterisiert die Anlagen (besonders für Konstruieren)?

Verglichen mit anderen technischen Systemen, weist eine Anlage mehrere charakteristische Merkmale auf:

- sie ist technisch komplex;
- sie ist aufwendig bis sehr aufwendig;
- sie enthält mehrere Arten von technischen Systemen: Bau-, Maschinen-, Elektrosysteme;
- sie verbindet viele käufliche Elemente zu einer Ganzheit (nur ein kleiner Teil wird auf Bestellung hergestellt);
- in der Planung – Konstruktion – liegt der Schwerpunkt eindeutig bei der Konzeption samt Verfahrensermittlung und bei der Anordnung der gewählten Maschinen;
- die Technologie der Transformation ist der dominierende Faktor bezüglich der Qualität;
- der Faktor Umgebung spielt eine außerordentlich wichtige Rolle, nicht nur technisch, sondern auch gesellschaftlich und bei großen Anlagen auch politisch;
- sie wird überwiegend (oder fast ausschließlich) in Einzelfertigung verwirklicht, obwohl ihre Elemente in größeren Stückzahlen hergestellt sein können.

8.1.1.2 Die Anlageplanung und die auf sie gestellten Anforderungen

Fragen:
1. Wie verläuft das Konstruieren? Bestehen darüber gewisse Erfahrungen?
2. Existieren besondere Anforderungen bezüglich Konstruieren?

In Anknüpfung an die oben genannten charakteristischen Merkmale ist auch die Konstruktionsplanung oder Projektierung der Anlage ein besonderer Prozeß. Sehr überraschend kann die Tatsache wirken, daß der Planungsprozeß schon heute sehr breit formalisiert ist und auf besondere Anforderungen reagiert; z. B.:

- es wird sehr früh nach Kosten gefragt;
- der Standort muß unverzüglich bestimmt werden, denn die Lösung muß auf die Standort-Bedingungen reagieren;
- weil er die Umgebung beeinflußt, unterliegt der Anlagebau mehreren Vorschriften und Bewilligungen, z. B. Bauaufsicht, Feuerwehr, Gewerbeaufsicht, Sicherheitsvorschriften, Werkschutz;
- der Planungsingenieur ist oft zugleich der Realisator des Vorhabens.

Die Planung läuft in der Regel auf mehreren Stufen ab. Die allgemeine Abwicklung erfolgt in folgenden Phasen:

- Vorplanung, Vorprojekt, die eine annähernde Vorstellung des Verfahrens, der Anlagestruktur, aber auch der Anlagekosten vermitteln sollen;
- Ausarbeitung des Projekts samt genauer Angaben über Verfahren (Technologie) aller entsprechenden Flüsse (Energie, Material, Information), Auslegungen von Maschinen, Apparaten, Plänen für elektrische Installation, Heizung, Lüftung inklusive einer Zusammenstellung aller Kosten;
- Erteilung von Ausführungsplänen und Bauvorhaben.

Es ist klar, daß es sich um eine sehr anspruchsvolle Ingenieurarbeit handelt, die viel spezielles Fachwissen verlangt und mit vielen (auch finanziellen) Risiken verbunden ist.

Deshalb überrascht es nicht, daß in diesem Bereich sehr früh Ansätze zur Rationalisierung des Projektierens zustandekamen. Das Beispiel der Methode SLP („Systematic Layout Planning") dokumentiert dieses Bestreben; einige ihrer Details (Bild 8–2) zeigen auch die Breite dieses Ansatzes.

8.1.1.3 Spezielles Fachwissen

Fragen:

1. Wird ein spezielles Fachwissen gebraucht und in welchem Bereich?
2. Existiert bereits dieses Wissen? Wenn ja, in welcher Form existiert es?

Um die gestellten Anforderungen erfüllen zu können, mußte auch ein spezielles Wissen entwickelt werden. Die Kostenberechnung und die mit Kosten und Berechnung verbundenen Kennzeichen können als charakteristisches Beispiel dienen:

Die für die Beurteilung der Wirtschaftlichkeit notwendige Ermittlung der in der ersten Projektionsphase entstehenden Kosten ist äußerst schwierig. Im Laufe der Zeit mußte man Methoden bilden, die es annähernd erlaubten (vergleiche Bild 7–15). Eine der so entwickelten Methoden besteht darin, daß man sich auf Grund eines einfachen Modells die erste Vorstellung von den Abmessungen der Gebäude, Apparate usw. verschafft. Dadurch kann man die Ausmaße des umbauten Raumes ermitteln und diese durch Erfahrungszahlen (z. B. sFr/m^3) multiplizieren. Durch Zuschläge können Kosten für weitere Einrichtungen (z. B. für elektrische, Heizungs- und Sanitärinstallationen) gewonnen werden. Die Methode und die entsprechenden Zahlen bilden das Fachwissen des Projektingenieurs.

Zu diesem Bereich gehört auch die Kenntnis der Mittelwerte, die sich auf Anteile von einzelnen Kostenarten der Gesamtkosten beziehen. Aus einer größeren Zahl von Fabrikationsanlagen wurden z. B. folgende Werte gewonnen: Anteil der Maschinen- und Apparatekosten ca. 33%, Gebäudekosten ca. 16%, Ingenieurarbeit ca. 16%, Leitung und Armaturen ca. 10%, Meß- und Regeleinrichtungen ca. 6,5%.

Solches Fachwissen muß auch in allen Teilgebieten ermittelt werden.

"Systematic Layout Planning" –– SLP –– untersucht:

A   fünf grundlegende Einflußfaktoren der Herstellung (P,Q,R,S,T)
B   in vier grundlegenden Phasen der Projektierung (I bis IV)
C   mit Hilfe des Blockschemas des Vorgehens
D   bei Ausnützung von vereinbarten Symbolen und graphischn Zeichen

A   <u>Die fünf grundlegenden Einflußfaktoren</u>

P   "Product" –– das Erzeugnis, das herzustellen ist
Q   "Quantity" –– die Quantität eines Erzeugnisses –– Produktionsvolumen,
        Herstellmenge
R   "Routing" –– Herstellungsprozeß –– Operationen und ihre Reihenfolge
S   "Supporting services" –– Dienstleistungen für die Herstellung
T   "Time" –– Herstellungszeit

B   <u>Die vier grundlegenden Phasen</u>

I   "Location (of the area to be laid out)" –– Situation der Anlage (Betrieb,
        Werkstätte, Maschinenkomplex)
II   "General overall layout" –– allgemeine Lösung (Projekt) der Anlage
III "Detailed layout plan" –– detaillierter Entwurf der Anlage
IV   "Installation (planning and moves)" –– Realisation und Herstellungsanlauf

        Die Phasen knüpfen logisch aufeinander. Zwischen den einzelnen Phasen
    verläuft der Genehmigungsprozeß.

C   <u>Blockschema des Projektvorgehens</u>

Veranschaulicht in graphischer Form die einzelnen Tätigkeiten, ihre Reihenfolge und
ihre Relationen.

D   <u>Vereinbarte Symbole und graphische Zeichen</u>

Diese bestehen aus graphischen, alphanumerischen und farbigen Zeichen, aus
Numerierungs– und Ordnungssystemen für die Tabellen, Maßstäbe, u.s.w.

Beispiel: die Wertungsskala–Symbolik

A   –– "absolutely necessary"   absolut notwendig
E   –– "especially necessary"   besonders notwendig
I   –– "important"   wichtig
O   –– "ordinary"   geläufig
U   –– "unimportant"   unwichtig
X   –– "not desirable"   nicht wünschenswert

<u>Literatur</u>

Muther, R., <u>Systematic Layout Planning</u>, Boston: Industrial Education Institute, 1961

Systematic Layout Planning –– SLP   Bild 8––2

8.1.1.4 Stellung und Inhalt der speziellen Konstruktionswissenschaft für Anlagen

Fragen:

1. **Auf welcher Anlagestufe kann die Konstruktionswissenschaft sinnvoll und effizient aufgebaut werden und auch optimal dienen?**
2. **Existieren spezielle inhaltliche Anforderungen?**
3. **Wie ist der Stand des Wissens?**

In der Taxonomie von technischen Systemen (im Rahmen der Theorie technischer Systeme) werden deren verwandte Arten zu hierarchisch abgestuften höheren Mengen (Taxa) zusammengefaßt. Dadurch entstehen Gattungen, Familien, Klassen, Stämme. Diese Ordnung von technischen Systemen, analog zur Botanik und Zoologie, eignet sich für alle Komplexitätsstufen von technischen Systemen, wie es in Bild 8–1 an Beispielen gezeigt ist (und definiert in Bild 8–4).

Für die Anlagen in Bild 8–1 wird demonstriert, daß eine konkrete Art des Lauthschen Trios LT-3050 der Gattung Blechwalzwerk angehört, daß diese (und andere) der Familie Feinstraßen angehören und diese (und andere) wiederum der Klasse Walzwerke und diese dann den Hüttenanlagen zugehört. Wir haben uns die Frage gestellt, auf welcher Stufe dieser Hierarchie es sinnvoll wäre, die grundlegende Konstruktionswissenschaft zu situieren.

Im Anlagebau werden bekanntlich vorwiegend Einzelstücke hergestellt, und für sie wäre der Aufbau der Konstruktionswissenschaft auf der Stufe der „Art" sicher fraglich. Von diesem Standpunkt her gesehen und hinsichtlich der Effizienz solcher Informationssysteme als Ziel, müssen wir die ausgewählte Stufe so hoch als möglich setzen. Hier geht jedoch der Bezug zur Konkretheit (z. B. der Darstellung einer Anlage) und vielleicht auch zu vielen Ähnlichkeitsaspekten verloren. Aber auch mit diesem Vorbehalt scheint die höchste Anlagestufe für die Situierung der Konstruktionswissenschaft wenigstens für den Anfang günstig zu sein. Das Wissenssystem der Konstruktion wird nachher mit dem breitesten speziellen Wissen für einzelne Stufen vervollständigt (vergleiche Bild 8–5).

Der Stand des Wissens für den Aufbau der Konstruktionswissenschaft präsentiert sich auf dieser Stufe als sehr günstig, denn neben den bereits erwähnten Erkenntnissen (Bild 8–2) stehen noch zahlreiche weitere Erkenntnisse in der Literatur und besonders in der Dokumentation und den Unterlagen von bekannten Projektionsorganisationen zur Verfügung.

8.1.2 Konstruktionswissenschaft für Geräte, Maschinen, Apparate

Die Komplexitätsstufe technischer Systeme III – Maschinen, Apparate, Geräte (auch Haus, Brücke) – gehört seitens des Benutzers wie auch seitens der Herstellung und Konstruktion zu den bekanntesten. Man verbindet allgemein diese Stufe mit der Bezeichnung „Produkt" – etwas Hergestelltes, das zu verkaufen ist. Es geht hier tatsächlich meist um Ware im Handel, weil diese Einheit ein brauchbares, nutzbringendes Objekt, ein Gegenstand ist. Für einen Betrieb bilden diese Erzeugnisse einen Output, der die Existenz der Firma bedingt. Allgemeine Ausführungen über Konstruktionsprozesse in Abschnitt 7.4 gelten analog für alle Komplexitätsstufen.

8.1.2.1 Besonderheiten der Maschinen

Frage:
Was charakterisiert (besonders für Konstrukteure) die Komplexitätsstufe III?

Die Charakteristik dieser Komplexitätsstufe technischer Systeme kann mit folgenden Merkmalen bestimmt werden:

- ein technisches System (TS) mit Fähigkeiten, die vom Verbraucher verlangt werden (technische Einheit);
- ein TS, das eine räumliche Einheit bildet;
- TS mit enormer Vielfalt der Arten mit sehr unterschiedlichen Anforderungen;
- TS mit andauernd in der Tiefe und Breite steigenden Anforderungen;
- TS, die meist in Vielzahl bis sehr großen Stückzahlen gefertigt werden;
- TS, die sich meist in einer Entwicklungsreihe befinden, viele Vorgänger haben, und zur gleichen Zeit von Mitgliedern einer Größenreihe und/oder von konkurrierenden Produkten begleitet sind.

8.1.2.2 Das Konstruieren von Maschinen und die besonderen Anforderungen an das Konstruieren

Fragen:
1. Wie verläuft das Konstruieren von Maschinen?
2. Existieren bestimmte Anforderungen an das Konstruieren?

Beim Konstruieren dieser Komplexitätskategorie wird die Phase des Konzipierens (vergleiche Bild 7–13) selten absolviert, weil meist die neuen Produkte die vorherige Wirkweise nicht ändern (d. h. die Organstruktur bleibt bestehen). Das Ziel ist meist die Weiterentwicklung, also Anpassungs- oder Verwandlungskonstruktion wie auch Variantenkonstruktion. Dementsprechend liegt der Schwerpunkt höchstens bei dem Vorentwurf, in dem die einzelnen Organe festgelegt und gestaltet werden.

Beim Entwerfen bemüht man sich einerseits, die neuen Anforderungen zu verwirklichen, um marktgerecht zu werden, anderseits die Eignung zur Herstellung zu vergrößern, um die Herstellkosten zu senken.

Das Konstruieren wird auch der Anzahl der hergestellten Produkte angepaßt, und es muß auch höhere Anforderungen der Fertigung und Montage beachten. Meist wird zuerst die Prototypherstellung vorbereitet und erst nachher die Dokumentation für Serien und Massenfertigung ausgeführt. Man muß auch den Automatisierungsgrad der Herstellung in Betracht ziehen, denn in diesem Grad spielen die Fragen der Materialkosten und die rationelle Fertigung und Montage eine besonders wichtige Rolle. Trotz der angedeuteten Reihenfolge von Prototyp bis Massenfertigung streben Konstruktion und Fertigung zur gemeinsamen und gleichzeitigen Bearbeitung der Problematik, in Vorgangsweisen wie „Simultaneous engineering", „Concurrent engineering", TQM und QFD [281] (siehe auch Abschnitt 7.1.3.6), damit Herstellungsproblemen schon im Prototyp vorgebeugt werden.

Ein charakteristisches Merkmal ist folgendes:

- Damit die Konstruktionszeit möglichst verkürzt wird, verlaufen alle Arbeiten unter Zeitdruck.

Der Konstruktionsprozeß hängt in seiner Struktur und in seiner Ausführung stark von der Betriebsgröße und dadurch auch von der zur Verfügung stehenden Konstruktionstechnik ab.

Ein wesentlicher Faktor, der das Konstruieren beeinflußt, ist die Anforderungsliste, die dann die Kompliziertheit der zu konstruierenden Produkte bestimmt. Einige weitere Faktoren können aus Bild 7–14 herausgelesen werden.

8.1.2.3 Spezielles Fachwissen

Fragen:

1. Wird ein spezielles Fachwissen gebraucht, und wo wird es gebraucht?
2. Existiert dieses Wissen, und in welcher Form existiert es?

Aus der Beschreibung der charakteristischen Merkmale der Maschine und ihres Konstruktionsvorganges in unseren letzten Abschnitten ist es klar geworden, daß es in dieser Kategorie kaum methodische Probleme sind, die den Schwerpunkt der Konstruktionswissenschaft ausmachen. Schwerwiegend profilieren sich hier das Sachwissen und, im Zusammenhang mit der Fülle der zu erreichenden Eigenschaften des künftigen technischen Systems, das Wissen über die einzelnen Eigenschaften. Wir berühren da das Wissen im nord-westlichen Quadranten von Bild 5–2 und den Abschnitt 7.3, der dieses Gebiet allgemein beschreibt. Eine andere Situation kann in der Entwicklung neuer Produkte entstehen.

In den einzelnen Fachgebieten tauchen nun besondere Anforderungen auf, die als Besonderheiten des Gebietes auch ein spezielles Wissen verlangen. Nehmen wir als Beispiel die Nahrungsmittel- und die pharmazeutische Industrie und ihre Maschinen. Für alle diese Maschinen muß eine besondere, auf keinem anderen Gebiet vorkommende Anforderung gestellt werden – die Reinigungsmöglichkeit. Auch der strengen hygienischen Vorschriften wegen kann ohne diese Fähigkeit hier keine Maschine die notwendige Qualität erreichen. Ein Fachwissen zur Erlangung der Reinigungsfreundlichkeit muß umfangreich sein, um die folgenden Fähigkeiten hervorzubringen:

- eine ganz gewisse Beschaffenheit der Wirkungsflächen, die das Reinigen ermöglichen;
- Demontierfähigkeit der Maschinen;
- Zugänglichkeit der zu reinigenden Gebiete;
- eine gewisse Oberflächenqualität (keine Porosität, welche die Vermehrung von Mikroorganismen unterstützt);
- möglichst keine komplizierte, sondern nur einfache Formen;
- geeignete Überdeckung von außen, damit Störungen vermieden werden;
- keine Berührung von Metallen mit aggressiven Stoffen;
- Anwendung spezieller Dichtungsorgane.

Dieses Wissen ist größtenteils vorhanden, sonst könnte man solche Maschinen mit den gewünschten Qualitäten einfach nicht bauen und nutzen. Jedoch variiert der Wissensschatz von Hersteller zu Hersteller, und die Form dieses Wissens ist für Konstrukteure nicht immer die günstigste. Seine für die Konstruktionswissenschaft notwendige Überarbeitung wird keine bloße formale Übung. Eine systematische Fragestellung deckt nicht nur Möglichkeiten aber auch Lücken u.a. auf. Ein solcher Prozeß läßt die alte Frage wieder auftauchen, nämlich auf welcher taxonomischen Stufe die Problematik bearbeitet werden soll, damit das Informationssystem – die Konstruktionswissenschaft – nicht nur seine Funktion effizient erfüllt, sondern auch wirtschaftlich aufgebaut werden kann. Das wollen wir im nächsten Abschnitt behandeln.

8.1.2.4 Situierung der speziellen Konstruktionswissenschaft für Maschinen

Frage:
Auf welcher taxonomischen Ebene kann die grundlegende, spezielle Konstruktionswissenschaft sinnvoll situiert werden, damit ein optimales Informationssystem entsteht?

In der Praxis wird man immer wieder vor die Aufgabe gestellt, ein konkretes Objekt – ein technisches System – zu konstruieren, damit man es dann herstellen kann. Dieses Objekt kann ein Webstuhl, ein Traktor, eine Presse, eine Straße, eine Hochspannungsleitung oder eine Drehbank sein. Bild 8–3 zeigt einige weitere Gebiete und Maschinen zur Anwendung der existierenden Vielfalt. Zudem verbindet es auch die Komplexitätsstufen III und IV mit einzelnen Wirtschaftszweigen.

Die zentrale Anforderung für uns ist, ein Informationssystem für Konstrukteure verfügbar vorzubereiten. Wir gehen davon aus, daß alle Konstrukteure sich ein bestimmtes Wissenssystem aneignen müssen. Das wichtigste Element dieses Wissens sollte die spezielle Konstruktionswissenschaft, mit der wir uns nun befassen, bilden. Die grundlegende spezielle Konstruktionswissenschaft (GSKW – siehe weiter) soll auf einer der Ebenen der Taxonomie (Bild 8–4) aufgebaut werden. Soll es auf der Ebene des „Stammes" oder direkt auf der „Art"-Ebene geschehen, wo der Konstrukteur arbeitet? Oder sollen mehrere spezielle Konstruktionswissenschaften (SKW) aufgebaut werden oder sogar auf allen Stufen? Und wie werden die Spezialitäten der anderen Stufen in das System hineingefügt, wenn nur eine oder einzelne SKW existieren?

Einen möglichen Aufbau des Fachwissenssystems mit derartiger Struktur (auf eine GSKW) zeigt Bild 8–5. Die durch den konventionellen Kreis (laut Bild 5–2) oben dargestellte allgemeine Konstruktionswissenschaft (AKW) auf der Ebene TS projiziert nicht nur die Struktur in die speziellen Konstruktionswissenschaften (SKW), sondern enthält schon das allgemeine Wissen und gibt es weiter. Das eingezeichnete Segment im Nord-West Quadranten stellt als ein Beispiel „Fertigungsgerechtes Konstruieren" dar. Die nächstliegende eingezeichnete „Stamm"-Ebene (Beispiel Werkzeugmaschinen) ist als „grundlegende SKW" gewählt. Diese Wissenschaft soll komplett aufgebaut werden (z. B. in einem grundlegenden Buch oder einer Datenbank). Alle darunterliegenden Wissenssysteme auf den Ebenen „Familien" bis „Arten" erweitern und konkretisieren das Wissen durch entsprechende „Ergänzungen". Im Bild sind nicht nur die von der TS-Ebene, sondern auch vom konkreten Betrieb und sogar konkreten Fall (Seriengröße, spezielle Wünsche) stammenden Ergänzungen eingezeichnet. Die letztgenannten Faktoren können bereits auf den höheren Ebenen der Hierarchie berücksichtigt werden.

Wirtschaftszweig	Maschinensystem	
	Einrichtung für (Zweck)	Maschine
Bergbau	Gewinnung Förderung Aufbereitung	Schrämmer Förderer Sortiermaschine
Energieerzeugung	Dampferzeugung Stromerzeugung	Dampfkessel Wasseraufbereitung Dampfturbine Gasturbine Wasserturbine Generator
Verhüttung	Roheisenerzeugung Stahlerzeugung	Hochofen Thomasbirne Walzgerüst
Chemische Industrie	Veredelung von Kohle Farbenerzeugung Sprengstofferzeugung	Behälter Rohrleitung Kolonne
Pharmazeutik	Medikamenterzeugung	Presse
Papierindustrie	Papiererzeugung	Kalander
Metallbearbeitende Industrie	Spanlose Formung Spanabhebende Formung Wärmebehandlung Gießen Montage	Presse Schmiedehammer Werkzeugmaschine Ofen Druckgußmaschine Vorrichtung
Bauindustrie	Tiefbau Hochbau Erdbau Wasserbau Baustofferzeugung	Derrick Aufzug Scraper Betonmischer Formpresse
Verkehr	Eisenbahn Schifffahrt Weltraumfahrt	Lokomotive Waggon Passagierdampfer Rakete
Textil-, Leder-Industrie	Textilerzeugung Konfektion	Spinnmaschine Webstuhl Nähmaschine
Lebensmittel-Industrie	Zuckererzeugung Nährfettherstellung Milchverarbeitung	Mehlstuhl Presse Zentrifuge
Medizin	Diagnostik Therapie	Röntgenapparat Künstliches Herz Prothese
Druckerei, Büro	Drucken Büroarbeiten	Zeitungsdruckmaschine Schreibmaschine Rechenmaschine
Land-, Forstwirtschaft	Transport in Landwirtschaft Getreidegewinnung Holzgewinnung	Traktor Mähdrescher Kettensäge
Distribution, Handel	Selbstbedienung Verpackung	Kontrollkasse Verpackungsmaschine

Beispiele der Maschinensysteme für wichtige Wirtschaftszweige	Bild 8--3

Allgemeine Hierarchie technischer Systeme				Beispiel	
Konkretisierungsstufe	Bezeichnung	Definition durch (Graphisches Modell)	Festgelegte Konstruktionsmerkmale	Bezeichnung	Graphische Darstellung
0	Technisches System (TS)	*TS (MS)* — Od 1 → Transf. → Od 2 (ΣWi)	TS allgemein; MS besitzt überwiegend mechanische Arbeitsweise		
0,2	Stamm der TS	Allgemeine "Black-Box" — *Stamm der TS* — Od 1 → Klasse der Transf. → Od 2 (ΣWi)	– Operand-Stamm – Transformations-klasse	Werkzeug-maschine	*Werkzeugmaschine* — Fest-körper Form 1 → Formgeben → Fest-körper Form 2
0,4	Klasse der TS	Ausgearbeitete "Black-Box" Skizze des technologischen Prinzips Grundlegende Funktionsstruktur	– Operand-Familie – Technologisches Prinzip der Transformation – Notwendige Einwirkungen und damit die grundlegenden TS-internen Prozesse und Funktionen	(Metall-) Drehbank	*Drehbank* — Fest-körper Rot.-form 1 → Rotationsformgeben → Fest-körper Rot.-form 2
0,6	Familie der TS	Detaillierte Funktionsstruktur Grobe Baustruktur Konzeptskizze	– Operand-Art – Funktionsstruktur (Funktionen und Reihenfolge) – Inputs des TS – Funktionsträgerfamilien – Ihre Kombination und Grundanordnung	Universal-Metalldrehbank	
0,8	Gattung oder Typ der TS	Zeichnung der Baustruktur (Ähnlichkeit ändert bei verschiedenen Typenreihen) Zeichnungen gemeinsamer Baugruppen und -teile	– Komplette Teile – Anordnung (im Raum) – Teilweise Gestalt – Einige Abmessungen – Werkstoffarten – Einige Toleranzen und Oberflächengüten	Drehbank SUR	
1	Art oder Typengröße	Kompletter Satz von Werkstattdokumentation	Alle und definitive Angaben über Teile und Anordnung Bei allen Teilen: Gestalt Abmessungen Werkstoff Fertigungsverfahren Toleranzen Oberflächengüte	Drehbank SUR 5	

Taxonomie technischer Systeme (TS) mit Beispiel Werkzeugmaschinen (Maschinensystem —— MS)

Bild 8—-4

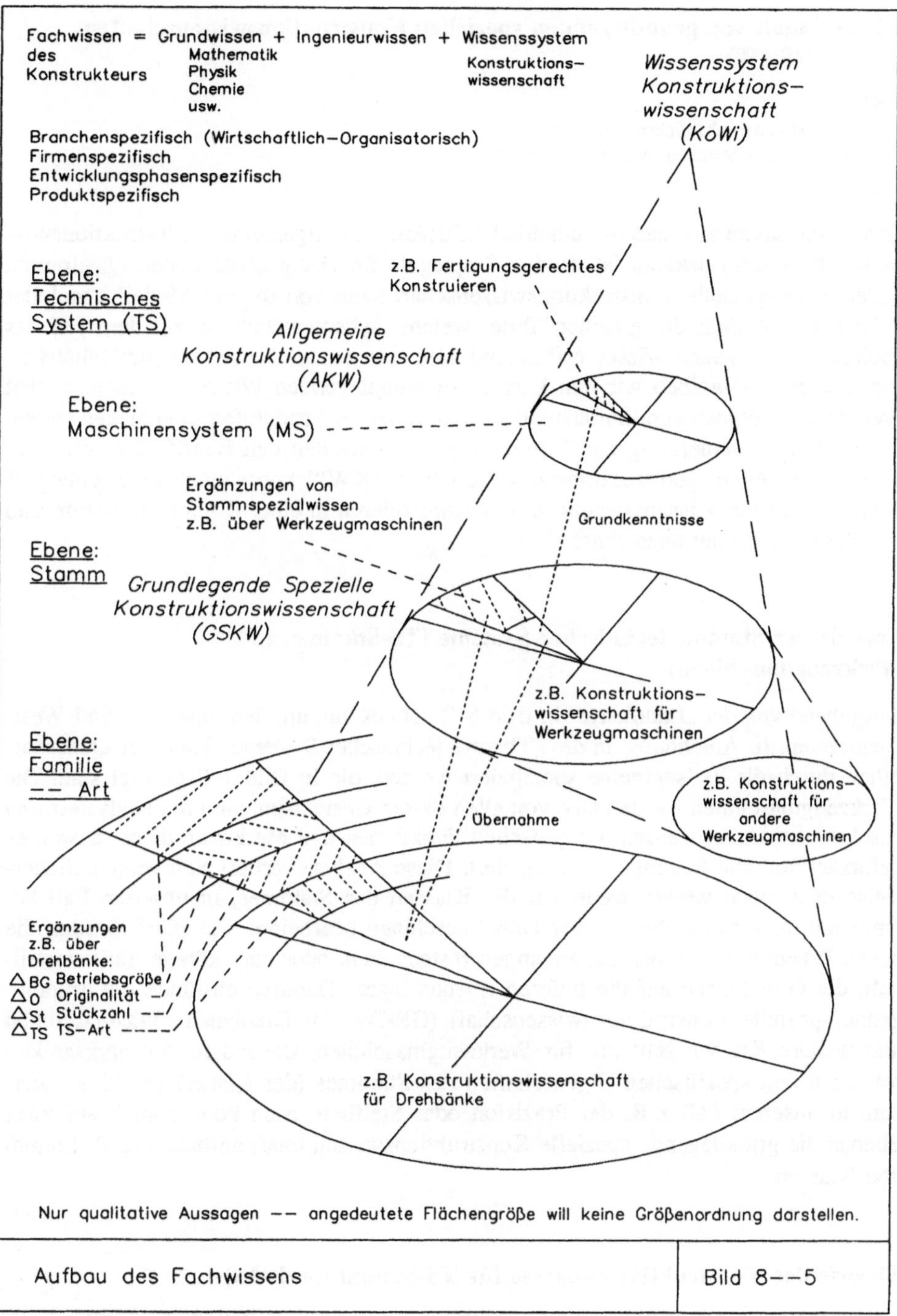

Aufbau des Fachwissens

Bild 8——5

8.1.2.5 Inhalt von grundlegenden speziellen Konstruktionswissenschaften (GSKW)

Fragen:

1. Welche sind die inhaltlichen Gebiete?
2. Welcher ist der Stand auf einzelnen Gebieten?

Gehen wir davon aus, daß die inhaltliche Struktur der allgemeinen Konstruktionswissenschaft (AKW) bekannt ist. Bild 5–2 spiegelt die vier grundlegenden Quadranten wider. Jede spezielle Konstruktionswissenschaft kann von diesem Modell abgeleitet werden und enthält die gleichen Teile, welche selbstverständlich mit dem auf das Fachgebiet bezogenen Wissen erfüllt sind. Um eine genaue Vorstellung des Inhalts zu entwickeln, beschreiben wir nun kurz diese grundlegenden Wissenselemente, wobei Werkzeugmaschinen kontinuitätsmäßig als Beispiel der Produktfamilien dienen sollen.

Noch eine Bemerkung zur Terminologie: Wir werden den Begriff der „grundlegenden speziellen Konstruktionswissenschaft (GSKW)" konsequent als Fachbegriff benutzen, der ein Wissenssystem für das Konstruieren in einer Komplexitätsstufe und in einem Fachgebiet bezeichnet.

Theorie der Stämme technischer Systeme (TS-Stämme, z. B. Werkzeugmaschinen)

Ausgehend von der „Landkarte" in Bild 5–2 geht es nun um den Inhalt des Süd-West-Quadranten. In Anlehnung an die „Theorie technischer Systeme" kann der Quadrant-Inhalt durch die Teilsegmente spezifiziert werden, die in Bild 7–9 gezeigt sind. Die Werkzeugmaschinen werden also von allen diesen Gesichtspunkten her analysiert und beschrieben. Dabei werden die typischen Funktionen und Merkmale dieses Stammes gefunden und alle Lösungen katalogisiert. Diese Analyse vertieft sich verständlicherweise dann noch weiter, wenn wir die Klassen des Stammes, in unserem Fall bei Drehbänken, Fräsmaschinen oder Hobelmaschinen bearbeiten. Für diese werden die neuen Erkenntnisse in den Ergänzungen festgehalten, oder man könnte, falls vorteilhaft, die Grundebene auf die tieferen Ebenen legen. Dadurch enstünde die grundlegende spezielle Konstruktionswissenschaft (GSKW) für Drehbänke, Fräsmaschinen und weitere Klassen statt nur für Werkzeugmaschinen. Besondere Aufmerksamkeit soll auch den spezifischen Eigenschaften des Stammes (der Klasse) gewidmet werden, in unserem Fall z. B. der Präzision oder Steifheit. Man könnte auch auf zwei Ebenen die grundlegende spezielle Konstruktionswissenschaft aufbauen, z. B. Stamm und Klassen.

Theorie der Konstruktionsprozesse für TS-Stamm (Süd-Ost)

Die Theorie soll die speziellen Konstruktionsprozesse für die Schaffung des Stammes und der Klassen beschreiben. Sie wird sich weitgehend auf die allgemeine Behandlung in der allgemeinen Konstruktionswissenschaft (AKW) stützen und nur spezifische Bedingungen des Fachbereiches herausheben, sei es im Bereich der Konstrukteure, ihrer Arbeitsmethoden, Darstellungsmethoden, Arbeitsmittel, Leitung oder Arbeitsbedingungen beim Konstruieren eines Produktstammes oder einer Klasse.

Die Aussagen in den zwei nördlichen präskriptiven Quadranten werden bedeutend konkreter im Vergleich mit den zwei theoretischen Quadranten.

Fachwissen über Objekte des Konstruierens (Nord-West)

Wenn in der Theorie der TS-Stämme die Strukturen, Aufbaugesetze, Bauweisen, Eigenschaften und alle Gesetzmäßigkeiten beschrieben sind, dann verlagert sich der Inhalt dieses Quadranten auf die Bereitstellung des praktischen Wissens. Die Frage: „Wie erreiche, wie verwirkliche ich diese Struktur, Eigenschaft und weitere Merkmale?" soll beantwortet werden. Besonders die Eignung des TS für verschiedene Phasen soll durch geeignete Anleitungen, die direkt den schaffenden Konstrukteuren dienen, unterstützt werden. Die Anleitungen als „Know-how" der Konstrukteure werden zu einzelnen, fast eigenständigen Wissensabschnitten durchgearbeitet. Einige davon sind ziemlich bekannt, wie z. B. fertigungs- oder montagegerechtes Konstruieren (z. B. [42,43,64]), andere, wie wartungs-, umweltgerechtes Konstruieren u.a. warten noch auf die Erarbeitung. Wenn wir sagen, daß sie auf Erarbeitung warten, bedeutet es nicht, daß kein betreffendes Wissen existiert. Nur befindet es sich auf anderen Gebieten oder in einer anderen, den Konstrukteuren nicht so passenden oder verständlichen Form. Der große Schritt wird dann getan, wenn das fertigungsgerechte Konstruieren aus der Fertigungstechnik abgeleitet wird.

Was die Verteilung dieser Wissensart auf die einzelnen hierarchischen Ebenen anbelangt, so gestaltet sie sich anders als in bezug auf die Theorie. Man kann eigentlich eine viel konkretere Aussage bereits auf den oberen, allgemeinen Ebenen machen, weil die Mehrheit des Wissens allgemeingültig ist. Auf den niedrigeren Ebenen werden nur Spezialitäten hinzugefügt, wie z. B. Anleitungen für Betonbetten im Werkzeugmaschinenbereich im Rahmen des werkstoff- und fertigungsgerechten Gestaltens, die sicher in keinem anderen Fachgebiet behandelt werden.

Fachwissen über das Konstruieren

In diesem Nord-Ost-Quadranten erwartet man das praktische Wissen über Konstruieren. Den vorläufig überwiegenden Anteil dieses Wissens bilden methodische Hinweise: die zum Folgen empfohlenen Vorgehensmodelle, dann auch die Methoden, welche die Ausführung einzelner Konstruktionsschritte unterstützen. Weitere Teilsegmente sollen praktische Hinweise für Anwendung der Arbeitsmittel, Management oder Arbeitsbedingungen zur Verfügung stellen.

Man kann sagen, daß dieses Wissensgebiet im Vergleich mit den anderen in den letzten Jahren am meisten durch die Konstruktionsforschung gefüllt worden ist. Leider geschah dies meist auf einer allgemeinen Ebene, wo durch Allgemeingültigkeit nicht genügend konkrete Methodiken enstehen können. Nicht nur für die Fachgebiete, sondern für ganz bestimmte Bedingungen eines bestimmten Betriebes oder sogar einer bestimmten Konstruktionsgruppe oder auch bestimmter Konstrukteure sind die allgemeinen Hinweise und Verhaltensregeln anzupassen (vergleiche Bild 7–14). Wie die Praxis zeigt, ist diese Anpassung nicht so einfach, trivial, wie man es anfänglich vermutete. Das ist gewiß einer der Faktoren, welche die heutige, nicht breite Anwendung der Konstruktionsmethodik in der Praxis erklärt.

Die enge Verbindung der Arbeitsmethode mit dem Objekt bzw. mit der Fachbereichsebene ist schon in Bild 5–4 offenbar. Beispielsweise sind für die einzelnen Fachbereiche viele Konstruktionsmerkmale schon am Anfang definiert, d. h. Konstruieren beginnt erst z. B. nach der Organstruktur (oder sogar in der Baustruktur), die für die TS-Klasse festgeschrieben ist (vergleiche Abschnitt 7.4). Diese Tatsache, in der Praxis bekannt, ist jedoch bisher in der Theorie nicht explizit zum Ausdruck gebracht.

Zusammenfassung

Stand des Wissens

Das vorgestellte Modell der Konstruktionswissenschaften auf verschiedenen Abstraktionsebenen, die als Elemente der ganzheitlichen Wissensbasis der Konstrukteure auftreten, zeigt deutlich die Vorteile eines solchen Informationssystems im Vergleich mit der heutigen Praxis. Dabei könnte fast der Eindruck entstehen, daß kein großer Unterschied zwischen diesen Systemen existiert. Das täuscht, denn viele Wissenselemente sind sicher vorhanden. Ihre Verschiebung und/oder Umformung bringt Ordnung, die nicht nur für die Theorie, sondern auch für Unterricht und Praxis unentbehrlich ist.

Form des Wissens

Bei dem Aufbau der speziellen Konstruktionswissenschaft darf man die Form nicht vergessen. Wir haben diesen Aspekt bereits mehrmals unterstrichen und mit Beispielen (Bilder 7–21, 7–22, 7–23) belegt. Mit dem Beispiel des Wissens über Darstellung in Bild 8–6 wollen wir die Bedeutung der übersichtlichen Darstellung eines Wissenskomplexes nochmals zur Beurteilung und Nachahmung vorlegen.

8.1.3 Konstruktionswissenschaft für Gruppen und Elemente

Die Komplexitätsstufen niedrigster technischer Systeme bilden Gruppen, Mechanismen, Organismen (II) und Elemente, Bauteile (I), d. h. die Baustruktur. Die Funktionen dieser technischen Systeme sind oft problematisch, und eine genaue Gleichung „elementare Funktion = elementares technisches System" existiert nicht. Besonders bei der Bildung von Gruppen können eher organisatorische (z. B. Reihenfolge der Montage) als funktionelle Aspekte überwiegen. Wir behandeln diese beiden Komplexitätsstufen zugleich, weil ihre Problematik sehr nahe verwandt ist und beide im Maschinenbau durch die Disziplin „Maschinenelemente" vertreten sind.

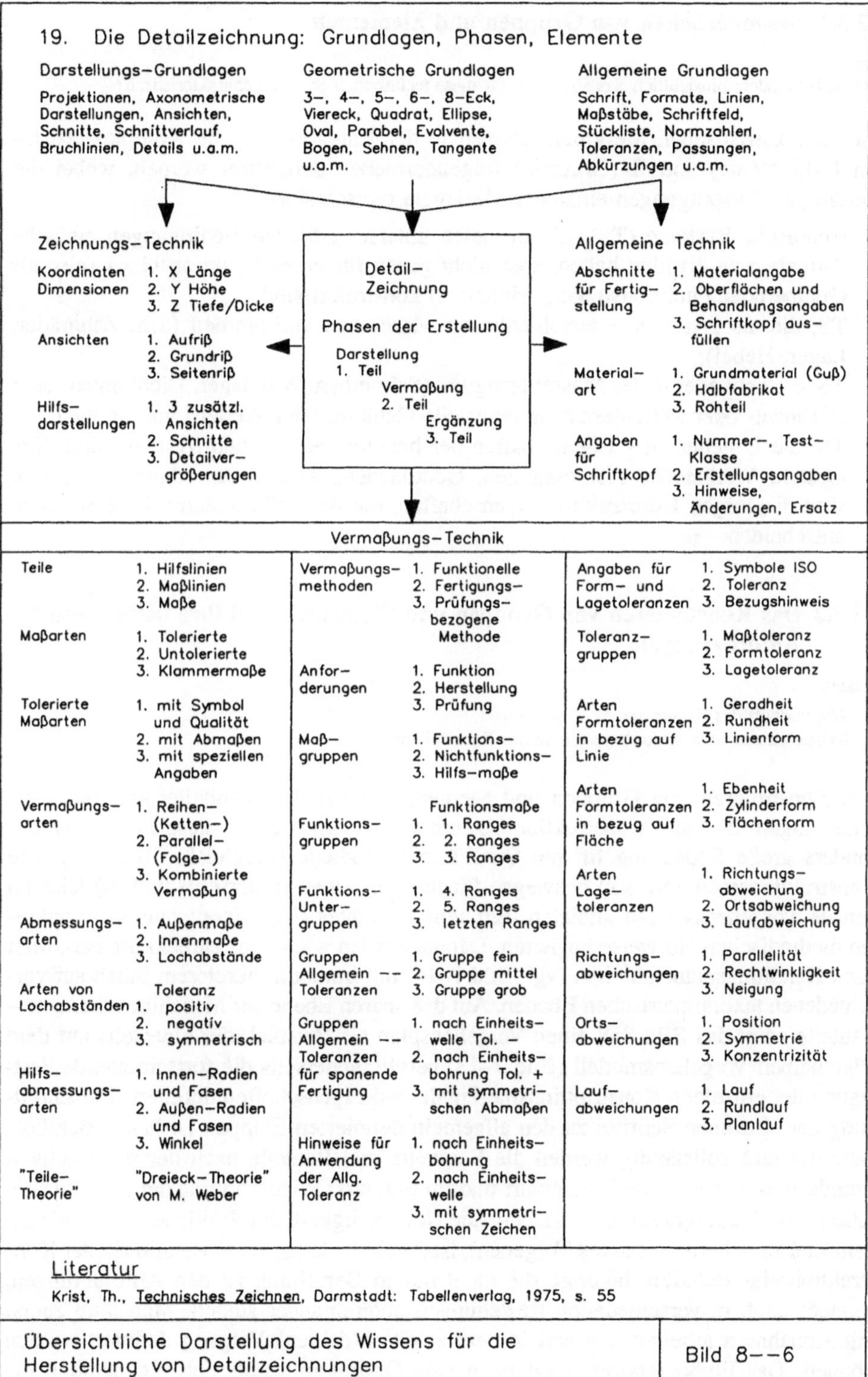

Teile	1. Hilfslinien
	2. Maßlinien
	3. Maße
		Vermaßungs-
		methoden
			1. Funktionelle
			2. Fertigungs–
			3. Prüfungs-
			   bezogene
			   Methode
				Angaben für
				Form– und
				Lagetoleranzen
					1. Symbole ISO
					2. Toleranz
					3. Bezugshinweis

Maßarten	1. Tolerierte 2. Untolerierte 3. Klammermaße	Anfor- derungen	1. Funktion 2. Herstellung 3. Prüfung	Toleranz- gruppen	1. Maßtoleranz 2. Formtoleranz 3. Lagetoleranz

Tolerierte
Maßarten
	1. mit Symbol
	   und Qualität
	2. mit Abmaßen
	3. mit speziellen
	   Angaben
		Maß-
		gruppen
			1. Funktions–
			2. Nichtfunktions–
			3. Hilfs–maße
				Arten
				Formtoleranzen
				in bezug auf
				Linie
					1. Geradheit
					2. Rundheit
					3. Linienform

Vermaßungs-
arten
	1. Reihen–
	   (Ketten–)
	2. Parallel–
	   (Folge–)
	3. Kombinierte
	   Vermaßung
		Funktions-
		gruppen
			Funktionsmaße
			1. 1. Ranges
			2. 2. Ranges
			3. 3. Ranges
				Arten
				Formtoleranzen
				in bezug auf
				Fläche
					1. Ebenheit
					2. Zylinderform
					3. Flächenform

Abmessungs- arten	1. Außenmaße 2. Innenmaße 3. Lochabstände	Funktions– Unter- gruppen	1. 4. Ranges 2. 5. Ranges 3. letzten Ranges	Arten Lage- toleranzen	1. Richtungs– abweichung 2. Ortsabweichung 3. Laufabweichung
Arten von Lochabständen	Toleranz 1. positiv 2. negativ 3. symmetrisch	Gruppen Allgemein – – Toleranzen	1. Gruppe fein 2. Gruppe mittel 3. Gruppe grob	Richtungs- abweichungen	1. Parallelität 2. Rechtwinkligkeit 3. Neigung

Hilfs-
abmessungs-
arten
	1. Innen–Radien
	   und Fasen
	2. Außen–Radien
	   und Fasen
	3. Winkel
		Gruppen
		Allgemein – –
		Toleranzen
		für spanende
		Fertigung
			1. nach Einheits-
			   welle Tol. –
			2. nach Einheits-
			   bohrung Tol. +
			3. mit symmetri-
			   schen Abmaßen
				Orts-
				abweichungen
					1. Position
					2. Symmetrie
					3. Konzentrizität

"Teile-
Theorie"
	"Dreieck–Theorie"
	von M. Weber
		Hinweise für
		Anwendung
		der Allg.
		Toleranz
			1. nach Einheits-
			   bohrung
			2. nach Einheits-
			   welle
			3. mit symmetri-
			   schen Zeichen
				Lauf-
				abweichungen
					1. Lauf
					2. Rundlauf
					3. Planlauf

<u>Literatur</u>

Krist, Th., <u>Technisches Zeichnen</u>, Darmstadt: Tabellenverlag, 1975, s. 55

Übersichtliche Darstellung des Wissens für die
Herstellung von Detailzeichnungen

Bild 8––6

8.1.3.1 Besonderheiten von Gruppen und Elementen

Frage:
Was ist (besonders hinsichtlich Konstruieren) für diese technischen Systeme charakteristisch?

Die charakteristischen Merkmale können in der Kategorie für die Komplexitätsstufen I (Elemente) und II (Gruppen) folgendermaßen aufgelistet werden, wobei die vielfältigen Ausprägungen einzelner Merkmale typisch sind:

- technische Systeme (TS), die in vielen unterschiedlichen Bedingungen einfache Aufgaben zu erfüllen haben, aber nicht genau für einen Funktionsblock (also als Organe oder Funktionsträger, -einheiten) konstruiert sind;
- TS, die als „Art" in unterschiedlichen Maschinen vorkommen (d. h. Zahnräder, Lager, Hebel);
- TS, die entweder in der Massenfertigung (Schrauben, Wälzlager, Dichtungen) oder in Einzel- oder Serienfertigung (spezielle Gehäuse oder Wellen) vorkommen;
- TS, die Urheber aller Eigenschaften der höheren technischen Systeme sind. Ihre Gestalt, Werkstoffe, Abmessungen, Oberflächengüte und Anordnung im Raum sind diejenigen Konstruktionseigenschaften, die über alle anderen Eigenschaften entscheiden.

8.1.3.2 Das Konstruieren von Gruppen und Elementen und ihre besonderen Anforderungen

Fragen:

1. Wie verläuft das Konstruieren?
2. Existieren spezielle Anforderungen an das Konstruieren?

Das Konstruieren von Gruppen und Elementen, Bauteilen beinhaltet konkrete Entscheidungen über alle Konstruktionseigenschaften. Deshalb hat diese Phase eine besonders große Bedeutung für die Qualität der Produkte (vergleiche Bild 8–7). Die Konstruktionsmethodik soll deswegen für ihre einzelnen (unterschiedlichen) Klassen genaue Vorgehensweisen anbieten. Ein sehr konkretes Fachwissen muß die konkreten methodischen Hinweise begleiten. Darauf werden wir später zurückkommen. Man kann Handlungspläne ableiten (vgl. Bild 7–14) mit immer konkreterem Inhalt auf verschiedenen taxonometrischen Ebenen. Auf der oberen Ebene der Maschinenelemente – Bauteile zeigt das Bild 8–8 einen Vorgehensplan als Beispiel, der einerseits auf dem allgemeinen Vorgehensmodell (Bild 7–13) beruht, anderseits die fortschreitende Festlegung der einzelnen Konstruktionsmerkmale und Eigenschaften definiert. Die Zuordnung der einzelnen Schritte zu den allgemein definierten Etappen ist hier ersichtlich. Definitiv und vollständig werden die Elemente und Bauteile nach der mehrmaligen (mindestens zweimal: im Vorentwurf und im Entwurf) Wiederholung der Schritte (Iteration) im Flußdiagramm beschrieben. Die Notwendigkeit, durch Wiederholungen sich dem Ziel zu nähern (iteratives Vorgehen), ist durch die komplexen Relationen der Konstruktionseigenschaften bedingt, die nicht nur in Beziehung zu den Anforderungen, sondern auch in verschiedenen Beziehungen untereinander stehen. Man muß zuerst mit Annahmen arbeiten, die erst in dem zweiten (dritten) Vorgang definiert werden können. Das Flußdiagramm zeigt noch eine Optimierungsmöglichkeit, nämlich die

Legende: ■ starker Einfluß   ◧ Einfluß mittleren Grades   □ geringer Einfluß

Beeinflußte Eigenschaften und Merkmale			Entwurfs–Auslegung			
			Gestalt		Dimensionierung	Werkstoff
			Form	Oberfläche		
Funktionserfüllung		Verwirklichung des technischen Prozesses	■	◧	■	◧
	Sicherheit gegen	unzulässige Betriebszustände	◧	□	◧	□
		mechanisches Versagen durch statische u. dynamische Kräfte	■	◧	■	◧
		Langzeit-Festigkeitsverlust	◧	□	□	■
		unzulässige Verformung – Kraft	■	□	■	◧
		unzulässige Verformung – thermische Dehnung	■	□	■	■
		Relaxion u. Setzen	◧	◧	◧	■
		Verschleiß	◧	■	◧	■
		Korrosion	□	◧	□	■
		Gefährdung von Personal	◧	□	◧	□
Fertigung		Herstellung	■	◧	■	■
		Kontrolle	■	◧	◧	□
Montage		Zusammenbau	■	□	◧	□
		Kontrolle	◧	□	■	□
Transport, Verpackung			■	□	■	□
Instandhaltung, Wartung			■	◧	◧	□
Umweltbelastung			◧	□	□	□
Beseitigung, Auflösung			□	□	◧	■
Termine			◧	◧	◧	◧
Normen-Konformität			■	◧	■	◧
Kosten			■	■	■	◧

Einfluß der Konstruktionseigenschaften auf die TS-Eigenschaften

Bild 8––7

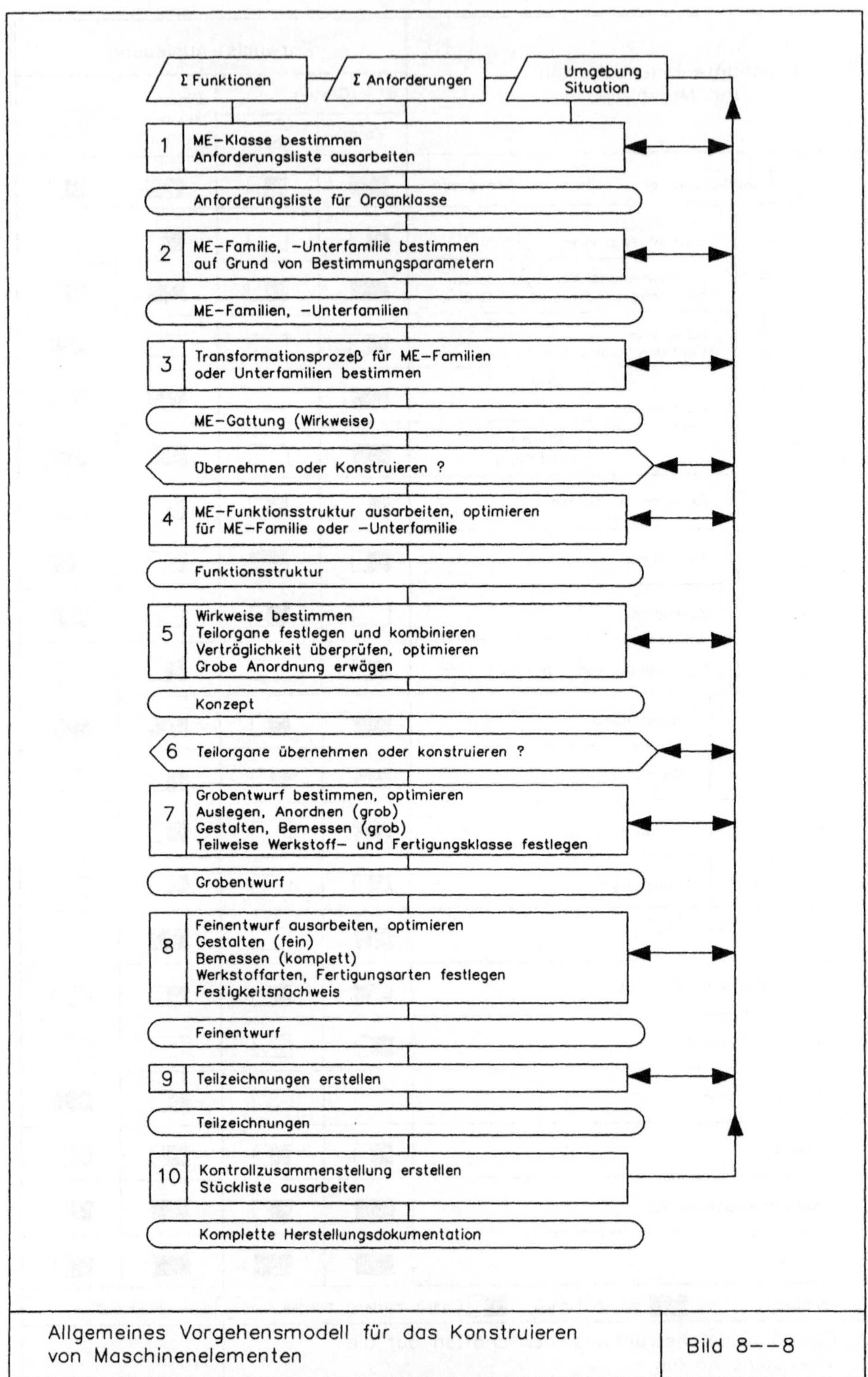

Allgemeines Vorgehensmodell für das Konstruieren von Maschinenelementen

Bild 8--8

Arbeit in gewissen Blöcken mit inneren Rückschleifen, um zu viele Wiederholungen des vollen Durchgangs zu vermeiden.

Bild 8–9 stellt ein anderes Flußdiagramm dar, das einen Vorgehensplan für die Auslegung von hydraulischen Lagern (eine Familie von Verbindungen) repräsentiert. Auf Einzelheiten des Vorgehens wollen wir in diesem Zusammenhang nicht eingehen. Wenn wir nun diesen Vorgang mit dem in Bild 8–8 oder sogar mit dem allgemeinen Vorgehen in Bild 7–13 vergleichen, tritt der Unterschied deutlich hervor: Auf der allgemeinen Ebene von TS erscheinen generelle, meist umfangreiche Prozesse, im Flußdiagramm von Bild 8–9 dagegen ziemlich einfache Operationen, wie z. B. „Bestimmen der Sommerfeldzahl". Die Hinweise konkretisieren sich also wesentlich, dadurch auch die Objektivität der Entscheidung, weil die Entscheidungskriterien konkret und einfach sind, wie z. B. „Wenn die Größe ‚e' kleiner ist als 0,6, dann handelt es sich um ...". Es ist klar, daß eine solche Vorschrift bereits vom Computer ausgeführt werden könnte, denn diese Aussage ist algorithmisierbar.

Durch diese Beispiele haben wir die besondere Situation auf dieser Komplexitätsstufe gezeigt und die Analyse hat zudem durch die Nebeneinanderstellung der Vorgehensmodelle und -pläne ihre Unterschiede verdeutlicht. Dazu konnte man noch erkennen, wie bedeutend die Konstruktionsmethodik für dieses Gebiet ist. Die fast ausschließliche Konzentration der Konstruktionsmethodik in der Literatur auf die Ebene der Maschinen hat nur wenig Begründung.

8.1.3.3 Spezielles Fachwissen

Fragen:
1. Wird ein spezielles Fachwissen gebraucht, und wo wird es gebraucht?
2. Existiert dieses Wissen, und in welcher Form?

Das Beispiel des Vorgehens für die Auslegung von hydraulischen Gleitlagern (Bild 8–9) ist nicht nur für die Methodik, sondern auch für den Umgang mit Wissen lehrreich. Man erfährt nämlich, in welcher Menge spezielles Wissen für das Vorgehen und für jeden einzelnen Schritt gebraucht werden.

Wenn das notwendige Wissen geordnet ist, findet man zwei unterschiedliche Arten:

1. Das „Ingenieurwissen", bezogen auf Physik, Chemie u.a., das für die Erlangung der Funktion, Zuverlässigkeit, Festigkeit und aller weiteren Eigenschaften des technischen Systems vorhanden sein muß. Neben den Beziehungen einzelner Größen, z. B. in Formeln, müssen noch Daten und Werte einzelner Kenngrößen existieren, damit die Teile ausgelegt werden können. Das sind z. B. zulässige Spannungswerte und auch die mögliche Wanddicke eines Gußstückes, die dazugehören.

2. Eine weitere Wissensart entsteht besonders im Zusammenhang mit Überlegungen über das Vorgehen und CAD. Dieses sollte Konstrukteuren und dem Computer auch weitere Informationen zur Verfügung stellen. Es können Kataloge der Lösungen einzelner im Konstruktionsablauf entstehender Probleme sein, aber auch Master einzelner Dokumente der methodischen Reihe, wie z. B. Anforderungsliste, Funktionsstruktur, Prinzipskizze (Organstruktur) u.a. Als Beispiel der Verarbeitung kann die Master-Anforderungsliste für Lagerungen dienen, wie sie in Bild 8–10 aufgezeichnet ist.

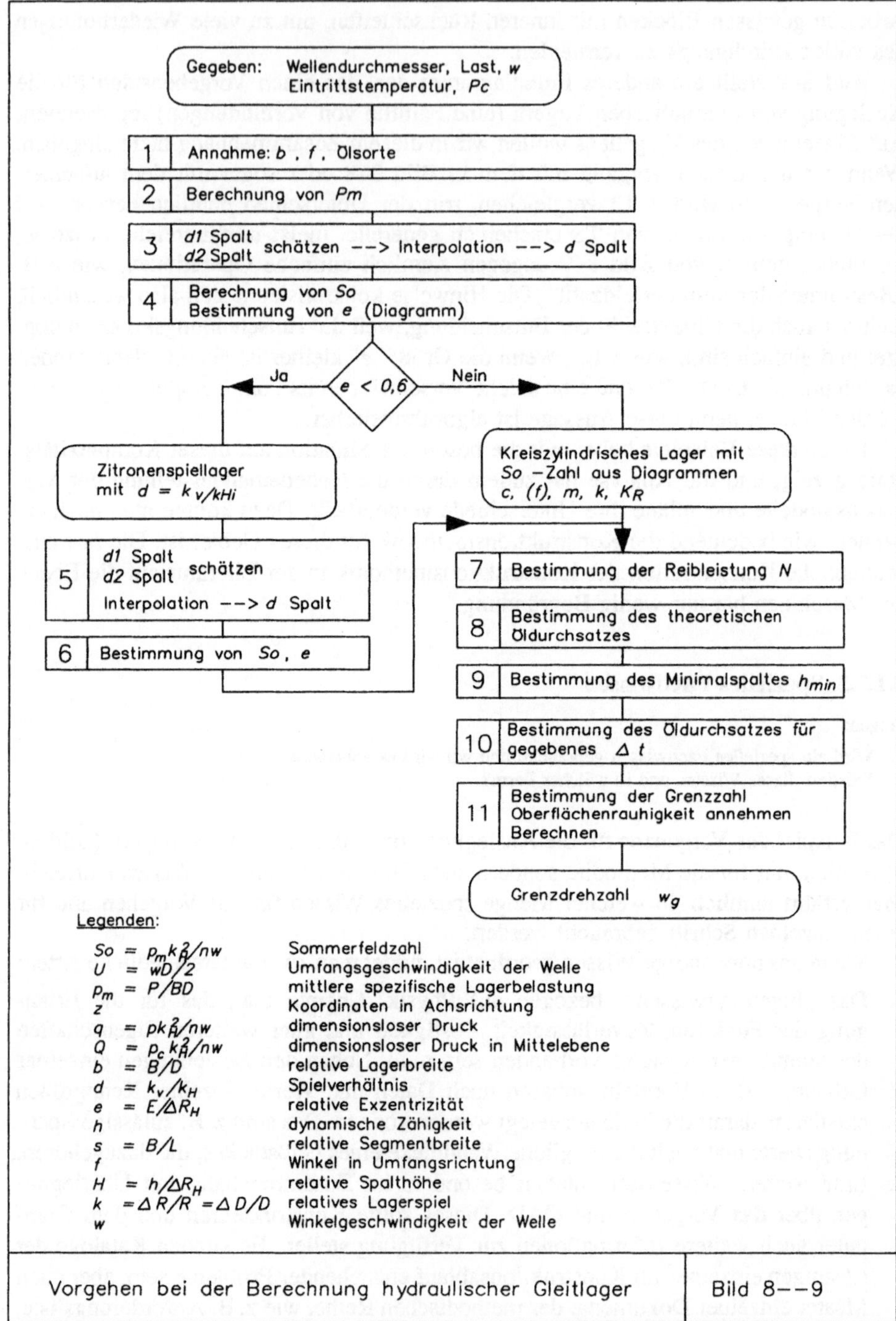
Gegeben: Wellendurchmesser, Last, w
Eintrittstemperatur, Pc
1   Annahme: b , f , Ölsorte
2   Berechnung von Pm
3   d1 Spalt / d2 Spalt schätzen --> Interpolation --> d Spalt
4   Berechnung von So
Bestimmung von e (Diagramm)
Ja
e < 0,6
Nein
Zitronenspiellager mit d = k v/kHi
Kreiszylindrisches Lager mit So -Zahl aus Diagrammen c, (f), m, k, KR
5   d1 Spalt / d2 Spalt schätzen
Interpolation --> d Spalt
6   Bestimmung von So , e
7   Bestimmung der Reibleistung N
8   Bestimmung des theoretischen Öldurchsatzes
9   Bestimmung des Minimalspaltes hmin
10   Bestimmung des Öldurchsatzes für gegebenes Δ t
11   Bestimmung der Grenzzahl Oberflächenrauhigkeit annehmen Berechnen
Grenzdrehzahl   wg
Legenden:
So = Pm kH²/nw   Sommerfeldzahl
U = wD/2   Umfangsgeschwindigkeit der Welle
Pm = P/BD   mittlere spezifische Lagerbelastung
z   Koordinaten in Achsrichtung
q = pkH²/nw   dimensionsloser Druck
Q = Pc kH²/nw   dimensionsloser Druck in Mittelebene
b = B/D   relative Lagerbreite
d = kv/kH   Spielverhältnis
e = E/ΔRH   relative Exzentrizität
h   dynamische Zähigkeit
s = B/L   relative Segmentbreite
f   Winkel in Umfangsrichtung
H = h/ΔRH   relative Spalthöhe
k = ΔR/R = ΔD/D   relatives Lagerspiel
w   Winkelgeschwindigkeit der Welle
Vorgehen bei der Berechnung hydraulischer Gleitlager
Bild 8--9

Anforderungen	Einheit, Wert, Toleranz	Verbindlichkeit (Forderung, Wunsch)
Funktionsbedingte Anforderungen Belastung – Größe radial – Größe axial – Zeitlicher Verlauf – Häufigkeit von Stößen – Mögliche außerordentliche Belastungsspitzen Bewegung – Drehzahl – Zeitlicher Verlauf Dämpfung Welle – Abmessunge – Werkstoff – Positionsgenauigkeit – Elastizität Benachbartes TS – Schnittstellen – Abmessungen – Verhalten – Raumbeschränkungen Energieverlust Umgebungssituation – Temperatur – Feuchtigkeit		
Betriebsbedingte Anforderungen Zuverlässigkeit Lebensdauer Wartung – Aufwand – Ersatzmöglichkeiten		
Ergonomische Anforderungen Lärm Sicherheit Überwachungsmöglichkeiten		
Fertigungseigenschaften Fertigungstechnologie Seriengröße		
Wirtschaftliche Anforderungen Kosten – Herstellkosten – Betriebskosten		
Master–Anforderungsliste für Lagerungen		Bild 8––10

Das „Ingenieurwissen" für einzelne Familien wurde im Rahmen des Faches „Maschinenelemente" fast hundert Jahre lang erforscht, veröffentlicht und unterrichtet. Es sind gerade 100 Jahre vergangen, seit C. Bach („Die Maschinenelemente", Stuttgart 1891) eine neue Auffassung der Berechnung von Maschinenelemente veröffentlichte (und schrieb: „... der Methode Verhältniszahlen wurde der Boden entzogen.") Der Inhalt ist in seiner Struktur seither ziemlich stabil geblieben, dafür können in neueren Werken Methoden und Zahlen für einzelne Gebiete und einzelne Operationen gefunden werden. Insgesamt gesehen, ist reichlich Wissen – sogar in einer für Konstrukteure geeigneten Form – für dieses Gebiet vorhanden. Es existieren sogar schon

viele Computer-Programme, und allmählich entstehen auch wissensbasierte Systeme,
die fähig sind, ganze Organe im Dialog mit dem Konstrukteur zu gestalten. Das Programm CADOBS für „rotierende Welle" sei hier als Beispiel genannt [106,107].

Nicht so befriedigend sieht die Situation der zweiten Wissensart aus. Es sind
zwar einige Gebiete verarbeitet, aber immer noch mehr als Beispiele und nicht als
systematisches Wissen.

8.1.3.4 Situierung der speziellen Wissenschaft für Elemente, Bauteile

Frage:
Auf welchen taxonomischen Ebenen kann die grundlegende, spezielle Konstruktionswissenschaft sinnvoll
situiert werden, damit ein optimales Informationssystem auf dieser Komplexitätsebene entsteht?

Bei der Behandlung der höheren Komplexitätsstufen ist das Prinzip der Taxonomie
vorgestellt und am Beispiel von Werkzeugmaschinen erläutert worden. Die Ordnung
auf der nun erörterten Komplexitätsstufe läßt sich auf ähnliche Weise aufbauen. Als
Beispiel dazu zeigen wir eine der bekanntesten Gruppen der Bauteile (Maschinenelemente) – Verbindungen. Verfolgen wir die Entstehung dieser Hierarchie in dem
Schema von Bild 8–11. Zuerst aber noch eine terminologische Bemerkung: Bild 8–11
benutzt den Begriff „Organ" als Mittel (vergleiche Bild 7–3), das eine ganz bestimmte
Funktion erfüllt – Funktionsträger. Obwohl die Begriffe „Organe" und „Bauteile"
(Element) nicht identisch sind, ist das Schema für beide anwendbar.

Nun zum Schema und Beispiel der Verbindungen. Man sieht, daß „Verbindungen" auf der Stamm-Ebene neben weiteren Organen liegen, die Träger unterschied-
licher Funktionen sind. Die Frage nach dem Freiheitsgrad der Verbindungen gibt
Anlaß zur Entstehung mehrerer Klassen: die erste ohne Freiheitsgrad (die festen Verbindungen), die weiteren mit 1, 2 Freiheitsgraden u.a. Je nach der Richtung des
Freiheitsgrades kann die relative Längsbewegung (Führungen) oder Drehbewegung
(Lager) eines Teiles existieren, bei letzteren ist auch die vorwiegende Kraftrichtung
maßgebend als Radiallager oder Axiallager. Diese Unterklassen der Verbindungen
werden weiter nach der Reibungsart gegliedert: Familie Wälzlager mit Rollreibung,
Familie Gleitlager mit Gleitreibung. Bei der Berücksichtigung der Schmierung ergeben sich die Unterklassen Trockenlager, hydrodynamische und hydrostatische Lager.
Die Arten des Schmierzuflusses bedingen Druck- oder Selbstversorgungslager, die
alle den weiteren Unterklassen zugehören. Die Form der Schmierspalte definiert die
Gattung der Gleitlager-Verbindungen: Kreislager-, Zitronenspiel-, oder Segmentlager.
Diese können wiederum einzelnen Größen oder konkreten Typengrößen zugeordnet
werden. Erinnern wir uns hier an das Flußdiagramm, Bild 8–8, das diesen Schritt
algorithmisiert.

Die oben beschriebene Hierarchie hat viele Anwendungen. Diese Hierarchie ist
nicht nur Ordnung, sie läßt vielmehr auch erkennen, daß ein solches Schema den
möglichen Lösungsweg beim Konstruieren von Verbindungen schrittweise absteckt.
Es kann erneut auf die Möglichkeit hingewiesen werden, daß eine solche Darstellung,
von genauen Bedingungen für die Schritte nach unten (vergleiche Bild 8–9) begleitet,
die Grundlage für ein Computer-Programm bildet.

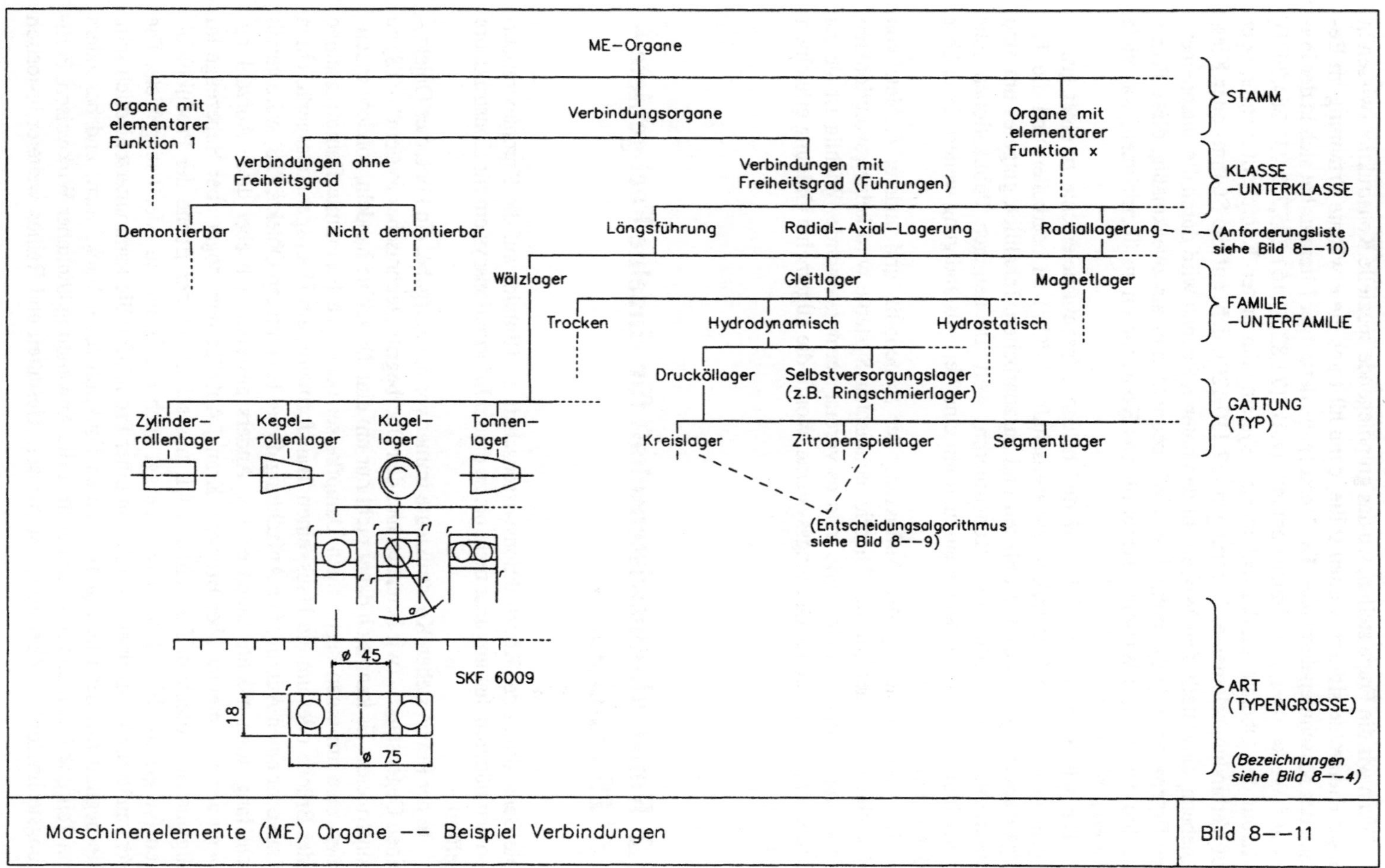

Maschinenelemente (ME) Organe -- Beispiel Verbindungen   Bild 8--11

Wenn wir die Frage stellen, wo das grundlegende spezielle Konstruktionswissen in dieser Hierarchie situiert werden sollte, dann hilft uns die erwähnte Erfahrung im Bereich des Maschinenelementes. Die Herausgabe derartiger Literatur hat sich in der Praxis auf Werke über Maschinenelemente (z. B. [71,82,97,161,205,252,253,264,268]), d. h. auf den Oberstamm der technischen Systeme der ersten Komplexitätsstufe, oder auf Verbindungselemente, Lagerungen [57,110,129], d. h. auf die Stamm- oder Klassenebene, eingestellt. Das Wissen auf den unteren Ebenen wird durch die entsprechenden Ergänzungen (TS) konkretisiert. Wir betrachten es als zweckmäßig, diese Praxis für den Aufbau des Wissenssystems für das Konstruieren zu übernehmen, was viele Vorteile mit sich bringt.

Das würde in einem solchen Modell heißen, Maschinenelemente zu einer grundlegenden speziellen Konstruktionswissenschaft (GSKW) zu bearbeiten und die TS-Ergänzungen systematisch zu planen und auszuarbeiten. Inhaltlich ginge es um eine Ausarbeitung des Teiles über Konstruieren, weil die heutigen Publikationen sehr spärlich dieses Problem behandeln, und um eine Vervollständigung weitere Teile über Maschinenelemente.

Die Harmonisierung der Auffassung der Systematik und anderer Gebiete von Maschinenelementen mit der Theorie technischer Systeme wird keine revolutionären Änderungen hervorbringen, wie man es vorerst vermuten würde. Wichtig ist sie als Einführung einheitlicher Ordnungssysteme, womit die allgemeine Ordnung erleichtert wird.

8.2 Konstruktionswissenschaft für einzelne Fachgebiete – TS Familien

Die Behandlung der Konstruktionswissenschaft im Hinblick auf die Komplexitätsstufen war nützlich, hat uns aber nicht bis zu einem Informationssystem für Konstrukteure geführt.

In der Praxis stehen Konstrukteure immer vor der Aufgabe, ein konkretes Objekt – einen Gegenstand – (wir benutzen hier den Oberbegriff „technisches System" – TS) zu konstruieren. Es kann sich dabei nicht nur um eine Maschine handeln, sondern möglicherweise um einen bestimmten Dampfkessel oder eine bestimmte Dampfmaschine oder Brücke oder um ein Haus, einen Transformator, ein Hochspannungsgerät, einen Kran oder einen Aufzug. Die Aufzählung dieser bestimmten Objekte (TS) wäre gewiß sehr lang, man möchte sagen endlos. Anders gestaltet sich aber diese Aufzählung, wenn wir allgemeiner über Brücken, Krane, Aufzüge oder sogar über Hebezeuge im allgemeinen sprechen: Da befinden wir uns schon auf der Ebene der Produktfamilien (vergleiche Bild 8–4), anders gesagt auch der Branchen oder Fachgebiete. Die Verwandtschaft einzelner Produkte in einer Produktfamilie kann unterschiedlich sein. Sie beginnt mit der meist gemeinsamen Funktion (oder Funktionen) und besonders mit Teilfunktionen und führt weiter über die Anwendung ähnlicher Wirkweisen, Fertigungstechnologien, Werkstoffe, Bauweisen, Gestalten und Reihen weiterer historisch bedingter Merkmale. Das ist der Grund, warum das Wissen dieser Gebiete sich ähnlich entwickelt, gemeinsam aufgebaut werden kann und warum auch der Transfer der Erfahrungen überhaupt möglich sein kann.

Für Konstrukteure entsteht mit einer Produktfamilie ein zweckmäßiges Betätigungsfeld, auf welchem sie ihre Erfahrungen zur Geltung bringen. Je breiter und tiefer die Verwandtschaft der Produkte, desto günstiger die Ausnutzung des vorhandenen Fachwissens in einzelnen Familien.

Die heutige Struktur der Fachgebiete bzw. Produktfamilien ist sowohl in der Theorie (Fachbücher, vergleiche die Titel in Bild 7–1) wie auch in der Praxis pragmatisch entstanden. In der Theorie waren es die Funktion (Zweck) oder das Wirkprinzip und eventuell auch weitere Merkmale, die sich als Ordnungsprinzipen durchgesetzt haben. Das Schema in Bild 1–1 deutet einige Ordnungsmöglichkeiten auf einem Fachgebiet an. Die Bildung der Branchen in der Praxis wurde manchmal durch die Fertigungsverwandtschaft beeinflußt (z. B. Feinwerkmechanik), was für die Konstruktionswissenschaft keine günstige Verwandtschaft bedeutet.

Auf jeden Fall ist die existierende Ordnung inhomogen und kann nicht ohne Korrektur übernommen werden. Anderseits existieren eingeführte Informationssysteme und auch eine gewisse Ordnung in der Menge der Adressaten, an die sich die Konstruktionswissenschaft wendet und die einen klaren Aufgabenbereich haben.

Es kann nicht zum Ziel der Konstruktionswissenschaft werden, eine gewisse Fachordnung aufzubauen und zu empfehlen, sondern nur, das notwendige Wissen des Fachgebietes für den Konstruktionsprozeß zu sammeln, zu ordnen und zu verarbeiten, damit es in günstiger Form vorhanden ist.

Wenn wir an der Komplexitätsstufe III – Maschinen bleiben, dann sind die Analysen des Konstruierens und Fachwissens in Abschnitt 8.1.2 ausführlich durchgeführt und können als Basis für alle Fachgebiete dieser Ebene dienen. Ein neuer Faktor wird sicher besonders die Originalitätsstufe sein, d. h. es tauchen eventuell neue Probleme bei der Entwicklung neuer Produkte auf, die für die täglichen Fälle unbekannt sind. Auch die Stückzahl kann sich als Einflußfaktor bemerkbar machen.

Auch bei den Komplexitätsstufen I und II entsteht eine Reihe von Fachgebieten neben den Verbindungen (laut Bild 8–11), aber auch in den niedrigeren Stufen der Familie. Die Tatsache, daß die Massenfertigung möglich ist und sehr anspruchsvolle Fertigungstechnologien notwendig sind (z. B. Wälzlager), erlaubt eine tiefere Spezialisierung. Bei einer Fabrik für Wälzlager hängen nun die technischen und wirtschaftlichen Parameter mehr von der Konstruktion des Herstellungsprozesses ab als von der Konstruktion des Lagers als Produkt. Die Überlegungen über konstruktives und Fachwissen, die in Abschnitt 8.1.3 behandelt wurden, bilden auch die Basis für alle Bauteile-Fachgebiete wie bei den Maschinen.

8.3 Konstruktionswissenschaft für andere TS-Arten

Die bedeutendsten Ordnungsmerkmale, die uns zur Behandlung der speziellen Konstruktionswissenschaft veranlaßt haben, waren Komplexitätsgrad und Produktfamilien. Von den am Anfang aufgezählten Klassifikationsmerkmalen bleiben noch drei: Originalitätsstufe, Stückzahl und Betriebsgröße.

Während der Behandlung des Komplexitätsgrades und der Produktfamilien haben wir überall weitere Einflußfaktoren erwähnt, und in Bild 8–5 sind auch die entsprechenden Ergänzungen in das ganze System eingebaut. Deshalb werden wir nicht auf weitere Einzelheiten eingehen.

Eine Art von technischen Systemen, die sehr speziell ist, blieb bisher ohne explizite Behandlung, obwohl wir mehrmals auf die Problematik und Aufgabe zu sprechen gekommen sind. Es handelt sich um *Prozesse* als Systeme von Operationen und um die Problematik des Konstruierens von Prozessen zum Unterschied von TS-Sachsystemen. Besonders im Zusammenhang mit Anlagen ist auf die Bedeutung des Verfahrens und der Technologie hingedeutet.

Es sind Gebiete, wo dieser Problematik bereits selbständige Arbeiten gewidmet sind, wie z. B. die „Technologische Betriebsprojektierung" von W. Rockstroh [247]. Die Grenzen sind hier sehr unscharf, und oft geht es um die ganze Anlageprojektierung. Auch in dem erwähnten Buch SLP [214] wird der Prozeß als „R-routing" dargestellt und zu den fünf Einflußfaktoren eingeordnet (vergleiche Bild 8–2).

Die Verbindung des Konstruierens mit einigen Fachgebieten wie z. B. Chemie scheint einem Maschineningenieur mindestens ungewöhnlich. Aber auch da hat man die Aufgabe des Chemie-Ingenieurs, nämlich „Konstruieren des Prozesses", als bedeutend anerkannt und in den Unterricht eingegliedert. An der Forschung der Konstruktionswissenschaft haben sich auch Chemie-Ingenieure beteiligt, z. B. S.A. Gregory [124,125].

9 Spezielle Konstruktionswissenschaft für einzelne Empfängerklassen

Frage:
Für wen ist das betreffende Wissenssystem bestimmt?

Ausgehend von der Aussagenmorphologie in Bild 5–1 befassen wir uns nun mit dem dritten Merkmal – dem Empfänger.

Das Wissen über Konstruieren kann an unterschiedliche Empfängerklassen adressiert werden. Es sind die Empfänger und ihre Bedürfnisse, Ziele, Aufgaben und Wissensstand, welche maßgebende Entscheidungen über Inhalt und Form der Wissenssysteme veranlassen und dadurch auch die Aufteilung der Empfänger in einzelne Klassen bewirken.

Es wäre jedoch falsch, schon beim Konstruieren diese Wissenssysteme mit einer bestimmten formalen Vorstellung zu verbinden, z. B. zu glauben, daß jedes Wissenssystem eine schriftliche Verarbeitung wie ein Buch verlangt. Ein System kann möglicherweise nur gedanklich abgefaßt bleiben und dabei gute Dienste leisten, allerdings läßt es sich schwer für weitere Anwendungen nachbilden und an andere weiterleiten, z. B. für Aus- und Weiterbildung.

Die einzelnen speziellen Konstruktionswissenschaften (SKW) für Empfängerklassen können entweder von der allgemeinen Konstruktionswissenschaft (AKW) oder von den Arten technischer Systeme (TS-Arten) der Konstruktionswissenschaft abgeleitet werden, wie wir diese in Kapitel 8 beschrieben haben. Auf diese Weise kann eine allgemeine Konstruktionswissenschaft für Studenten oder aber eine spezielle für die Studenten des Turbinenbaus oder anderer Fächer entstehen. Oft wird demzufolge das Wissenssystem nicht mehr als Konstruktionswissenschaft anerkannt, sondern als spezielles Gebilde bezeichnet (wie z. B. die *Lehre* als die Konstruktionswissenschaft für Studenten).

Die folgenden Klassen sollen nur die häufig vorkommenden Empfänger-Gruppen spezifizieren. Man kann weitere Gruppen dieser Reihe anfügen, die Gruppen weiter unterteilen oder Gruppen untereinander kombinieren, wie es in der Praxis schon geschieht. Die am häufigsten vorkommenden sind vor allem die Gruppen von:

- Konstruktionsforschern;
- Konstruktionspraktikern;
- Konstruktionsstudenten – Unerfahrenen, Novizen;
- Konstruktionslaien – einschließlich der allgemeinen Bevölkerung;
- Computerprogrammologen, welche nach einer „Logik" für das Programm suchen.

9.1 Konstruktionswissenschaft für Konstruktionsforscher

Für den Adressaten „Konstruktionsforscher" sollte die umfangreichste und ausführlichste Fassung der Konstruktionswissenschaft bestimmt sein; sie sollte sehr ausführlich in den Theorien (siehe südliche Quadranten in Bild 5–2) und Begründungen wie auch in den Überlegungen über Konzeption, aber weniger detailliert auf dem präskriptiven Gebiet (Norden der Landkarte) sein.

Dieser Art können wir auch die in diesem Buch enthaltenen Überlegungen zuordnen. Sie sollten die Basis auch für die Ableitung anderer Arten bilden.

9.2 Konstruktionswissenschaft für Konstruktionspraktiker

Als wir die Unterstützung der Konstruktionsarbeit zu einem unserer Ziele deklariert haben, haben wir dadurch die Konstruktionswissenschaft für Praktiker als ein Ziel unserer Bestrebungen gesetzt.

Diese Kategorie muß logischerweise in weitere Arten gegliedert werden, damit für den Benutzer die Schwerpunkte des Wissens entsprechend gesetzt werden können. Ein bestimmtes Wissen wird von Konzeptions-, Entwurfs- oder Entwicklungsingenieuren, ein anderes aber von Detailkonstrukteuren gebraucht, obwohl ihnen beiden einige Teile ähnliche Inhalte anbieten können.

Die Praxis verlangt vor allem das präskriptive Wissen, im Sach- und im Konstruktionsprozeßbereich, das von dem nach Konstruktionssituationen angeordneten Wissen begleitet wird. Die Anpassung der Form an die auftauchenden Fragen verlangt die Anwendung spezieller Formen der Wissensdarstellung wie Modelle, Matrizen, Kataloge, Richtlinien (vergleiche Abschnitt 7.3.3 mit den Bildern 7–21, –22, –23).

Man kann behaupten, daß ein Teil des präskriptiven Wissens in den existierenden Handbüchern bereits vorliegt, angeblich in geeigneter Form und mit entsprechendem Inhalt verarbeitet; immer aber bleibt ein im Sinne der hier entwickelten Vorstellungen vorbildliches und vollständiges Manual aus.

Damit aus diesem Wissenssystem ein konkretes „Personal Information System" (PIS) entsteht, sind noch viele zusätzliche Informationen über das Objekt (Sach-Konstruktionswissenschaft) sowie über einen konkreten Betrieb und Konstrukteur notwendig. Zusätze (Ergänzungen) könnten im Aufbau dem Modell in Bild 8–5 entsprechen.

Die angestrebte Hilfe für praktizierende Konstrukteure könnte zur Unterbewertung der sich auf der Spitze der einzelnen Ordnungsmerkmale befindenden, abstrakten Arten führen. Auch wenn diese Arten der Praxis nicht direkt dienen, haben sie die wichtige Aufgabe, Erfahrungen aus dem einen in die anderen Gebiete zu übertragen.

Die berechtigte Frage nach dem Aufbau dieser Wissenssysteme haben wir uns bei den TS-Arten gestellt. Wo sollte die als Basis geltende grundlegende spezielle Konstruktionswissenschaft (GSKW) liegen, und welche sind die Ergänzungen zu einzelnen hierarchischen Ebenen? Die Problematik des Sach- und Konstruktionsprozeßwissens macht es nicht leicht, Prioritäten zu setzen. Erfahrungen zeigen aber, daß eine relativ hoch auf der Abstraktionsachse liegende Basis vorteilhaft sein kann und daß einzelne Ergänzungen sich auf einzelne Funktionen (Spezialisten) beziehen können.

9.3 Konstruktionswissenschaft für Unerfahrene, Studenten, Novizen

Eine bedeutende Variation der Konstruktionswissenschaft stellt das Wissenssystem für Studenten dar. Traditionell wird eine solche Ausarbeitung als „Konstruktionslehre" bezeichnet. Zahlreiche Publikationen mit diesem Titel existieren schon seit geraumer Zeit. Die Zielsetzungen einzelner Bücher wurden weiteren Anforderungen angepaßt, so daß man unter dem Titel „Konstruktionslehre" ziemlich unterschiedliche Inhalte findet.

Die Absichten der Autoren auf dem Gebiet der Konstruktionslehre erfahren wir aus den Studien einiger bekannter deutscher Bücher. Schon F. Reuleaux äußerte in seiner „Constructionslehre" (zusammen mit C. Moll) 1854 [244] grundlegende Gedanken. Er sieht Aufgabe und Gegenstand der Konstruktionslehre in der Aufstellung und Erklärung der Regeln, verbunden mit praktischen Anforderungen, die auf den Prinzipien der Mechanik aufgebaut sind und als leicht anwendbar gelten. Er plädiert für die Anwendung eines „geregelten Constructionsverfahrens", das er für den ganzen Maschinenbau dargelegt und erläutert hat. Daß die damaligen Vorstellungen über Konstruktionsverfahren mit der heutigen Auffassung der Konstruktionsmethodik nicht übereinstimmen, versteht sich gewiß, jedoch der Einklang mit den Zielsetzungen der Konstruktionswissenschaft ist anregend.

H. Tschochner will in seinem Buch „Konstruieren und Gestalten – Abriß einer Konstruktions- und Gestaltungslehre" (1954) [285] das Wesen des Konstruierens und Gestaltens klarlegen und die Fragen der Zusammenhänge eruieren. Den Hauptteil des Buches bildet das Gestalten (60%), in dem die grundlegenden Gestaltungsrichtlinien für verschiedene Fertigungsverfahren zusammengefaßt sind. Tschochners Absicht war, ihm Hinweise auf die Praxis geben und schließlich versuchen, den Grundriß einer noch auszubauenden Konstruktionslehre zu geben."

Die „Konstruktionslehre des allgemeinen Maschinenbaus" von R. Matousek (1957) [196] gehört zu den geschätzten Arbeiten dieses Gebietes. Sie wurde als die erste deutsche Konstruktionslehre ins Englische übersetzt (Blackie, 1963), unter dem Titel „Engineering Design – A Systematic Approach" [197], der auf eine Unsicherheit (in beiden Sprachen) über die Deutung des Wortes „Lehre" hinweist. Das Buch wendet sich an „ernsthaft strebende junge Ingenieure und nicht an solche, welche sich damit begnügen Vorlagen durchzupausen, ohne dabei die Gedankengänge und Überlegungen kennenzulernen, welche zu dem endgültigen Erzeugnis führen."

Der Autor hat den Versuch unternommen, in „leicht faßlicher und geordneter Form" ein methodisches Vorgehen zu zeigen, das dem Anfänger den rationalen Lösungsweg ermöglicht. Der Verfasser hat seine Überzeugung zum Ausdruck gebracht, daß eine Konstruktionslehre, die aus einer Ansammlung von Richtlinien und Regeln besteht, keinem Anfänger die Technik des Konstruierens beibringen kann. Weil nur Übung den Meister macht, sind im Buch viele Übungen vorgelegt.

In den siebziger Jahren, dem Kulminationspunkt der Bestrebungen um eine Rationalisierung der Konstruktionsarbeit, erscheint die „Konstruktionslehre" von G. Pahl und W. Beitz, 1977 in der ersten und 1988 in der zweiten, neubearbeiteten und erweiterten Auflage [228]. Das Buch sollte „gleichermaßen den Studierenden des Maschinenapparate- und Getriebebaus und den auf diesen Gebieten in der Praxis tätigen Konstrukteur unabhängig von einem bestimmten Fachgebiet oder einer Branche ansprechen." Das Buch wendet sich aber auch an Lehrende und Forschende, für die es Grundlage und Anregung zu eigener Weiterentwicklung sein will. Es vermittelt eine Strategie des Konstruierens. Die vermittelten Vorgehensweisen, Methoden und Hilfsmittel zum Konstruieren technischer Systeme beziehen sich auf Konzipieren, Entwerfen und Ausarbeiten und die Beschreibungen sind in einer für die Praxis verständlichen Sprache abgefaßt. Dieses Buch baut auf Grundlagen der maschinenbaulichen Systeme und des methodischen Vorgehens auf. Im weiteren gliedert es sich nach den einzelnen Konstruktionsetappen (Konzipieren, Entwerfen, Ausarbeiten) und nach den Konstruktionsschritten im Rahmen dieser Etappen.

Die Konstruktionslehre von Pahl und Beitz ist ohne Zweifel die beste existierende Lehre, sowohl in ihrem Inhalt (sie enthält ein sehr breites Spektrum des Konstruktionswissens) als auch in den geeigneten, praxisnahen Beispielen und in der verständlichen Form und Gestaltung.

Schon diese kleine Studie hat gezeigt und mit Zitaten bewiesen, daß Publikationen über Konstruktionslehre als Schulbücher benutzt wurden und noch werden, daß sie aber nicht als spezielle Lehrbücher verfaßt sind. Alle wenden sich an breitere Kreise (auch an Praktiker), und ihre Inhalte (mindestens einige) erwecken den Eindruck, als pflegten sie eher eine angewandte Konstruktionswissenschaft als eine Konstruktionslehre. Eine angewandte Konstruktionswissenschaft kann gewiß als Konstruktionslehre dienen, jedoch nur partiell, denn sie kann nicht alle Anforderungen befriedigen, die zu respektieren sind.

9.3.1 Anforderungen an ein Lehrbuch für den Konstruktionsunterricht

Ein gutes Lehrbuch sollte eine sachgerechte, systematisch auf- und ausgebaute Darstellung eines Wissensgebietes enthalten (bis zu dieser Bestimmung sind die Anforderungen identisch mit der Wissenschaft) und dabei didaktische und lernpsychologische Erkenntnisse benutzen. Ein solches Lehrbuch soll auf die jeweilige Stufe der Ausbildung orientiert sein.

Daß bei den schon diskutierten und auch bei weiteren Konstruktionslehren mindestens ein Mangel in didaktischer Hinsicht festzustellen ist, ist offenbar. Eine andere Frage bezieht sich darauf, ob die dargebotene Darstellung des Wissensgebietes systematisch aufgebaut und vollständig ist.

Ein noch plastischeres Bild der Anforderungen an die Konstruktionslehre besteht, wenn das Modell des Unterrichtsprozesses benutzt wird (siehe Bild 9–1). Wir sehen, daß dieses Prozeßmodell vom allgemeinen Transformationsprozeß direkt abgeleitet ist (vergleiche Bilder 7–2, 7–10, 8–8). Im Falle des Unterrichtsprozesses tritt der Mensch – der Student – als Operand mit gewissen Fähigkeiten zum Konstruieren auf, der aus dem Zustand der Unkenntnis des Konstruierens in den Zustand des Wissens gebracht werden soll. Als Operatoren dieser Umwandlung wirken hier die Lehrer mit ihren technischen Mitteln und ihrem Wissen, vom Management des Prozesses koordiniert. Die obligate Frage nach der „Technologie" für diesen Transformationsprozeß (Operand–Student) läßt nun die Notwendigkeit eines speziellen Wissens für die Umwandlung des Zustandes des Wissens und Könnens eines Menschen aufkommen. Es sind Pädagogik und Didaktik, auf deren Gebiet wir uns nun begeben.

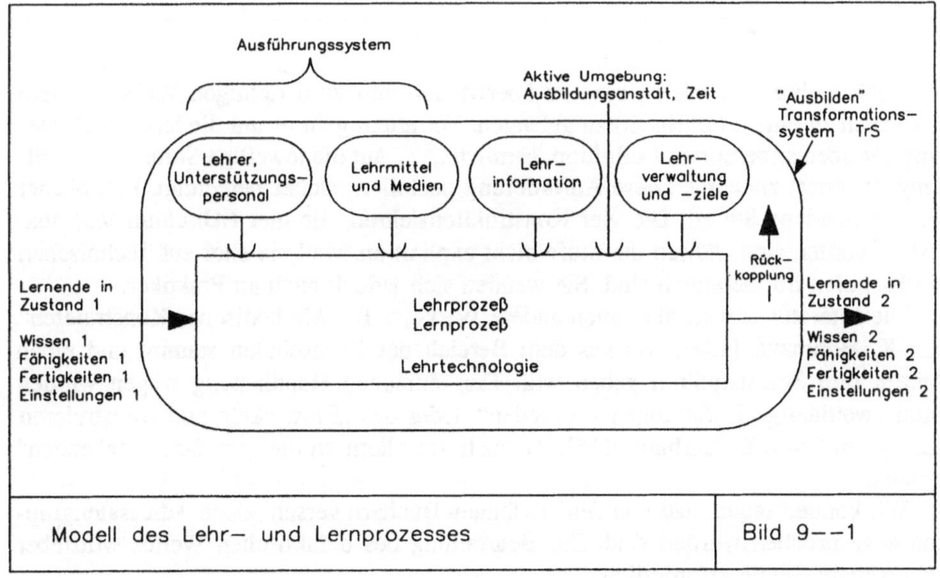

Modell des Lehr- und Lernprozesses	Bild 9--1

Das didaktische Wissen kann, in diesem Zusammenhang sehr vereinfacht und kondensiert ausgedrückt, durch „Unterrichtsprinzipien" vertreten werden, wie sie in Bild 9–2 zusammengestellt sind. Wenn die Anwendung dieser Prinzipien in den bestehenden Konstruktionslehren untersucht wird, kommt man auch dort zu dem Schluß, daß sie nicht berücksichtigt worden sind und daß diese Bücher kaum als Lehrbücher im Sinne der Definition bezeichnet werden können.

1) <u>Das Ganzheitsprinzip</u> verlangt, daß in jeder Einzelheit des Stoffes (Lehrinhaltes) der Zusammenhang zum Ganzen wirksam wird. Daß jeder Lehrgegenstand nach allen Seiten betrachtet und entfaltet wird und dabei sich sowohl auf das Vorgehende stützt wie auch über sich selbst hinaus auf neue Aufgaben weist.

2) <u>Das Aktivitätsprinzip</u> soll die Schüler (Studierende) in ein inneres Verhältnis zum Lehrgegenstand bringen, so daß sie mit ihrer ganzen seelischen Einheit ihrer Aufgabe handelnd gegenüberstehen.

3) <u>Das Individualitätsprinzip</u> soll sich der Individalität einzelner Schüler (Studierender) anpassen und die Einmaligkeit und Einzigartigkeit der aktiven Betätigung der Studenten in Betracht ziehen.

4) <u>Das Aktualitätsprinzip</u> geht davon aus, daß die bildende Einwirkung auf die Schüler (Studierenden) von der jeweiligen Unterrichtssituation abhängig ist. Die Situation muß beachten, von welchem Stoff (Lehrinhalt und Art der Präsentation) die Schüler angesprochen werden und unter welchen subjektiven Bedingungen er ihnen nahesteht.

5) <u>Das sachliche Prinzip</u> wird erfüllt, wenn die Einzelheiten in eine schlüssige und einsichtsvolle Folge gebracht sind, welche die Wahrheit (Richtigkeit) des Lehrstoffes klar macht und unterstreicht. Man kann auch logische Geschlossenheit postulieren, die einen gewissen Grad der Vollständigkeit des Stoffes anstrebt, um einen Überblick, eine Orientierung zu gewähren.

6) <u>Die Aneignung des Wissens</u> soll die Fähigkeit entfalten, neuen Aufgaben gewachsen zu sein und die Wege zu deren Lösung selbständig und planmäßig zu beschreiten.

Unterrichtsprinzipien	Bild 9—2

Noch mehrere Probleme sind zu überwinden, um zum richtigen Wissenssystem (also auch zu einem Lehrbuch) zu gelangen. Vor allem geht es um die letzte Anforderung der oben angeführten Definition, nämlich „ . . . auf die jeweilige Stufe der Ausbildung orientiert zu sein". Diese Anforderung postuliert, sicher berechtigt, Lehrbücher für verschiedene Stufen. Die vier Konstruktionslehren, die hier (Abschnitt 9.3) analysiert worden sind, führen die Stufe nicht explizit an, weil sie eher auf Technischen Hochschulen im Gebrauch sind. Sie wenden sich jedoch auch an Praktiker.

Die Literatur enthält aber auch andere Werke, z. B. „Methodisches Konstruieren" von K. Hohmann [134], das aus dem Bereich der Fachschulen stammt und einen Anreiz zum Selbststudium geben will. Der einfachen Handhabung wegen wurden darin „weitläufige Erklärungen vermieden". Oder das „Entwickeln und Konstruieren mit System" von E. Gerhard [115], das sich vor allem an die „im Beruf Stehenden" wendet.

Wir können sagen, daß von den erwähnten Büchern verschiedene Adressatengruppen angesprochen worden sind. Zur Beurteilung des didaktischen Wertes wird aber eine weitere Studie erforderlich.

Ein anderes Problem entsteht im Zusammenhang mit den verschiedenen Lehrveranstaltungen, die für den Konstruktionsunterricht benutzt werden können. Die Möglichkeiten und Gestaltungsfaktoren einzelner Arten sind in Hubka [141] analysiert. Für jede dieser Arten – z. B. für Vorlesung, Gruppenunterricht, Fachwissen-Test, Übungen, Projekte, Fallstudien, programmierten Unterricht, Praktikum, Exkursion, Forschungsarbeit oder Selbststudium – müßte prinzipiell ein spezielles Wissenssystem vorbereitet werden.

Für einige dieser Arten findet man in der Literatur entsprechende Hinweise, kaum aber ein vollständiges, nach didaktischen Prinzipien verarbeitetes Wissenssystem.

9.3.2 Wissenssystem für den Konstruktionsunterricht

Unsere bisherigen Überlegungen haben besonders die Mängel und die Abweichungen von einem theoretisch idealen Zustand abgedeckt.

Die Frage muß jetzt heißen: Wie kann das Wissenssystem für den Unterricht praktisch aufgebaut werden? Gewiß nicht – als Extremfall – mit allen Arten als Elementen des Systems, die wir erwähnt haben, und mit noch weiteren Elementen unter Berücksichtigung des Individualitäts- und Aktualitätsprinzips (siehe Bild 9–2).

In diesem Zusammenhang muß die Rolle der Lehrer als entscheidender Operator im Unterricht überlegt werden (Modell Bild 9–1). Sie bauen den Unterricht in mindestens zwei Stufen auf – in der Lehrkonzeption, die im Lehrplan (Curriculum) verankert ist, und in der Vorbereitung einzelner Lehrveranstaltungen (Stunden). Die Didaktik stellt ihnen stets die Fragen: Was? Wie? Wo? Wozu? Womit? und Wer? Streng nach diesen Kriterien beurteilt, würde sich wegen der sich ständig wandelnden Umstände keine Unterrichtsstunde wiederholen können.

Es ist also in der Rolle der Lehrer ihre Aufgabe, immer ein neues Wissenssystem für jeden Kurs und für jede Stunde vorzubereiten. Das ist eine individuelle Leistung, für die ein Lehrer mit guten Unterlagen und guten Wissenselementen versorgt werden soll, um die Qualität des Unterrichts aufrechterhalten zu können. Dazu muß also auch das didaktische Wissen (Wie? Womit? Wozu?) in geeigneter Form zur Verfügung stehen. Eine wichtige Rolle spielt dabei die Artikulation jeder Unterrichtsform, die an das Wissenssystem spezielle Anforderungen stellt (Details in Hubka [141]).

Wenn man diese Vorstellung auf die heutigen Wissenssysteme projiziert, wird klar, daß die oben betrachteten Konstruktionslehren nicht als direkte Lehrbücher, sondern als Material zur Vorbereitung der Lehrer dienen. Es fehlt an Fachdidaktik für den Konstruktionsunterricht, welche die Lehrer unterstützen sollte.

In der Zukunft sollte also neben der Fachdidaktik auch die Vervollkommnung des Wissenssystems angestrebt werden, um die neuen Inhalte laut Konstruktionswissenschaft für die Lehrer und möglichst differenziert für die ausgeprägten Stufen der Ausbildung aufzubereiten. Diese neuen Konstruktionslehren, von der Konstruktionswissenschaft abgeleitet und die Didaktik berücksichtigend, können den Lehrunterricht bedeutend verbessern. Allerdings bleiben gute Lehrer dabei die Hauptbedingung.

9.4 Konstruktionswissenschaft für Laien

Eine solche Konstruktionswissenschaft erscheint fast als Widerspruch. Trotzdem ist Wissen über die Rollen der Technik – insbesondere dessen Entstehung durch Vorausplanen, Konstruieren und Herstellen – ein wichtiger Bestandteil des Allgemeinwissens für jede Bevölkerung. Unwissen über Technik fördert die Technikfeindlichkeit.

Auch für diese Empfänger sollte das Konstruktionswissen aufgearbeitet werden, in verschiedenen Arten, je nach Klassen der Laien, wie z. B.:

- Ein- und Verkäufer – Klein- und Großhandel;
- Betriebswirtschafter – Manager;
- Politiker – Gesetzgeber, welche die soziale Organisation und deren Entwicklungsrichtungen und -philosophien bestimmen;
- Schulkinder;
- Lehrer in allgemeinbildenden Schulen;
- allgemeine Bevölkerung;
- usw.

Das Wissen über den Konstruktionsprozeß (das Konstruieren), als wichtiger Prozeß im Werdegang eines technischen Systems, sollte mindestens als Erleuchtung und Unterhaltung dienen, wie heute schon üblich für die „reinen" Wissenschaften – z. B. Programme im Fernsehen über Natur, Atomphysik. Für andere Laiengruppen ist die Aufarbeitung viel notwendiger, denn die Volks- und Betriebswirtschaft braucht Produkte, welche mit technischen Mitteln (Systemen) hergestellt oder aufbereitet werden. Unwissen über den Werdegang der Produkte, deren Herstellung mittels technischer System (welche konstruiert werden müssen) und über die Aufgaben des Konstruierens kann sogar sehr schädlich für die langfristige Gesundheit der Ökonomie wirken.

10 Qualität der Konstruktionswissenschaft

Die Konstruktionswissenschaft kann als System von Aussagen oder Wissens- oder Informationssystemen gut oder schlecht sein, hat aber als Ganzes und in ihren einzelnen Teilen bis hin zu Elementen eine ganz bestimmte Qualität. Die Qualität des Wissens – der Information – läßt sich nach ihren Eigenschaften beurteilen. Von ihnen sind die wichtigsten:

- Inhalt: richtig – wahr, beweisbar? (Erklärungen, Quellen)
- Inhalt: vollständig – geordnet, klassifiziert, auffindbar? (nicht nur zusammenhangslose Abschnitte oder Angaben ohne Geltungsbereich)
- Inhalt: zweckmäßig, strukturiert (Ordnung)?
- Form: eindeutige, verständliche Darstellung?
- Form: übersichtlich, schnelle Orientierung möglich?

Weitere Eigenschaften bieten zusätzliche Charakteristika, welche die erste Gruppe unterstützen können:

- Alter der Information
- Quelle der Information (Verfasser, Verlag)
- Verfügbarkeit der Information (nicht geschützt, nicht nur persönliche Erfahrung).

Die inhaltliche Qualität ist für Konstrukteure ausschlaggebend, damit auch die Ergebnisse – die technischen Systeme – richtig funktionieren und alle erwünschten Eigenschaften tragen können. Die Struktur und Form beeinflussen besonders die Effizienz und Effektivität des Konstruktionsprozesses. Aber auch für andere Klassen der Empfänger ist die inhaltliche Qualität wichtig (siehe Kapitel 9).

Richtigkeit, Wahrheit sind in der Philosophie delikate Begriffe. In der Technik ist die Übereinstimmung einer Aussage mit dem wirklichen Sachverhalt nicht so problematisch, besonders nicht im Wissensgebiet des Objekts, im Sachwissen. Dort wird praktisch jede Aussage an der Wirklichkeit überprüft. Man muß bei der Anwendung des Wissens selbstverständlich auch mit Irrtum rechnen und es bei der Beurteilung der Qualität des Wissens berücksichtigen.

Schwieriger fällt die Überprüfung der Wahrheit im Bereich des Konstruierens–Prozeßwissen. Ist die Empfehlung einer Methode richtig oder falsch? Einigen Konstrukteuren kann sie gut weiterhelfen, anderen aber wenig oder nicht.

Die *empirische Stützung* (vergleiche Bild 5–1) der Aussagen kann diese Überlegung fördern. Man kann nach Stegmüller [270] folgende Kategorien unterscheiden:

- Vorwissenschaftlich (A) nennen wir Aussagen, die wenig systematisch und konsistent erscheinen oder nicht nachprüfbar sind oder bisher nicht nachgeprüft wurden. Viele Behauptungen aus der Praxis für die Praxis fallen in diese Kategorie.

- Wissenschaftlich: singuläres „Verstehen" (B) nennen wir den sozialwissenschaftlichen Ansatz, welcher mittels einschlägiger Fallbeschreibungen und tief bohrenden Fallanalysen zu intersubjektiv akzeptablen Erfahrungshypothesen über gleiche Gegenstände gelangt (wie z. B. in der Geschichtswissenschaft und Führungstheorie). Die Action-Research-Konzeption ist eine neuere Forschungsmethode in diesem Gebiet.

- Wissenschaftlich: induktiv-statistisch (C) bezeichnen wir die Begründungsmethode bzw. Forschungskonzeption der „empirischen Wissenschaften". Nach dem neueren Wissenschaftsverständnis ist alles Wissen hypothetisch und muß andauernd überprüft und neu gestützt werden. Die statistische Stützung von Erfahrungshypothesen kann aber keinesfalls „Beweise" (im formallogischen Sinn) für die „Wahrheit" von Aussagen liefern [175,176].

10.1 Die Qualität des heutigen Wissenssystems der Konstruktionswissenschaft

Die Frage, wie qualitätsvoll das heute vorhandene Wissen ist, das in die Sphäre der Konstruktionswissenschaft gehört, ist schwierig mit einem Gesamturteil zu beantworten. Um eine präzisere Bewertungsaussage machen zu können, müssen wir vorher geeignete Bewertungsmittel (Bewertungselemente) gewinnen, d. h. wir müssen als erstes Kriterien aussuchen, welche die Qualität bestimmen, ferner die strukturellen Teile (Kategorien) des Wissens und schließlich die Art des Wissenssystems (hierarchische Stufe) festsetzen.

Ein solcher Versuch ist in Bild 10–1 unternommen worden. Als Kriterien sind darin einige Eigenschaften der Information wie Vollständigkeit, Verfügbarkeit (Zugänglichkeit) u.a. angegeben. Diese Eigenschaften sind für die vier Hauptgebiete der Konstruktionswissenschaft (vergleiche Bild 5–2), darüberhinaus aber auch für die allgemeine Konstruktionswissenschaft (also für technische Systeme) und zudem für speziellele Konstruktionswissenschaften zu bestimmen. Das letztgennante Gebiet ist gewiß sehr problematisch, denn der Stand in einzelnen Fachbereichen (vergleiche Kapitel 8) ist nicht überall der gleiche. Weil es uns jedoch nicht um genaue Einzelangaben, sondern um eine grobe, den Vergleich der einzelnen Gebiete bietende, Gesamtcharakteristik geht, nehmen wir diese Ungenauigkeiten in Kauf.

| A — Kategorien des Konstruktionswissens (siehe Bild 5-2) | | Qualität des Wissens in Bezug auf: | | | | | | H — Wesentliche Zukunftsaufgaben mit dem Ziel, die Qualität zu erhöhen |
		B Vollständigkeit	C Verfügbarkeit (Informationsträger)	D Empirische Stützung (methodische Kategorie)	E Form (direkte oder indirekte Antwort)	F Darstellung	G Strukturelle Ordnung	
Aussagen über technische Dinge – Systeme (Sachwissen)	Theorie technischer Systeme (TTS) — Allgemein							– Vervollständigung, Vereinheitlichung, Homogenisierung usw. – Erhöhung der empirischen Stützung
	Theorie technischer Systeme (TTS) — Speziell							– Verbesserung der Zugänglichkeit Form Darstellung
	Konstruktions-sachwissen — Allgemein							– Vervollständigung – Verbesserung der Zugänglichkeit, Form, Darstellung – Erhöhung der empirischen Stützung
	Konstruktions-sachwissen — Speziell							– Erhöhung der Zugänglichkeit – Verbesserung der Form und Darstellung
Aussagen über den Konstruktionsprozeß (Prozeßwissen)	Theorie der Konstruktions-prozesse — Allgemein							– Verbesserung in allen Kriterien, besonders Vereinheitlichung und Homogenisierung
	Theorie der Konstruktions-prozesse — Speziell							– Verbesserung in allen Kriterien, besonders der strukturellen Ordnung
	Konstruktions-prozeßwissen — Allgemein							– Erhöhung der empirischen Stützung
	Konstruktions-prozeßwissen — Speziell							– Vervollständigung – Verbesserungen der Zugänglichkeit, Form, Darstellung – Erhöhung der empirischen Stützung

Legende: ■ sehr gut · ◩ gut · ◪ mangelhaft · □ schlecht

(Die Felder der Spalten B bis G enthalten Qualitätssymbole gemäß Legende.)

Qualität des Konstruktionswissens

Bild 10-1

Für die Bewertung begnügen wir uns mit dem vierstufigen Maßstab: sehr gut, gut, mangelhaft, schlecht. Die Bewertung vollzieht sich also in acht Gebieten, welche die Reihen der Matrix im Bild 10–1 bilden, und in sechs Eigenschaften, die als Spalten B–G der Matrix auftreten.

Das Wissenssystem, das beurteilt wird, existiert in vielen Fällen nicht als formalisierte „Einheit". In den Büchern „Theorie Technischer Systeme" und „Theorie der Konstruktionsprozesse" ist zwar eine Beschreibung der gesamten Gebiete auf der allgemeinen Ebene der technischen Systeme vorhanden. Aber die Systeme für einzelne Familien, in denen nur in Informationsträgern das heute übliche Wissen enthalten ist (siehe z. B. Bild 7–1), fehlen. Viele zusätzlichen Elemente, die diesem Gebiet angehören, sind in anderen Gebieten zerstreut vorhanden, oder existieren sogar nur als persönliche Erfahrungen. Das macht die Beurteilung kompliziert, besonders was die Vollständigkeit betrifft.

Trotz aller dieser Schwierigkeiten lassen sich doch aus der Matrix wichtige Erkenntnisse gewinnen. Global gesehen, kann man das Sachwissen, verglichen mit dem Prozeßwissen, fast nach allen Kriterien als qualitativ bedeutend höher stehendes Gebiet ansehen. Ganz besonders besser ist die Lage in der Theorie. Dieser Unterschied ist erklärbar, wenn man die Entwicklung des Wissens betrachtet und die Priorität des Sachwissens für die Praxis sieht.

Ein Vergleich des theoretischen Wissens mit dem Fachwissen zeigt einen gewissen Vorsprung der Theorie im Sachbereich. Gerade umgekehrt ist die Situation im Prozeßwissen, wo dem Fachwissen eine bessere Gesamtqualität eigen ist.

Wenn die Wissenssysteme für allgemeine und spezielle Gebiete gegenübergestellt werden, fällt die Situation im Sachwissen anders aus, wo spezielle Gebiete höher bewertet werden. Im Gegenteil dazu ist die Lage im allgemeinen Prozeßwissen günstiger als in speziellen Gebieten. Die breitere Gültigkeit des Prozeßwissens gegenüber dem Sachwissen spielt dabei gewiß eine wichtige Rolle.

11 Die Zukunftsaufgabe in der Konstruktionswissenschaft

Letztlich sollten wir unseren Blick auf die Zukunft richten, nachdem wir uns ausführlich mit der Vergangenheit und Gegenwart beschäftigt haben. Die „Kinderjahre" unserer Disziplin, in denen wir uns heute befinden, stellen schon ziemlich klare Aufgaben in bezug auf den Reifeprozeß der Konstruktionswissenschaft: Vervollständigung, Vereinheitlichung, Homogenisierung des vorhandenen Wissens.

Genauer und differenzierter für einzelne Gebiete lassen sich die Aufgaben von dem Bewertungsergebnis ableiten. Deshalb haben wir die Bewertungsmatrix dazu benützt, auf Grund der „Schwächen" die Zukunftsaufgaben zu formulieren (siehe Bild 10–1, Spalte H). Als Resultat der Bewertung sind einige wesentliche Aufgaben im Bild angebracht. Zur Diskussion steht nun die Reihenfolge dieser Aufgaben, d. h. die Strategie für die Weiterentwicklung der Konstruktionswissenschaft. Weil die allgemeine Konstruktionswissenschaft nun gänzlich klare Formen angenommen hat und das Strukturmodell wie auch die Terminologie und weitere Gebiete detailliert ausgearbeitet sind, wären Versuche zweckmäßig, einige spezielle Konstruktionswissenschaften nach diesem Vorbild auszubauen. Die Erfahrungen werden dann dazu dienen, im zweiten Gang die Zweckmäßigkeit der vorgeschlagenen Modelle zu überprüfen und eventuell zu korrigieren.

Eine zweite Richtung soll dem Aufbau der Fachwissensgebiete dienen. Auf diesen Gebieten existiert zwar viel Wissen, seine Formalisierung ist aber qualitativ ungenügend. Diese Aufgabe ist mit dem Aufbau der wissensbasierten Systeme eng verbunden. Dadurch hat sie höhere Attraktivität und Dringlichkeit gewonnen.

Der dritte Aufgabenkomplex hat die Vervollständigung der Theorie zum Ziel, damit ein ausgewogenes Verhältnis zur Erfahrung hergestellt wird.

Literaturhinweise

Anmerkung: Literaturhinweise sind auch in einigen Bildern angeführt: Bild 2–3, 2–4, 5–1, 5–2, 5–3, 5–4, 6–1, 7–1, 7–3, 7–21, 8–2, 8–6.

[1] —, **Brockhaus Enzyklopädie**, Brockhaus, Wiesbaden, 1975.

[2] —, **Curriculum for Design: Engineering Undergraduate Courses**, Proc. of Working Party, Loughborough: SEED Publ., 1985

[3] —, **Curriculum for Design: Compendium of Engineering Design Projects**, Loughborough: SEED Publ., u. London: Design Council, 1988

[4] —, **Education and Training of Chartered Engineers for the 21st Century**, London: Fellowship of Engineering, 1989

[5] —, **ESDU Index** (jährliche Ausgabe), Engineering Sciences Data Unit, London, England

[6] —, **ESDU Catalogue of Engineering Software** (jährliche Ausgabe), Engineering Sciences Data Unit, London, England

[7] —, **Great Soviet Encyclopedia** (25 Bände), New York: Macmillan, 1973–81.

[8] —, **Instructions for Consumer Products**, Dept. of Trade and Industry, London: HMSO, 1988

[9] —, **Lueger Lexikon der Technik**, Reinbek: Rowohlt, 1971.

[10] —, **Meyers Enzyklopädisches Lexikon**, Mannheim: Bibl. Institut, 1974

[11] —, **Meyers neues Lexikon**, Leipzig: VEB Verlag, 1977.

[12] —, National Science Foundation : Programmverlautbarung „Design Theory and Methodology“, Nr. OMB 3145–0058 12/31/85

[13] —, **The New Encyclopedia Britannica**, Chicago: Enc. Britannica, 1973

[14] —, **The Practice of and Education for Engineering Design** Conference, *Proc.I.Mech.E.* **178** 1964, Pt. 3B, S. 34–35 u. 51–52

[15] —, **Tomorrow's Engineering Designers: the real needs of industry** Conference, Loughborough University, 25–26 Sept. 1979, Worthing: Publ. Serv., 1979

[16] —, VDI Richtlinie 2221: **Methodik zum Entwickeln und Konstruieren technischer Systeme und Produkte**, Düsseldorf: VDI, 1985

[17] —, VDI Guideline 2221: **Systematic Approach to the Design of Technical Systems and Products**, Düsseldorf: VDI, 1987 (redigiert von K.M. Wallace)

[18] —, VDI Richtlinie 2222 (1): **Konstruktionsmethodik: Konzipieren technischer Produkte**, Düsseldorf: VDI, 1977

[19] —, VDI Richtlinie 2222 (2): **Konstruktionsmethodik: Erstellung und Anwendung von Konstruktionskatalogen**, Düsseldorf: VDI, 1982

[20] —, VDI Richtlinie 2223: **Begriffe und Bezeichnungen im Konstruktionsbereich – Empfehlungen**, Düsseldorf: VDI, 1973

[21] —, VDI Richtlinie 2225: **Technisch-wirtschaftliches Konstruieren**, Düsseldorf: VDI, 1964

[22] —, VDI Richtlinie 2242 (1) u. (2): **Ergonomiegerechtes Konstruieren**, Düsseldorf: VDI, 1983

[23] —, **WDK 18: Proceedings of the Institution of Mechanical Engineers, International Conference on Engineering Design, ICED 89 Harrogate**, London: I.Mech.E., 1989

[24] —, **XII. Internationales Wissenschaftliches Kolloquium der Technischen Hochschule Ilmenau**, Sektion L – Konstruktion, Ilmenau, DDR: T.H., 1967

[25] Abbott, H., **Safe Enough to Sell? Design and Product Liability**, London: Design Council, 1980

[26] Abbott, H., **Safer by Design: The Management of Product Design under Strict Liability**, London: Design Council, 1988

[27] Ackoff, R.L., **Scientific Methods: Optimizing Applied Research Decisions**, New York: Wiley, 1962

[28] Ackoff, R.L., **Redesigning the Future: A Systems Approach to Societal Problems**, New York: Wiley, 1974

[29] Ackoff, R.L., **The Art of Problem Solving**, New York: Wiley, 1987 (Reprint of 1978 edition)

[30] Ackoff, R.L., **Creating the Corporate Future: Plan or Be Planned For**, New York: Wiley, 1981

[31] Adams, J.L., **Conceptual Blockbusting** (2. Aufl.), San Francisco: Freeman, 1980

[32] Akin, Ö., „Necessary Conditions for Design Expertise and Creativity", *Design Studies*, **11** 1990, S. 107–113

[33] Alexander, C., „The Determination of Components for an Indian Village", in [162], S. 83–114

[34] Alexander, E.R., „The Design of Alternatives in Organizational Contexts: A Pilot Study", *Admin. Sci. Quart.* **24** 1979, S. 382–404

[35] Alger, J.R.M., u. Hays, C.V., **Creative Synthesis in Design**, Englewood Cliffs, NJ: Prentice-Hall, 1964

[36] Altschuller, G.S., **Erfindungen – (K)ein Problem in Russland**, Berlin: Verlag Tribüne, 1973

[37] Altschuller, G.S., **Creativity as an Exact Science**, Gordon & Breach, 1984

[38] Andreasen, M.M., **Synthesemethoder på Systemgrundlag – Bidrag til en Konstruktionsteori**, Lund: T.H. (Doctor Diss.), 1980

[39] Andreasen, M.M., u. Hubka, V., **WDK 4a: Methodisches Konstruieren von Maschinensystemen – Fallbeispiele**, Zürich: Heurista, 1981

[40] Andreasen, M.M., „Design Strategy", in [90], S. 171–178

[41] Andreasen, M.M., „Design Methodology in the Framework of Integrated Product Development", in [155], S. 24–30

[42] Andreasen, M.M., Kähler, S., Lund, T., u. Swift, K.G., **Design for Assembly** (2. Aufl.), London: IFS Publ., u. Berlin/Heidelberg: Springer-Verlag, 1988

[43] Andreasen, M.M., u. Ahm, T., **Flexible Assembly Systems**, London: IFS, 1988

[44] Andreasen, M.M., u. Olesen, J., „The Concept of Dispositions", *Journal of Engineering Design*, **1** No. 1 1990, S. 17–36

[45] Archer, L.B., **Systematic Method for Designers**, London: Council for Industrial Design, reprint 1964

[46] Archer, L.B., „The Structure of the Design Process", in G. Broadbent u. A. Wade (Hrsg.), **Design Methods in Architecture**, New York: Wittenbern, 1969

[47] Archer, L.B., **Technological Innovation – a Methodology**, Frimley, Surrey: Inforlink, 1971

[48] Archer, L.B., „Systematic Method for Designers", in N. Cross (Hrsg.), **Developments in Design Methodology**, Chichester: Wiley, 1984

[49] Archer, L.B., „The Implications for the Study of Design Methods of Recent Developments in Neighbouring Disciplines“, in [151], S. 833–840

[50] Arciszewski, T., „Design Theory and Methodology in Eastern Europe“, in [246], S. 209–217

[51] Argyris, C., u. Schön, D.A., **Organizational Learning: A Theory of Action Perspective**, Reading, MA: Addison-Wesley, 1978

[52] Argyris, C., **Action Science: Concepts, Methods and Skills for Research and Intervention**, San Francisco, CA: Jossey-Bass, 1985

[53] Artobolevskii, I.I., „General Problems in the Theory of Machines and Mechanisms“, *Mech. & Mach. Th.* **10** 1975, Nr. 2/3

[54] Artobolevskii, I.I., „Past, Present and Future of the Theory of Machines and Mechanisms“, *Mech. & Mach. Th.* **11** 1976 Nr. 6, S. 353–61

[55] Ashford, F., **The Aesthetics of Engineering Design**, London: Business Books, 1969

[56] Asimow, M., **Introduction to Design**, Englewood Cliffs, NJ: Prentice-Hall, 1962

[57] Barwell, F.T., **Lubrication of Bearings**, London: Butterworths, 1956

[58] Beitz, W., „Engpass Konstruieren – Situation in der Bundesrepublik Deutschland“, in [148], S. 7–15

[59] Bertalanffy, L. von, **General Systems Theory** (geänderte Aufl.), New York: Braziller, 1968

[60] Booker, P.J., „Principles and Precedents in Engineering Design“, London: Inst. Engng. Designers, 1962

[61] Booker, P.J. (Hrsg.), **Conference on the Teaching of Engineering Design**, London: Inst. Engng. Designers, 1964

[62] Booker, P.J. (Hrsg.), **Teaching of Engineering Design** (Proc. of Second Conference), London: Inst. Engng. Designers, 1966

[63] Booker, P.J., Beitrag des Herausgebers in [62], S. 326–327

[64] Boothroyd, G., u. Dewhurst, P., **Product Design for Assembly**, Wakefield: Boothroyd Dewhurst, 1987

[65] Bromme, R., u. Hömberg, E., **Psychologie und Heuristik**, Darmstadt: Steinkopff, 1977

[66] Buhl, R., **Creative Engineering Design**, Ames, IA: Iowa S.U. Press, 1960

[67] Checkland, B., **Systems Thinking, Systems Practice**, Chichester: Wiley, 1984

[68] Churchman, C.W., **Systems Approach**, New York: Dell, 1983 (Neudruck der Aufl. 1969)

[69] Corfield, K.G., **Product Design**, London: NEDC, 1979

[70] Crawford, R.P., **The Technique of Creative Thinking**, Burlington, VT: Fraser, 1954 (Neudruck 1964)

[71] Creamer, R.H., **Machine Design**, Reading, MA: Addison-Wesley, 1968

[72] Cross, N., **Design Participation**, London: Academy Editions, 1972

[73] Cross, N. (Hrsg.), **Developments in Design Methodology**, Chichester: Wiley, 1984

[74] De Bono, E., **PO: Beyond Yes and No**, Harmondsworth: Penguin, 1973

[75] De Bono, E., **Lateral Thinking**, Harmondsworth: Penguin, 1977

[76] De Bono, E., **Teaching Thinking**, Harmondsworth: Penguin, 1979

[77] De Bono, E., **Eureka! Illustrated History of Inventions from the Wheel to the Computer**, London: Thames & H., 1979

[78] De Bono, E., **De Bono's Thinking Course**, London: BBC, 1982

[79] De Bono, E., **Tactics: The Art and Science of Success**, London: Collins, 1985

[80] De Simone, D.V., **Education for Innovation**, Oxford: Pergamon, 1968

[81] Dieter, G., **Engineering Design**, New York: McGraw-Hill, 1983

[82] Dimarogonas, A., **Computer Aided Machine Design**, Englewood Cliffs, NJ: Prentice-Hall, 1989

[83] Dixon, J.R., **Design Engineering: Inventiveness, Analysis and Decision Making**, New York: McGraw-Hill, 1966

[84] Dorsch, F., **Psychologisches Wörterbuch**, Hamburg: Felix Meiner, 1971

[85] Drucker, P.F., **The Effective Executive**, New York: Harper & Row, 1964

[86] Eder, W.E., u. Gosling, W., **Mechanical Systems Design**, Commonwealth and International Library #308, Oxford: Pergamon Press, 1965

[87] Eder, W.E., „The Design Method – Definitions and Methodologies", in [124], Chap. 3, S. 19–31

[88] Eder, W.E., „Design Research – Technologies and Varieties of Design", in [124], Chap. 33, S. 311–315

[89] Eder, W.E., „Systematisierung und Rationalisierung der Konstruktionsarbeit in Grossbritannien", in [24], S. 17–25

[90] Eder, W.E. (Hrsg.), **WDK 13: Proceedings of the 1987 International Conference on Engineering Design** (2 Bände), New York: ASME, 1987

[91] Eder, W.E., „Information Systems for Designers", in [23], S. 1307–1319

[92] Edison, T.A., Zeitungsunterredung in *Life*, 1932

[93] Ehrlenspiel, K., **Kostengünstiges Konstruieren**, Berlin/Heidelberg: Springer-Verlag, 1985

[94] Ehrlenspiel, K., u. John, T., „Inventing by Design Methodology", in [90], S. 29–38

[95] Eisenberger, M., „The Mechanical Strength Critic in CASE", Report EDRC 12–36–90, Pittsburgh, PA: Eng. Des. Res. Center, Carnegie-Mellon Univ., 1990

[96] Ellinger, J.H., **Design Synthesis**, London: Wiley, 1968

[97] Faires, V.M., **Design of Machine Elements** (4. Aufl.), New York: Macmillan, 1965

[98] Farr, M., **Design Management**, London: Hutchinson, 1966

[99] Faupel, J.H., **Engineering Design: a Synthesis of Stress Analysis and Materials Engineering**, New York: Wiley, 1964

[100] Feilden, G.B.R., **Engineering Design**, Report of Royal Commission, London: HMSO, 1963

[101] Ferreirinha, P., „Berechnung von Funktionskosten", in [145], S. 73–79

[102] Ferreirinha, J.P., Meier, P., u. Hubka, V., „Kalkulationssystem für Neuentwicklungen", *Schw. Masch.* **82** 1982, No. 9, S. 81–87

[103] Ferreirinha, P., „Kalkulationssystem für Neuentwicklungen mit Anwendung von Funktionskosten", in [148], S. 166–173

[104] Ferreirinha, P., u. Hubka, V., „Strukturen Technischer Systeme", in [148], S. 429–436

[105] Ferreirinha, P., „Herstellkostenberechnung von Maschinenteilen in der Entwurfsphase mit dem HKB Programm", in [151], S. 461–467

[106] Ferreirinha, P., „Konstruktionswissenschaft und Rechnerunterstützte Modellierung des Konstruktionsprozesses", in [90], S. 455–462

[107] Ferreirinha, P., Hubka, V., Andreasen, M.M., u. Rosenberg, R., „Rechnerunterstütztes Entwerfen und Detaillieren von Konstruktionsgruppen", in [155], S. 105–116

[108] Finniston, Sir M.F. (chairm.), **Engineering Our Future: Committee of Inquiry Report into the Engineering Profession**, Cmnd. 7794, London: HMSO, 1980

[109] Franke, H-J., „Konstruktionsmethodik und Konstruktionspraxis – Eine Kritische Betrachtung", in [151], S. 910–924

[110] Freeman, P., **Lubrication and Friction**, London: Pitman, 1962

[111] French, M.J., **Engineering Design: The Conceptual Stage**, London: Heinemann Educ., 1971

[112] French, M.J., **Conceptual Design for Engineers** (2. Aufl. von [111]), London: Design Council u. Berlin/Heidelberg: Springer-Verlag, 1985

[113] French, M.J., **Invention and Evolution; Design in Nature and Engineering**, Cambridge: University Press, 1988

[114] Gasparski, W., **Understanding Design: The Praxiological-Systemic Perspective**, Seaside, CA: Intersystems Publ., 1984

[115] Gerhard, E., **Entwickeln und Konstruieren mit System**, Grafenau: Expert Verlag, 1979

[116] Gibson, J.E., **Introduction to Engineering Design,** New York: Holt Rinehart and Winston, 1968

[117] Glegg, G.L., **The Design of Design,** Cambridge: Univ. Press, 1969

[118] Glegg, G.L., **The Selection of Design,** Cambridge: Univ. Press, 1972

[119] Glegg, G.L., **The Science of Design,** Cambridge: Univ. Press, 1973

[120] Goldberg, P., **The Intuitive Edge,** Los Angeles, CA: Tarcher (New York: St. Martin Press), 1983

[121] Goralski, A., „Exploration Matrices", Problem, Method, Solution – Techniques of Creative Thinking, Vol. 3, Warsaw: WNT Publ., 1980

[122] Gordon, W.J.J., **Synectics: the development of creative capacity,** New York: Collier, 1961

[123] Gosling, W., **The Design of Engineering Systems,** London: Heywood, 1962

[124] Gregory, S.A. (Hrsg.), **The Design Method,** London: Butterworths, 1966

[125] Gregory, S.A., **Creativity and Innovation in Engineering,** London: Butterworths, 1972

[126] Guilford, J.P., u. Hoepfner, R., **The Analysis of Intelligence,** New York: McGraw-Hill, 1971

[127] Hales, C., „Designer as Chameleon", *Design Studies,* 6 1985, No. 2, S. 111–114

[128] Hall, A.D., **A Methodology for Systems Engineering,** Princeton, NJ: Van Nostrand, 1962

[129] Halling, J. (Hrsg.), **Principles of Tribology,** London: Macmillan, 1975

[130] Hamilton, P.H., Rhodes, R.G., u. Wells, C.S., **Communication in Design,** Curriculum for Design: Preparation Material for Design Teaching, Loughborough: SEED Publ., 1988

[131] Hansen, F., **Konstruktionssystematik** (2. Aufl.), Berlin: VEB Verl. Technik, 1966

[132] Hansen, F., **Konstruktionswissenschaft – Grundlagen und Methoden,** München: Carl Hanser, 1974

[133] Harrisberger, L., **Engineersmanship: a philosophy of design,** Belmont, CA: Brooks/Cole, 1966

[134] Hohmann, K., **Methodisches Konstruieren,** Essen: Girardet, 1977

[135] Hollins, B., u. Pugh, S., **Successful Product Design,** London: Butterworths, 1989

[136] Hubka, V., „Grundlegender Algorithmus für die Lösung von Konstruktionsaufgaben", in [24], S. 69–74

[137] Hubka, V., **Theorie der Maschinensysteme,** Berlin/Heidelberg: Springer-Verlag, 1974

[138] Hubka, V., „Konstruktionswissenschaft", *VDI-Zeitschrift* **116,** 1974, Nr. 11, S. 899–905, u. No. 13, S. 1087–1094

[139] Hubka, V., „Intuition und Konstruktionsgefühl", *Schw. Masch.* **75** Nr. 50, S. 42–44

[140] Hubka, V., **Theorie der Konstruktionsprozesse,** Berlin/Heidelberg: Springer-Verlag, 1976

[141] Hubka, V., **Konstruktionsunterricht an Technischen Hochschulen,** Konstanz: Leuchtturm, 1978

[142] Hubka, V., **WDK 1: Allgemeines Vorgehensmodell des Konstruierens,** Goldach: Fachpresse, 1980

[143] Hubka, V. (Hrsg.), **WDK 5: Konstruktionsmethoden in Übersicht: Proc. ICED 81 Rome,** Milano: tecniche nuove, 1981

[144] Hubka, V. (Hrsg.), **WDK 6: Konstruktionsunterricht in Übersicht: Proc. ICED 81 Rome,** Milano: tecniche nuove, 1981

[145] Hubka, V., u. Eder, W.E. (Hrsg.), **WDK 7: Ergebnisse von ICED 81 (Results of ICED 81 Rome),** Zürich: Heurista, 1981

[146] Hubka, V. (Hrsg.), **WDK 9: Dietrych zum Konstruieren,** Zürich: Heurista, 1982

[147] Hubka, V., „Systematische Heuristik", *Schw. Masch.* **83** Nr. 38, S. 33–35

[148] Hubka, V. (Hrsg.), **WDK 10: CAD, Design Methods, Konstruktionsmethoden: Proc. ICED 83 København** (2 Bände), Zürich: Heurista, 1983

[149] Hubka, V., Andreasen, M.M., u. Eder, W.E., **WDK 4b: Methodisches Konstruieren von Maschinensystemen – Fallbeispiele,** Zürich: Heurista, 1983

[150] Hubka, V., **Theorie Technischer Systeme** (2. neu bearbeitete und erweiterte Aufl. von [137]), Berlin/Heidelberg: Springer-Verlag, 1984

[151] Hubka, V. (Hrsg.), **WDK 12: Theory and Practice of Engineering Design in International Comparison: Proc. ICED 85 Hamburg** (2 Bände), Zürich: Heurista, 1985

[152] Hubka, V., **WDK 1: Principles of Engineering Design,** Zürich: Heurista, 1987 (Übersetzt und redigiert von W.E. Eder, erste Ausgabe von London: Butterworths, 1982)

[153] Hubka, V., u. Eder, W.E., **Theory of Technical Systems,** New York: Springer-Verlag 1988 (Neubearbeitung von [150])

[154] Hubka, V., Andreasen, M.M., u. Eder, W.E., **Practical Studies in Systematic Design,** London: Butterworths, 1988 (Neue Bearbeitung und Erweiterung von [39,149])

[155] Hubka, V., Baratossy, J., u. Pighini, U. (Hrsg.), **WDK 16: Proceedings of ICED 88,** Budapest: GTE u. Zürich: Heurista, 1988

[156] Hubka, V. u. Schregenberger, J.W., „Eine neue Systematik konstruktionswissenschaftlicher Aussagen – Ihre Struktur und Funktion", in [155], S. 103–117

[157] Hubka, V., „Design for Quality", in [23], S. 1321–1333

[158] Hubka, V., u. Eder, W.E., „Design Education and Design Science", in Proc. of the S. Neaman International Workshop on **The Place of Design in the Engineering School,** Haifa, Israel: S. Neaman Press, 1989, S. 31–55

[159] Hubka, V. (Hrsg.), **WDK 20: Proceedings of ICED 91 Zürich,** Zürich: Heurista, 1991

[160] Jewkes, J., Sawers, D., u. Stillerman, R., **The Sources of Invention,** London: Norton, 1958

[161] Johnson, R.C., **Optimum Design of Mechanical Elements,** New York: Wiley, 1961

[162] Jones, J.Ch., u. Thornley, D.G., **Conference on Design Methods,** Oxford: Pergamon, 1963

[163] Jones, J.C., „Design Methods Reviewed", in [124], Chap. 32, S. 295–310

[164] Jones, J.Ch., **Design Methods – seeds of human futures** (2. Aufl.), New York: Wiley, 1980

[165] Kammel, D., „Kennen und Erkennen am Beispiel von Konstruktionsvergleichen", in [158], S. 1350–1353

[166] Katz, R.H., **Information Management for Engineering Design Applications,** New York: Springer-Verlag, 1985

[167] Kelley, H.H., **Attribution in Social Interaction,** New York: General Learning Press, 1971

[168] Kesselring, F., **Technische Kompositionslehre,** Berlin/Heidelberg: Springer-Verlag, 1954

[169] Kesselring, F., „Technisch-wirtschaftliches Konstruieren", *VDI-Z,* **106** 1964, Nr. 30, S. 1533

[170] Kimber, M.D., u. Smith, D.G., „SEED – A Unique Formula for Grassroots Improvement in Design", in [23], S. 1111–1124

[171] Klaus, G., **Wörterbuch der Kybernetik,** Frankfurt: Fischer, 1969

[172] Klir, G.J., **An Approach to General Systems Theory,** New York: Van Nostrand, 1969

[173] Klir, G.J. (Hrsg.), **Applied General Systems Research,** New York: Plenum, 1978

[174] Klir, G.J., **Architecture of Systems Problem Solving,** New York: Plenum, 1985

[175] Koen, B.V., **Discussion of The Method,** Austin, TX: The University of Texas at Austin, College of Engineering (interne Auflage), 1984

[176] Koen, B.V., **Definition of the Engineering Method,** Washington, D.C.: ASEE, 1985

[177] Koller, R., **Konstruktionsmethode für Maschinen-, Geräte- und Apparatebau** (Berichtigter Neudruck), Berlin/Heidelberg: Springer-Verlag, 1979

[178] Koller, R., **Konstruktionslehre für den Maschinenbau** (2. Aufl.), Berlin/Heidelberg: Springer-Verlag, 1985

[179] Kotarbinski, T., **Gnosiology: The Scientific Approach to the Theory of Knowledge,** Oxford: Pergamon, 1966 (Übersetzt aus Aufl. 1929)

[180] Kotarbinski, T., **Praxiology,** Oxford: Pergamon, 1965

[181] Krick, E.V., **An Introduction to Engineering and Engineering Design,** New York: Wiley, 1965

[182] Krick, E.V., **An Introduction to Engineering and Engineering Design** (2. Aufl.), New York: Wiley, 1969 (Wesentlich abgeändert aus 1. Aufl.)

[183] Krick, E.V., **An Introduction to Engineering: methods, concepts and issues,** New York: Wiley, 1976

[184] Langdon, R., **Design Policy** (6 Bände), Proc. Design Policy Conference, London: Design Council, 1984

[185] Leech, D.J., **Management of Engineering Design,** London: Wiley, 1972

[186] Leyer, A., **Maschinenkonstruktionslehre,** Heft 1 (1963), Heft 2 (1964), Heft 3 (1966), Heft 4 (1968), Basel: Birkhäuser

[187] Leyer, A., **Machine Design,** Glasgow: Blackie, 1974 (Übersetzung von [186])

[188] Lickley, R.L., **Report of the Engineering Design Working Party,** London: SERC, 1983

[189] Lohmann, H., „Die Bedeutung der Methodologie für die Lehre der Technik", *Die Fachschule* 1957, S. 128

[190] Lohmann, H., „Zur Theorie und Praxis der Heuristik in der Ingenieurerziehung", Wiss. Zeitschr. TH Dresden 1959/60, S. 1059 u. 1281

[191] Love, S.F., **Design Methodology,** Waterloo, ONT: Designectics International Inc., 1973

[192] Lüscher, M., „Zum Verhältnis von Kreativität und Intuition", *Neue Züricher Zeitung.* Samstag/Sonntag 16./17. April 1988. Nr. 88. 25.

[193] Lüscher, M., **Das Harmoniegesetz in uns: Checkliste für die vier Selbstgefühle,** *NZZ*

[194] Marples, D.L., „The Decisions of Engineering Design", London: Inst. of Engineering Designers, 1960 u. *IRE Transactions on Engineering Management,* EM–8 1961, S. 55–71

[195] Matchett, E., u. Briggs, A.H., „Practical Design Based on Method (Fundamental Design Method)", in [124], S. 183–200

[196] Matousek, R., **Konstruktionslehre des allgemeinen Maschinenbaues,** Berlin/Heidelberg: Springer-Verlag, 1957

[197] Matousek, R., **Engineering Design,** London: Blackie, 1963 (Übersetzung von [196])

[198] Maunder, L., **Machines in Motion,** Cambridge: University Press, 1986

[199] Mayall, W.H., **Industrial Design for Engineers,** London: Iliffe, 1967

[200] Mayall, W.H., u. Bishop, T., **Design Matters,** London: Design Council, 1985

[201] McCrory, R.J., „The Design Method – A Scientific Approach to Valid Design", ASME-Paper 63-MD-4, März 1964

[202] McKim, R.H., **Experiences in Visual Thinking** (2. Aufl.), Monterey, CA: Brooks/Cole, 1980

[203] Melezinek, A., **Ingenieurpädagogik,** Wien: Springer-Verlag, 1977

[204] Mellor, D., Report to the Design Council on the **Design of British Consumer Goods,** London: Design Council,

[205] Michalek, G.W., **Precision Gearing: Theory and Practice,** New York: Wiley, 1966

[206] Middendorf, W.H., **Engineering Design,** Boston: Allyn and Bacon, 1969

[207] Miller, D.W., u. Starr, M.K., **The Structure of Human Decisions,** Englewood Cliffs, NJ: Prentice-Hall, 1967

[208] Morrison, D., **Engineering Design: the choice of favourable systems,** London: McGraw-Hill, 1968

[209] Moulton, A.E. (Hrsg.), **Engineering Design Education,** London: The Design Council, 1976

[210] Müller, J., „Operationen und Verfahren des problemlösenden Denkens in der konstruktiven technischen Entwicklungsarbeit – eine methodologische Studie", *Wiss. Zeitschr.d. T.H.* Karl-Marx-Stadt, Jg. **IX,** 1967, Heft 1/2, S. 5–51

[211] Müller, J., „Denkpsychologie und Ingenieurmethodik – Wege zur empirisch fundierten Methodikforschung", in [151], S. 841–854

[212] Müller, J., **Arbeitsmethoden der Technikwissenschaften – Systematik, Heuristik, Kreativität,** Berlin/Heidelberg: Springer-Verlag, 1990

[213] Müller, J., „Akzeptanzbarrieren als berechtigte und ernst zu nehmende Notwehr kreativer Konstrukteure – nicht immer nur böser Wille, Denkträgheit oder alter Zopf", in [159], S. 769–776

[214] Muther, R., **Systematic Layout Planning (SLP)**, Boston, MA: Industr. Educ. Inst., 1961

[215] Nadler, G., **Work Systems Design: The IDEALS Concept**, Homewood, IL: Irwin, 1967

[216] Nadler, G., „An Investigation of Design Methodology", *Management Science* **13** No. 10, 1967

[217] Nadler, G., **The Planning and Design Approach**, New York: Wiley, 1981

[218] Nadler, G., u. Hibino, S., **Breakthrough Thinking**, Rocklin, CA: Prima Publ., 1989

[219] Newell, A., u. Simon, H., **Human Problem Solving**, Englewood Cliffs, NJ: Prentice-Hall, 1974

[220] Newsome, S.L., Spillers, W.R., u. Finger, S., **Design Theory '88**, Proc of 1988 Grantee Workshop on Design Theory and Methodology, New York: Springer-Verlag, 1989

[221] Norris, K.W., „The Morphological Approach to Engineering Design", in [162], S. 115–140

[222] Odrin, V.M., u. Kartavov, S.S., **Ausgewählte Möglichkeiten und Entwicklungsrichtungen für Morphologische Analyse**, Kiev: Sovietische Akademie der Wissenschaften, 1973 (in Russisch)

[223] Odrin, V.M., **Morphologische Synthese technischer Systeme**, Kiev: Glushkov kybernetisches Institut, 1986 (in Russisch)

[224] Odrin, V.M., **Morphologische Synthese technischer Systeme**, Moscow: VNIIPI, 1989 (in Russisch)

[225] Orlov, P.I., **Grundlagen des Konstruierens**, Osnovy konstruovania, 1977

[226] Osborne, A.F., **Applied Imagination – Principles and Procedure of Creative Thinking**, New York: Scribners, 1963

[227] Page, J.K., Contribution to **Building for People**, Conference Report, London: Min. of Public Buildings and Works, 1966

[228] Pahl, G., u. Beitz, W., **Konstruktionslehre**, Berlin/Heidelberg: Springer-Verlag, (2. Aufl.) 1988

[229] Pahl, G., u. Beitz, W., **Engineering Design**, London: The Design Council, u. Berlin/Heidelberg: Springer-Verlag, 1984 (Übersetzt von A.J. Pomerans u. K.M. Wallace, redigiert von K.M. Wallace)

[230] Papalambros, P.Y., u. Wilde, D.J., **Principles of Optimal Design: Modeling and Computation**, Cambridge: Univ. Press, 1988

[231] Pare, E., Francis, L.L., u. Kimbrell, J.T., **Introduction to Engineering Design**, New York: Holt Rinehart and Winston, 1963

[232] Petroski, H., **To Engineer is Human**, New York: St. Martin Press, 1985

[233] Phadke, M.S., u. Taguchi, G., „Selection of Quality Characteristics and S/N Ratios for Robust Design", ASI Paper, Amer. Suppl. Inst., 1988

[234] Phadke, M.S., **Quality Engineering Using Robust Design**, Englewood Cliffs, NJ: Prentice-Hall, 1989

[235] Pitts, G., **Techniques in Engineering Design**, London: Butterworths, 1973

[236] Pitts, G. (Hrsg.), **Information Systems for Designers**, Proc. Intern. Symposium 1974, 1977, 1979, 1981, 1988

[237] Polya, G., **How To Solve It**, Princeton, NJ: Princeton U. P., 1945

[238] Polya, G., **Schule des Denkens – vom Lösen mathematischer Probleme**, Bern: Francke, 1980

[239] Powilejko, R.P., „Klassifizierung einiger Methoden für Lösung von Konstruktionsproblemen", *Jnl. Informatics and its Problems* **5** 1972 (in Russisch)

[240] Powilejko, R.P., **Technische Kreativität**, Moskva: Science, 1987 (in Russisch)

[241] Pugh, S., **Specification Phase**, Curriculum for Design: Preparation Material for Design Teaching, Loughborough: SEED Publ., 1986

[242] Rabins, M.J., **Goals and Priorities for Research in Engineering Design**, New York: ASME, 1986

[243] Reswick, J.B., **Prospectus for an Engineering Design Center**, Cleveland, OH: Case Institute of Technology, 1965

[244] Reuleaux, F., u. Moll, C.L., **Construktionslehre für den Maschinenbau**, Braunschweig: Vieweg, 1862

[245] Rinderle, J.R., u. Watton, J.D., „Automatic Identification of Critical Design Relationships", in [90], S. 512–525

[246] Rinderle, J. (Hrsg.), **Design Theory and Methodology DTM '90**, New York: ASME, 1990

[247] Rockstroh, W., **Die technologische Betriebsprojektierung**, Berlin: VEB Verlag, 1977

[248] Rodenacker, W.G., **Methodisches Konstruieren**, Berlin/Heidelberg: Springer-Verlag, 1970

[249] Roe, P.H., Soulis, G.N., u. Handa, V.K., **The Discipline of Design**, Boston, MA: Allyn and Bacon, 1967

[250] Ropohl, G., **Eine Systemtheorie der Technik**, München: Carl Hanser Verlag, 1979

[251] Roth, K., **Konstruieren mit Konstruktionskatalogen**, Berlin/Heidelberg: Springer-Verlag, 1982

[252] Rovida, E. (Hrsg.), **WDK 14: Methodisches Konstruieren der Maschinenelemente**, Zürich: Heurista, 1987

[253] Ruiz, C., u. Koenigsberger, F., **Design for Strength and Production**, London: Macmillan, 1970

[254] Runes, D.D. (Hrsg.), **The Diary and Sundry Observations of Thomas Alva Edison**, New York: Philosophical Library, 1948

[255] Sandor, G.N., „The Seven Stages of Engineering Design", *Mechanical Engineering*, April 1964, S. 21–25

[256] Sapiro, J.S., **Organisatia i Effektivnoss Techniceskogo** (Organisation und Effektivität technischer Entwicklung), Moskva: Razvitija Moskva Ekonomika, 1980

[257] Schmidt, H., **Lexikon der Philosophie**, Stuttgart: Kröner, 1974

[258] Schmidt, H., **Lexicon der Philosophie** (16. Aufl.), Zürich: Buchklub Ex Libris, 1974

[259] Schön, D.A., **The Reflective Practitioner: How Professionals Think in Action**, New York: Basic Books, 1983

[260] Schregenberger, J.W., **Methodenbewußtes Problemlösen**, Bern/Stuttgart: Haupt, 1982

[261] Seifert, H., *et al.*, **Rechnerunterstütztes Konstruieren mit PROREN** (2 Bände), Bochum: Ruhr-Universität, 1986

[262] Seligman, M., **Helplessness: On Depression, Development and Death**, San Francisco, CA: Freeman, 1975

[263] Sereda, I.N., **Arbeiter – Erfinder**, Rabocij – Izobretatel, 1961

[264] Shigley, J., u. Mischke, C.R., **Mechanical Engineering Design** (5. Aufl.), New York: McGraw-Hill, 1989

[265] Simon, H.A., **Models of Discovery**, Dordrecht: Reidel, 1977

[266] Simon, H.A., **The Sciences of the Artificial** (2. Aufl.), Cambridge, MA: MIT Press, 1981

[267] Spotts, M.F., **Design Engineering Projects**, Englewood Cliffs, NJ: Prentice-Hall, 1968

[268] Spotts, M.F., **Design of Machine Elements** (6. Aufl.), Englewood Cliffs, NJ: Prentice-Hall, 1985

[269] Starr, M.K., **Product Design and Decision Theory**, Englewood Cliffs, NJ: Prentice-Hall, 1963

[270] Stegmüller, W., **Theorie und Erfahrung**, Berlin/Heidelberg: Springer-Verlag, 1973

[271] Steinwachs, H.O., **Praktische Konstruktionsmethode**, Würzburg: Vogel Verl., 1976

[272] Steuer, K., **Untersuchungen der Struktur der Konstruktionslehre im Maschinenbau als Voraussetzung der Konstrukteurausbildung**, Dresden: 1963

[273] Subramanian, E., Podnar, G., u. Westerberg, A., „A Shared Computational Environment for Concurrent Engineering", Report EDRC 05–48–90, Pittsburgh, PA: Eng. Des. Res. Center, Carnegie-Mellon Univ., 1990

[274] Suh, N.P., **Principles of Design**, Oxford: University Press, 1989

[275] Taguchi, G., **Introduction to Quality Engineering: Designing Quality into Products and Processes**, White Plains, NY: Quality Resources (Asian Productivity Organisation), 1986

[276] Taguchi, G., u. Phadke, M.S., „Quality Engineering Through Design Optimisation", ASI Paper, Amer. Suppl. Inst., 1988

[277] Talukdar, S., u. Fenves, S., „Towards a Framework for Concurrent Design", Report EDRC 18–14–90, Pittsburgh, PA: Eng. Des. Res. Center, Carnegie-Mellon Univ., 1990

[278] Talukdar, S., Sapossnek, M., Hou, L., Woodbury, R., Sedas, S., u. Saigal, S., „Autonomous Critics", Report EDRC 18–13–90, Pittsburgh, PA: Eng. Des. Res. Center, Carnegie-Mellon Univ., 1990

[279] Talukdar, S., u. Christie, R., „An Extended Framework for Security Assessment", Report EDRC 18–15–90, Pittsburgh, PA: Eng. Des. Res. Center, Carnegie-Mellon Univ., 1990

[280] Taylor, E.S., M.I.T. Report, Cambridge, MA: MIT Press, 1959

[281] Thackeray, R., u. van Treek, G., „Applying Quality Function Deployment for Software Product Development", *Jnl. Eng. Des.* 1, 1990, S. 389–410

[282] Tjalve, E., Andreasen, M.M., u. Schmidt, F.F., **Engineering Graphic Modelling,** London: Butterworths, 1979

[283] Tjalve, E., **A Short Course in Industrial Design,** London: Newnes-Butterworths, 1979

[284] Tomiyama, T., u. Yoshikawa, H., „Extended General Design Theory", in [312], S. 95–124

[285] Tschochner, H., **Konstruieren und Gestalten,** Essen: Girardet, 1954

[286] Ullman, D.G., Wood, S., u. Craig, D., „The Importance of Drawing in the Mechanical Design Process", in Preprints, **NSF Engineering Design Research Conference,** Amherst, MA: U. of Mass., 1989, S. 31–52

[287] Ullman, D.G., Wood, S., u. Craig, D., „The Importance of Drawing in the Mechanical Design Process", *Computers and Graphics* 14 No.2 1990

[288] Vidosic, J.P., **Machine Design Projects,** New York: Ronald Press, 1957

[289] Vidosic, J.P., **Elements of Design Engineering,** New York: Ronald Press, 1969

[290] von Fange, E.K., **The Creative Process,** 1954

[291] von Fange, E., **Professional Creativity,** Englewood Cliffs, NJ: Prentice-Hall, 1959

[292] Wales, C., Nardi, A., u. Stager, R., **Professional Decision Making,** Morgantown, WV: Center for Guided Design, 1986

[293] Wales, C., Nardi, A., u. Stager, R., „Professional Decision-Making", in [90], S. 356–362

[294] Wales, C., Nardi, A., u. Stager, R., „Research or Practice: The Debate Goes On", in [90], S. 1012–1019

[295] Wallace, P.J., **The Technique of Design,** London: Pitman, 1952

[296] Warfield, J.N., „Design Science: Experience in Teaching Large System Design", in **People Make the Difference,** Proc. 1989 ASEE Annual Conference, Washington, DC: ASEE, 1989, S. 39–41

[297] Warfield, J.N., **A Science of Generic Design,** Salinas, CA: Intersystems, 1989

[298] Warfield, J.N., **Societal Systems: Planning, Policy, and Complexity,** Salinas, CA: Intersystems, 1989 (Neudruck der Aufl. 1976)

[299] Warman, E.A., „Object Oriented Programming and CAD", *Journal of Engineering Design* 1 No. 1 1990, S. 37–46

[300] Westerberg, A.W., „Synthesis in Engineering Design", Report EDRC 06–53–89, Pittsburgh, PA: Eng. Des. Res. Center, Carnegie-Mellon Univ., 1989

[301] Westerberg, A.W., „Process Engineering", Report EDRC 06–54–89, Pittsburgh, PA: Eng. Des. Res. Center, Carnegie-Mellon Univ., 1989

[302] Whiting, C.S., **Creative Thinking,** New York: (Van Nostrand) Reinhold, 1958

[303] Wickelgren, W.A., **How to Solve Problems,** San Francisco, CA: Freeman, 1974

[304] Wiener, N., **The Human Use of Human Beings** (2. Aufl.), Garden City, NY: Doubleday Anchor, 1954

[305] Wilson, I.G., u. Wilson, M.E., **From Idea to Working Model,** New York: Wiley, 1970

[306] Woodson, T.T., **Introduction to Engineering Design,** New York: McGraw-Hill, 1966

[307] Wörgerbauer, H., **Die Technik des Konstruierens,** München: Oldenbourg, 1943

[308] Yoshikawa, H., „General Design Theory: Theory and Application", in **Conference on CAD/CAM Technology in Mechanical Engineering,** Cambridge, MA: MIT Press, 1981, S. 370–6

[309] Yoshikawa, H., „General Design Theory and CAD System", in T. Sata u. E.A. Warman (Hrsg.) **Man-Machine Communication in CAD/CAM,** Proc of IFIP W.G. 5.2/5.3 Working Conference, Amsterdam: North Holland, 1981, S. 35

[310] Yoshikawa, H., „Scientific Approaches in Design Process Research", in [143], S. 323–329

[311] Yoshikawa, H., „Designer's Designing Models", in [148], S. 338–344

[312] Yoshikawa, H., u. Warman, E.A., **Design Theory for CAD,** Proc. IFIP WG 5.2 Working Conference on Design Theory for CAD, Tokyo, Oct. 1985, Amsterdam: Elsevier, 1987

[313] Zwicky, F., **The Morphological Method of Analysis and Construction,** Courant Anniv. Vol., New York: Wiley-Interscience, 1948

Namensverzeichnis